GOODYEAR

Über den Autor:

Colin Comer, eine Autorität, wenn es um Sammlerautos geht, gibt bereitwillig zu, dass seine Liebe zu Autos begann, lange bevor er laufen, geschweige denn fahren konnte. Viele Autofans sind schon glücklich, wenn sie über ihre Lieblingsfahrzeuge lesen oder sie aus der Ferne bewundern können. Nicht so Colin Comer. Der Mann ist erst zufrieden, wenn er bis über beide Ellbogen im Schmierfett steckt oder wenn er die Grenzen der Leistungsfähigkeit einer alten Kiste austesten kann. Diese einzigartigen Erfahrungen aus erster Hand, die er durch lebenslange Beschäftigung mit dem Thema gesammelt hat, sorgen dafür, dass Sie bei der Lektüre qualmende Reifen und heißes Einbereichsöl zu riechen glauben werden. Comers schriftliche Ausführungen und seine Betrachtungen über die Welt der Sammlerautos findet man regelmäßig in den Magazinen *Sports Car Market* und *Corvette Market*, in der *New York Times*, der *Business Week*, in *USA Today* und weiteren Publikationen. Comer ist außerdem der Autor des Bestsellers *Million-Dollar Muscle Cars*. So vielseitig sein Geschmack ist, so sehr gilt seine wahre Leidenschaft den Autos von Shelby American. Wenn er nicht gerade an irgendeinem Wagen herumschraubt oder über ihn schreibt, findet man Comer im Cockpit seines penibelst präparierten 1966er GT350 auf irgendeiner Rennstrecke oder am Steuer einer Cobra auf der Straße. Wer ihn auf seinen Fahrstil und den Reifenverbrauch anspricht, bekommt zu hören: Wozu sollen die Dinger gut sein, wenn sie nur als Staubfänger dienen? Das sind Instrumente, die gespielt sein wollen. Sie sehen zwar schon großartig aus, wenn man sie einfach nur so ansieht, aber ihre wahre Schönheit tritt erst zutage, wenn man sehen, hören und spüren kann, wozu sie in der Lage sind. Dem stimmen wir hundertprozentig zu. Colin wohnt in River Hills, Wisconsin.

Anmerkung des Verlags

Die Originalausgabe dieses Buches ist zuerst 2009 in den USA erschienen. Damals lebte Carroll Shelby noch. Der legendäre Schöpfer der Cobra ist am 10. Mai 2012 verstorben. Wir haben dennoch nichts am Inhalt des Buches geändert, weil die Beschreibung von Carroll Shelbys Lebenswerk für sich steht. Alle Autos, die der texanische Rennfahrer und Geschäftsmann gebaut und entworfen oder deren Entwicklung er angeregt hat, sind hier versammelt, und das war von vornherein das Thema dieses Buches.

Phil Remington, dem Colin Comer sein Buch Shelby gewidmet hat, der langjährige technische Genius an der Seite des großen Texaners, lebt inzwischen ebenfalls nicht mehr. Er ist am 8. Februar 2013 im Alter von 92 Jahren gestorben.

HEEL Verlag GmbH
Gut Pottscheidt
53639 Königswinter
Telefon 0 22 23 / 92 30-0
Telefax 0 22 23 / 92 30 13
Mail: info@heel-verlag.de
Internet: www.heel-verlag.de

2. Auflage 2021

Der Originaltitel „THE COMPLETE BOOK OF SHELBY AUTOMOBILES – COBRAS, MUSTANGS, AND SUPER SNAKES“ ist erschienen bei: MBI Publishing Company und Motorbooks, eine Verlagsmarke der MBI Publishing Company, 400 First Avenue North, Suite 300, Minneapolis, MN 55401 USA

Lektorat: Jost Neßhöver
Deutsche Übersetzung: Silvia Arnold
Titelgestaltung: Kai Huwer

Printed in Slovakia

ISBN 978-3-86852-810-7

SHELBY

COBRA • MUSTANG • GT40

COLIN COMER

HEEL

Inhalt

Danksagung 6

Einleitung 8
Der Hühnerfarmer beschließt, sich einen Rennwagen zu bauen

Auf der Titelseite: Werksfoto einer 289er Cobra mit optional erhältlichen, verchromten 6-Zoll-Speichenrädern.

Oben: Carroll Shelby mit Kundschaft und CSX2000.

I

Der erste Biss: Die Shelby-Cobras und frühe Projekte 14

Kapitel 01 16
Blattfeder-Cobras

Kapitel 02 30
Blattfeder-Cobras – die Rennwagen

Kapitel 03 38
Daytona-Coupés: Besser geht's nicht?

Kapitel 04 48
Smallblock-Dragonsnake und Slalom Snake

Kapitel 05 52
Cooper Monaco „King Cobra" (1963/1964)

Kapitel 06 58
Die 427er-Cobra

Kapitel 07 66
427er Cobra – die Rennwagen

Kapitel 08 72
427er-Cobra S/C und S/C-„Completion-Cars"

Kapitel 09 76
Die 427er-„Dragonsnake"

Kapitel 10 80
Daytona Super Coupé

Kapitel 11 84
Weitere „Super Snakes" und die „Twin-Paxton"-Cobras

Kapitel 12 90
Sunbeam Tiger (1964 bis 1967) – das ungeliebte Stiefkind

Kapitel 13 96
Toyota 2000GT

II

Ein Mann und sein Pferd: Die Shelby Fords 102

Kapitel 14 104
GT350 – Der Texaner macht das Pony zum Rennpferd

Kapitel 15 118
Werksrenner – die R-Modelle

Kapitel 16 128
Werks-Drag-Cars (1965/1966)

Kapitel 17 132
GT350 (1966)

Kapitel 18 148
GT350 und GT500 (1967)

Kapitel 19 168
GT350 und GT500 (1968)

Kapitel 20 178
GT350 und GT500 (1969/1970)

Kapitel 21 188
Shelby de Mexico (1967 bis 1971)

Kapitel 22 192
Ferrari muss bezwungen werden: Der Ford GT40

III

Shelbys und Iacoccas faszinierendes Abenteuer 204

Kapitel 23 206
Die Shelby-Dodges (1983 bis 1989)

Kapitel 24 214
Die Shelby-Viper-Connection

IV

Die Shelbys des neuen Jahrtausends 218

Kapitel 25 220
Shelby Series 1 (1999)

Kapitel 26 224
Die „Continuation Shelby Cobras“

V

1965 Alles nochmal von vorn 230

Kapitel 27 232
Studien: Ford Shelby Cobra (2004) und Shelby GR-1 (2005)

Kapitel 28 238
Ford GT (2005/2006)

Kapitel 29 242
GT-Hertz (2006/2007) und Shelby GT (2007 bis 2009)

Kapitel 30 248
GT350, GT500, GT500 KR, GT500 Super Snake und Shelby 1000 (ab 2007)

Danksagungen

Wer mich kennt, wird bei der Vorstellung, dass ich mich lange genug konzentrieren könnte, um auch nur eine Einkaufsliste zu schreiben, herzlich lachen – vom Verfassen eines kompletten Buches ganz zu schweigen. Mein Englischlehrer in der 11. Klasse nannte mich einen „Hemmschuh am Rad des Fortschritts". Aber irgendwie haben Darwin Holmstrom und Zack Miller von Motorbooks es geschafft, mich zum Schreiben meines ersten Buches mit dem Titel *„Million-Dollar Muscle Cars"* zu bewegen.

Der bloße Gedanke daran erfüllte mein Herz mit Furcht, und wollte man den Lernprozess beim Schreiben in einer Kurve darstellen, sähe sie aus wie die Flugbahn eines startenden Space Shuttles. Ich war überglücklich, als ich dieses erste Buch fertiggestellt hatte, und leistete einen feierlichen Eid, dass ich mich nie wieder auf eine solche Tortur einlassen würde.

Ich ziehe es wahrhaftig vor, mit beiden Ellbogen im Schmierfett zu stecken, ein Auto zu reparieren oder ein Rennen zu fahren, statt an einem Computer zu sitzen und zu versuchen, meine Erfahrungen in Worte umzuwandeln.

Als aber Darwin mit der Idee auf mich zukam, ein Buch über Shelby-Autos zu machen, geschah etwas Sonderbares. In diesem Moment erschien mir der Plan, über jene Autos zu schreiben, denen ich mit krankhafter Leidenschaft verfallen bin, plötzlich vollständig vernünftig. Darwin drückte es so aus: „Du tust sowieso nichts anderes, als mit Shelbys zu spielen, warum zum Teufel setzt Du Dich nicht hin und bringst das alles zu Papier?" Da Sie dieses Buch in Händen halten, muss ich wohl ja gesagt haben.

Ohne die Hilfe und die Unterstützung vieler Menschen hätte ich dieses Werk natürlich nicht vollbringen können. Wie die meisten hilflos stammelnden Geehrten bei Preisverleihungen ziehe ich nun also ein zerknittertes Blatt Papier aus der Tasche und versuche, all den Menschen zu danken, die mir bei diesem Buch geholfen haben. Natürlich werde auch ich ein paar Leute vergessen haben, also entschuldigen Sie bitte. Hey, ich bin schwer aufgeregt, okay?

Zunächst muss ich einigen Personen danken, die mich gezwungen haben, mir die Hände zu waschen und zu schreiben. Darwin und Zack, vielen Dank für den erneuten Vertrauensvorschuss! Bei Darwin, meinem furchtlosen Herausgeber, möchte ich mich für alle Fragen und E-Mails entschuldigen, mit denen ich ihn während dieser Arbeit bombardiert habe. Außerdem möchte ich Keith Martin, Paul Duchene und Stefan Lombard von den Magazinen *Sports Car Market* und *Corvette Market* nicht vergessen. Sie haben es mir ermöglicht, in den letzten Jahren für ihre wunderbaren Fachzeitschriften zu schreiben, und waren so nett, mir eine kurze Auszeit zu gewähren, damit ich dieses Buch schreiben konnte.

Dem hervorragenden Automobilfotografen David Newhardt möchte ich dafür danken, dass er mit der Kamera quer durch das Land gereist ist und unter teilweise schwersten Bedingungen ultraseltene Autos auf Film oder auf eine Speicherkarte gebannt hat. Noch viele andere Menschen haben unzählige Bilder von Autos bereitgestellt, die das Buch enorm bereichert haben: Will Brewster, Scott Nidermaier, Kevin May, Charles Terry, Steve Davis, Craig Jackson und Jamie Wiehe von Barrett-Jackson, Ian Kelleher von RM Auctions, Scott Brown von Chrysler, Matt Stone von *Motor Trend*, Drew Alcazar von Russo and Steele, Bob Johnston, Richard Owen, Trevor Legate und Sam Murtaugh von Mecum Auctions. Euch allen gilt mein ehrlicher Dank für Eure Hilfe und Euren Enthusiasmus, mit dem Ihr mich bei diesem Projekt unterstützt habt.

Mehrere hundert Jahre Erfahrung mit und Wissen über Shelby haben zudem Rick Kopec, Curt Vogt, Howard Pardee, Ned Scudder und der Shelby American Automobile Club beigesteuert. Tollere Autofans werden kaum zu finden sein. Sie haben jahrelang jedes Detail zum Thema Shelby untersucht und noch die kleinste Spur verfolgt und wissen alles über jedes einzelne Auto des Shelby-American-Weltregisters – und behalten dabei sogar den Überblick. Im Namen aller Shelby-Enthusiasten auf der ganzen Welt: Vielen, vielen Dank, Jungs.

Manche Menschen haben das Glück, eins ihrer Vorbilder gut genug kennenzulernen, um ihn oder sie einen Freund nennen zu können, und ich gehöre dazu. Deshalb kann ich Phil Remington gar nicht genug dafür danken, dass er mich und meine vielen Fragen mit Geduld und einem Lächeln ertragen hat. Egal, worum es ging oder wie spät ich ihn anrief, Rem hat sich immer Zeit für mich genommen. Phil, nicht nur dafür schulde ich Dir Dank, sondern auch für jede Meile und jede Runde am Steuer eines Wagens, der Deine DNA in sich trug. Dein Lebenswerk hat mein Leben und das Leben Tausender anderer Autofans unendlich bereichert.

Nun, da wir gerade über Helden reden: Auch Peter Brock fällt definitiv in diese Kategorie. Brock ist ein weiteres wichtiges Zahnrad im Getriebe von Shelby American. Mit seinem Namen verbinden sich die Fahrschule, die Anzeigenkampagnen, Emblem- und Logo-Design und der unverwechselbare Look des GT350, einem der großen nationalen Kulturgüter – mal ganz zu schweigen davon, dass Peter Ferrari mit seinem Cobra Daytona Coupé schön in den Hintern getreten hat. Dafür und für die Unterstützung, die er und Gayle Brock mir bei diesem Buch geleistet haben, möchte ich den beiden herzlich danken.

Manche von Ihnen mögen wissen, dass ich neben der Schreiberei ein Geschäft betreibe, in dem jede Menge Automobilgeschichte am Laufen gehalten wird, und dass ich gelegentlich Menschen dabei helfe, diese Schätzchen zu adoptieren. Ohne die Hilfe von zwei der besten Männer, die je einen Schraubenschlüssel geschwungen haben, und die mich in der Werkstatt unterstützen, hätte ich mich niemals an den Computer setzen können. Marty Robarge und Dave Evans – danke für alles. Im Büro hält mir Pam Ertman den Rücken frei, sie nimmt mir die

Telefongespräche ab und gibt bei den gelegentlichen Fotoaufnahmen eine tolle Assistentin für Newhardt ab. Danke, Pam.

Nun folgt in ungeordneter Reihenfolge eine Auflistung von unbezahlbaren Menschen, die tagein, tagaus antreten und helfen, egal, worum es geht: Das sind meine Familie und meine engen Freunde, die die Bedeutung des Wortes „Nein“ nicht kennen: Meine Eltern Brendan und Ann Comer, sowie Deila und Carl Mangold, meine kleine Schwester Cara Comer, Dana Mecum, Ron Krolick, Mike Guarise, Lester Quam, Phyllis und Gene Banucci, Dan Hampton, Bob Bondurant, Bill Murray, Charley Lillard, Jeffry und Anne Boston, Martin Gruss, Greg Kolasa, „Mr. GT350“ Chuck Cantwell, David Hidalgo, Brian Brunkhorst, Adam Pitale, Joe Bruno Jr., Frank Boucher, Gordie Boucher, Steven Juliano, Len Perham, Barrey Robles, Richard Ellis, Ed Jones, Edie Arrowsmith, Chris Hines, Al Pinkowsky und wahrscheinlich noch ungefähr 500 andere Menschen, die ich vergessen habe. Ein schlichtes Dankeschön scheint kaum zu reichen. Ohne Euch hätte ich es nicht geschafft.

Und schließlich könnte die Aussage „hinter jedem erfolgreichen Mann steht eine großartige Frau“ es gar nicht besser treffen als in meinem Fall. Obwohl viele Menschen den Verdacht hegen, dass ich meine bessere Hälfte, Cana, irgendwie unter Drogen halte oder sie brutal erpresse, versichere ich, dass an diesen Gerüchten nichts dran ist. Cana ist durch und durch ein Autonarr und toleriert meine Besessenheit nicht nur, sondern unterstützt sie. Diese arme Frau hat monatelang ertragen, was man wohlwollend extreme Übellaunigkeit nennen könnte, und bei all dem hat sie mir stets ein Lächeln und ihre volle Unterstützung geschenkt. Auf der Suche nach historischen Fotos von Shelby-Autos hat sie ungezählte Stunden am Telefon verbracht, sie hat die Fahrzeuge für die Fotoaufnahmen bis ins Detail beschrieben und ist dann als Foto-Assistentin und Stunt-Fahrerin eingesprungen; außerdem hat sie mich daran erinnert, gelegentlich den Laptop runterzufahren und ab und zu etwas zu essen. Ich kann mir keinen besseren Partner vorstellen. Wer uns kennt, wird das bestätigen. Ich bin vielleicht der glücklichste Mann auf der Welt, weil ich sie habe, und ich weiß nicht, ob ich diese Schuld je zurückzahlen kann. Jetzt, da das Buch fertig ist, werde ich es versuchen.

Also noch einmal, ich hoffe, dass Euch allen, die Ihr mir so selbstlos bei diesem Projekt geholfen habt, das Ergebnis genauso gut gefällt wie mir. Danke, Leute.

Colin Comer

Widmung

Es ist eine Sache, ein ziemlich gutes Serienauto zu bauen, und es ist auch nicht so viel schwieriger, einen Rennwagen zu konstruieren, der nicht komplett peinlich ist. Aber ein großartiges Auto zu bauen, ein wirklich historisches Fahrzeug, das die Welt auf den Kopf stellt, und zwar sowohl im Rennsport als auch auf der Straße, dafür ist mehr nötig als nur gutes Marketing. Das schafft nur ein Genie.

Wenige Hersteller hatten das Glück, jemanden von so außerordentlichen Qualitäten zu finden – jemanden, der ein durchschnittliches Produkt in etwas verwandelt, das die Konkurrenz zu einer jahrzehntelangen Aufholjagd zwingt. Carroll Shelby hatte das Glück, als er Phil Remington gewann. Der baute damals Scarab-Rennwagen für Lance Reventlow und kam zu Shelby, als der 1962 Reventlows Firma in Venice in Kalifornien übernahm. Der Rest ist, wie man sagt, Geschichte. Carroll Shelby nannte Rem „den einen und einzigen Grund dafür, dass die Cobras und der GT40 so unglaublich erfolgreich waren. Ohne Phil Remington hätte ich gar nichts tun können.“

Rem ist möglicherweise der Mann mit dem außerordentlichsten Talent und der technisch brillanteste Konstrukteur und Problemlöser aller Zeiten. Er hat sich all seine Fertigkeiten selbst beigebracht. Diese Tatsache allein bezeugt die einzigartigen Qualitäten eines Mannes, der ein klares Verständnis für alle mechanischen Arbeiten besitzt, und zwar auf einem Niveau, das über Schrauben und Muttern weit hinausgeht. Es ist so, als spreche die Mechanik zu Rem und als verstände er nicht nur jedes einzelne Wort, sondern vermöchte unvollständige Sätze zu Ende zu sprechen. Die Fahrer wussten, dass Remington für jedes bei ihren Autos auftretende Problem eine Lösung finden würde, und zwar noch vor der nächsten Saison. Die Mechaniker, die bei Shelby American für Rem arbeiteten, sind ihm mit großem Respekt begegnet und haben sein Talent stets bewundert.

Als es bei Shelby American nicht mehr weiterging, arbeitete Remington kurze Zeit bei Holman Moody, bevor er nach Kalifornien zurückkehrte, um für seinen langjährigen Freund Dan Gurney als Chef des All American Racers Trans-Am-Teams zu arbeiten. Heute, im Alter von 88 Jahren, geht Remington nach wie vor jeden Tag in die Gurney-Werkstatt zur Arbeit. Sein jüngstes Projekt ist der Bau von Hochtechnologie-Drohnen für das US-Militär. Falls Sie nun denken, dass die Jahre, die seit seiner Zeit bei Shelby vergangen sind, die Erinnerung an die Dinge verwischt hätten, die sich dort ereignet haben, seien Sie versichert, dass dem nicht so ist. Rem erinnert sich an jede noch so kleine Einzelheit.

Wie viele Menschen, die in ihrem Leben wirklich Bedeutendes geleistet haben, ist Phil Remington ein ruhiger und bescheidener Mann, der nicht besonders gerne über sich selbst spricht oder Komplimente oder ein Lob für seine Arbeit entgegennimmt. Er hat diese Leistungen als Teil seiner Arbeit angesehen, als etwas, für das er bestimmt war. Aber für den Rest von uns, und das gilt für jeden, der je einen Shelby im Rennen gesehen hat, einen besessen oder gefahren hat oder der auch nur begreift, dass Shelby American sich mit den Besten der Welt angelegt und gewonnen hat, bedeutet es, dass wir alle Phil Remington zu Dank verpflichtet sind.

Aus diesem Grund widme ich *Shelby* Phil Remington, einem meiner persönlichen Helden.

Einleitung
Der Hühnerfarmer beschließt, sich einen Rennwagen zu bauen

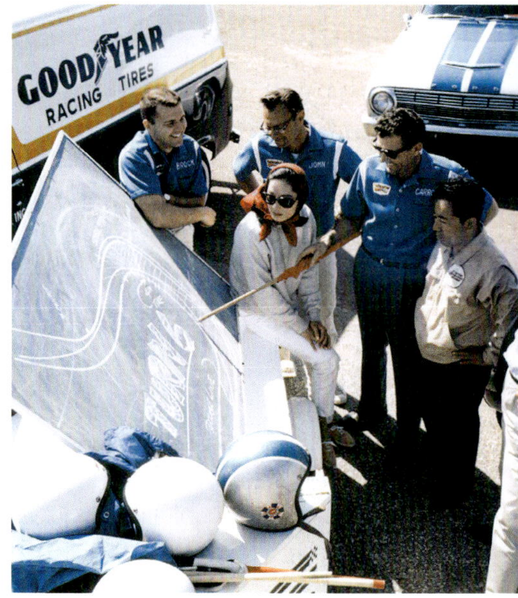

Links: Carroll Shelby am Steuer des Ferrari 410S.

Mitte: Shelby hält in seinen texanischen Sonntags-Cowboystiefeln und Cowboyhut Hof mit seinen Fahrern und der Mannschaft. Wenn „Ol' Shel" spricht, zieht er jedermann in Hörweite in seinen Bann.

Rechts: 1961 wird die „Carroll Shelby School of High Performance Driving", eine Fahrschule für Rennfahrer, eröffnet. Nachdem er im *Sports Car Graphic*-Magazin für 90 Dollar inseriert hat, gehen bei Shelby Anmeldungen im Wert von 1400 Dollar ein! Hier beschreibt Shelby seinen eifrigen Schülern die Ideallinie durch Kurve 6 in Riverside. Ganz links der junge Pete Brock, der neben seiner Funktion als Fahrlehrer Drucksachen und Anzeigen entwirft.

Shelby. Wo fangen wir an? Beim Mann oder beim Auto? Beide sind wahrhaft legendär und beispiellos in der Welt der Automobile. Die Geschichten über diesen Mann sind ebenso sagenhaft wie die über seine Autos. Viele werden nun behaupten, dass andere Automobil-Legenden gleichrangig sind, vielleicht sogar großartiger, Namen wie Enzo Ferrari schießen einem durch den Kopf. Aber wir – so ist das mit den Menschen – fühlen uns eher dem Außenseiter verbunden. Dem Kämpfer. Dem Jungen von der Straße, der es durch harte Arbeit zu etwas gebracht hat, der die Ärmel hochgekrempelt und keine Angst vor schmutzigen Fingernägeln hat. Carroll Shelby ist so ein Mann.

Man kennt die Geschichten über die tausend verschiedenen Dinge, die er in seinem Leben getan haben soll, und einige sind wahrscheinlich sogar wahr: der Pilot und Fluglehrer im Zweiten Weltkrieg, der Arbeiter auf texanischen Ölfeldern, der Hühnerfarmer mit der berühmten Arbeiter-Latzhose, dem alle Vögel krepierten und der dann mit dem Rennsport begann. Der Fuhrunternehmer und der leidenschaftliche Rennfahrer, der die 24 Stunden von Le Mans mit angeschlagenem Herzen und Pillen unter der Zunge gewinnt. Der unerbittliche Geschäftsmann mit den großen Ideen und einem Talent für die Werbung. Die Liste ist schier endlos. Wer nicht sofort an Shelby denkt, an den Mann und an seine Autos, wenn der Begriff „Automobil-Legende" fällt, ist bestimmt kein echter Autonarr.

Noch beeindruckender ist die Tatsache, dass Shelby American fast sofort Anerkennung erntet, als man die erste Cobra auf den Straßen sieht. Die ursprüngliche Cobra/Ford GT/Shelby-Mustang-Periode erstreckt sich über ganze acht Jahre – acht Jahre voller Rennerfolge, der Hersteller-Weltmeisterschaft und einem 1-2-3-Finish in Le Mans. Nennen Sie einen Wettkampf, Shelby wird ihn gewonnen haben. Der Underdog hat es geschafft, und noch heute bewundern wir ihn dafür.

Um das Phänomen Shelby verstehen zu können, muss man wissen, wie alles begann, und um was für eine Zeit es sich handelte. Nach dem Zweiten Weltkrieg kehren die GIs nach Hause zurück, nachdem sie die Welt gesehen haben – freilich kaum unter den angenehmsten Umständen. Immerhin haben viele der jungen Soldaten auf ihrer „Reise" nach Übersee Sportwagen kennengelernt, etwas, das es in den Vereinigten Staaten nicht gibt.

In den USA wurde gebaut, was auch sonst jeder baute, nur eben größer und augenscheinlich besser. Das funktionierte bei vielen Dingen, nicht aber bei Sportwagen. „Größer" ist genau das Gegenteil von dem,

was auf einen echten Sportwagen zutrifft. Wie Lotus-Gründer Colin Chapman einmal sagte: „Simplify, then add lightness." Was in etwa bedeutet, dass man so viel wie möglich weglassen und am Ende Leichtigkeit hinzufügen solle.

Es heißt, die US-Amerikaner hätten den Sportwagen kennengelernt, als die GIs bei ihrer Rückkehr den MG TC mitbrachten. Das Sportwagen-Konzept ist eine Offenbarung. Gleichsam über Nacht werden diese erschwinglichen, leichten und wendigen Autos die erste Wahl für alle jungen Männer, die hungrig sind nach etwas, das Spaß und Sportlichkeit verspricht. Die heimische Automobilindustrie bietet bloß aufgewärmte 1941er Modelle an, weil nach dem Krieg die Entwicklung neuer Designs aus Detroit erst wieder in Schwung kommen muss. Die europäischen Sportwagen aber sind aufregend, abenteuerlich, anders. Schon sehr bald gründen die jungen Männer Clubs, und schnell avancieren Autorennen zum beliebtesten Zeitvertreib.

Oben links: Shelby American Incorporated zieht im Juni 1965 offiziell in das Werk am Internationalen Flughafen von Los Angeles (LAX) ein, nachdem das ehemalige Scarab-Werk von Lance Reventlow am Princeton Drive in Venice zu klein geworden ist. Viele neue Shelbys drehen heiße Runden um die Triebwerksstrahl-Schutzwand hinter den Gebäuden.

Oben rechts: Carroll Shelby in einem seltenen Augenblick der Ruhe. Auf die Abbildung des 1965er GT350 in der Zeitung auf dem Schreibtisch ist er sicher sehr stolz.

Rechts: Shelby macht es sich bei einem USRRC-Rennen auf einem der besten Sitze bequem, die je hergestellt wurden: einem Stapel Cobra-Reifen.

Einer dieser jungen Männer, die in die Welt der Sportwagen eintreten, ist Carroll Shelby. Er ist von allem fasziniert, was einen Motor besitzt, und da er den Nervenkitzel vermisst, den er als US-Luftwaffen-Pilot im Krieg verspürt hatte, geht Shelby 1952 mit einem geliehenen MG TC ins Rennen – und ist sofort gepackt. Sein angeborenes Talent ist offensichtlich, Shelby lässt mit dem keuchenden TC weit leistungsstärkere Autos alt aussehen.

Einige Monate später startet er mit seinem ersten echten Rennwagen, einem Allard J2 mit Cadillac-Motor, und holt den ersten Platz bei einem Rennen des SCCA (Sports Car Club of America) im texanischen Caddo Mills. Der Allard vermittelt Shelby die Magie eines großen US-V8 unter der Haube eines federgewichtigen britischen Sportwagens, egal, wie unausgereift dieses Konzept auch gewesen sein mag.

Shelbys Auftritt am Steuer des Cad-Allard bleibt nicht unbemerkt, und so nimmt John Wyer von Aston Martin ihn 1954 unter Vertrag. Er schickt ihn nach Sebring und nach Le Mans. Shelby erweist sich als stürmischer Gegner und gewinnt zahllose Rennen, unter anderem drei US-Meisterschaften. 1957 verleiht ihm das Magazin *Sports Illustrated* den Titel „Sportwagenfahrer des Jahres".

Im Werksteam von Aston Martin fährt Shelby 1959 gemeinsam mit Roy Salvadori den Sieg beim 24-Stunden-Rennen von Le Mans ein. Im Rennen gegen Fahrzeuge, die dem Allard ähneln, den er einst gefahren hat, etwa die Kreationen von Briggs Cunningham mit Chrysler-Hemi-Motor und Lance Reventlows Scarabs mit Corvette-Smallblock, erweist sich die Effizienz des Hybridkonzeptes, das Shelby im späteren Leben noch so gute Dienste erweisen wird.

Als bei Shelby 1960 eine Angina pectoris festgestellt wird, die das Ende seiner vielversprechenden Rennsportkarriere bedeutet, reagiert er, wie man es wohl von ihm erwarten kann. Der Texaner will unbedingt

Während eines Ford-Vorstandstreffens in Shelbys LAX-Werk vom 6. bis zum 8. Juni 1965 werden Vorstandsmitglieder sowie weitere Führungskräfte und Anzugträger zu Fahrten in allen möglichen Shelby-Kreationen eingeladen. Wir sprechen hier von einem Traumsortiment: „Narrow-Hip" 427 Street Cobra, 289 Street Cobra, 289 Competition Cobra, Cobra Daytona Coupe, 65er GT350 und GT350 R, 66er GT350, Sunbeam Tiger und der Prototyp des GT40 Roadster (nicht im Bild).

Dies ist der MG TC, mit dem Carroll Shelby im Mai 1952 in Norman, Oklahoma, ins Rennen geht. Shelby gewinnt das Rennen gegen weit stärkere Autos, etwa den Jaguar XK-120. Shelby ist vom Sportwagenrennen fasziniert und hat mehr als genug Talent, um auf sich aufmerksam zu machen. *Foto mit freundlicher Genehmigung von Barrett-Jackson Auction Co. LLC. ©2009 Barrett-Jackson*

etwas Großes im Autorennsport reißen, Herzkrankheit hin oder her. Und wenn er schon nicht selber fahren kann, nun, dann muss er eben Autos bauen und auf diesem Weg ins Rennen gehen.

Ferrari hat allen gezeigt, dass man mit dem Verkauf von Straßen-Sportwagen den Bau exzellenter Rennwagen finanzieren kann – und umgekehrt fördert der Erfolg im Rennsport den Verkauf der Straßen-Sportwagen.

Shelby gründet 1957 gleichsam nebenher das Autohaus „Carroll Shelby Sports Cars" in Dallas, Texas, und als er 1960 nach Kalifornien geht, übernimmt er auch noch den Vertrieb von Goodyear-Rennreifen. Nach seinem Rückzug aus dem Cockpit eröffnet er 1961 die „Carroll Shelby School of High Performance Driving", eine Art Fahrschule für Rennfahrer, am Riverside International Raceway, einer Rennstrecke in Kalifornien.

Aber der Verkauf von Reifen und die Schulung hoffnungsvoller Nachwuchsfahrer in der Kunst, Hindernisse möglichst nicht zu treffen, erfüllen Shelbys Sehnsucht nicht. Nein, sein Traum ist der Bau eines eigenen Autos. Mit der Erfahrung im Hinterkopf, die er am Steuer der besten Sportwagen der Welt gesammelt hat, denkt er intensiv nach. Von vornherein ist er der Meinung, dass es absolut keine Schande sei, ein bewährtes Chassis mit einem leistungsstarken und zuverlässigen US-V8 zu kombinieren. Wozu das Rad neu erfinden?

Wie beim Allard J2 mit dem 331er-Cadillac-Motor und wie bei den „Specials", die folgten, konzentriert Shelby sich beim Bau seines Wagens auf den Einsatz eines V8 made in USA. Shelby hat das Rezept, und die Liste der Zutaten kennt nur zwei Positionen: ein Wagen und ein Motor. Shelby hofft zunächst, den legendären Chevy-Smallblock verwenden zu können, aber das GM-Management lehnt sein Konzept ab. Es ist nicht scharf darauf, dass der Corvette ein Konkurrent erwächst, obendrein mit demselben Motor unter der Haube. Auch Shelbys Pläne für das Chassis platzen zunächst, als Austin-Healey sich aus ganz ähnlichen Gründen wie GM wenig interessiert zeigt, Shelby Fahrwerke zu verkaufen.

Aber noch ist nichts verloren. Bei Ford gibt es einen neuen, äußerst vielversprechenden leichten V8 mit 221 cui. Shelbys Kontaktmann bei

Oben: Nach dem MG TC fährt Shelby diesen Allard J2 mit Cadillac-Motor und holt im November 1952 seinen ersten Sieg in einem SCCA-Sportwagenrennen in Caddo Mills, Texas. Diesem Auto verdankt er nach eigenem Bekunden die Idee, einen US-V8 mit europäischer Sportwagentechnik zu kombinieren. *David Newhardt*

Der 331-cui-Cadillac-Motor, der Shelby zu seinem wichtigen ersten SCCA-Sieg am Steuer des Cad-Allard verhilft. *David Newhardt*

Ford, Dave Evans, versichert ihm, dass der neue Motor gründlich getestet worden sei und reichlich Potenzial für mehr habe. Mehr heißt natürlich mehr Hubraum und mehr Leistung. Aber das Tollste ist, dass Ford ein williger Partner für Shelbys Vorhaben zu sein scheint. Shelby erzählt später, dass er den Ford-Leuten damals schon versichert habe, bereits ein Weltklasse-Chassis organisiert zu haben, und das habe auch gestimmt. Na ja, zumindest in seiner Phantasie.

Dann kommt Shelby zu Ohren, dass AC Cars in England gerade Bristol verloren hat, den Motorlieferanten erster Wahl für ihren Sportwagen AC Ace. Obwohl der Ace ein ausgesprochen solider Sportwagen ist, hat er seine beste Zeit bereits hinter sich. Das acht Jahre alte Modell sieht im Vergleich zu einer veritablen Welle neuer britischer Sportwagen alt aus. Da ist etwa Jaguars E-Type, der es auf weit über 200 Stundenkilometer bringt. Dazu kommt, dass AC kurz vor dem Bankrott steht, und der Verlust von Bristol wäre wohl der Tropfen, der das Fass zum überlaufen bringt.

Shelby, der nun Ford im Rücken hat, ergreift die Chance und beginnt umgehend, mit AC Cars zu verhandeln. Die Partner scheinen füreinander gemacht, und Shelby ist in seinem Element. Ford schickt ein paar Motoren, und AC macht den Ace passend für den V8-Motor. Außerdem fügt Shelby unzählige Verbesserungen hinzu. Die Transplantation gelingt, und alle Beteiligten sind vom Ergebnis, der neuen „AC Ace Cobra", begeistert.

Der erste „Bastard", der später die Fahrgestellnummer CSX2000 erhält, wird ohne Antrieb nach Los Angeles verschickt, damit Shelby damit spielen kann. Als CSX2000 am 2. Februar 1962 eintrifft, kommt er in die Werkstatt von Dean Moon in Santa Fe Springs in Kalifornien. Dort baut eine zu allem entschlossene Truppe kalifornischer Hot Rodder den Ford XHP-260-01-Motor ein, der nun 260 cui hat.

Die Operation gelingt, so wird es berichtet, in weniger als acht Stunden. Das Resultat bildet das Fundament der Shelby-Legende, und es erschüttert die Straßen nur wenige Stunden nach der Implantation. Weit entfernt davon, gründlich entwickelt oder gar perfekt zu sein, ist die neue Cobra doch gut genug, um zu beweisen, dass die Rechnung aufgegangen ist. Bald fahren die Tester der Motorsport-Magazine den Wagen und verkünden aller Welt, dass die Stadt einen neuen Sheriff hat.

Jetzt, da Shelby unter die Hersteller gegangen ist, braucht er eine Produktionsstätte. Das Bauen von Autos in gemieteten Garagen wird es auf Dauer nicht bringen. Ein glücklicher Zufall will es, dass Lance Reventlow gerade ein bisschen Ärger mit der Steuerbehörde hat und Scarab Cars ein vorzeitiges Ende erleidet. Reventlow, Erbe des Woolworth-Kaufhausvermögens, ist wohl in der Situation, auf die ein alter Spruch über Autorennen zielt. Und der geht so: Wer wissen will, wie man ein kleines Vermögen mit Autorennen macht, sollte mit einem großen Vermögen beginnen.

Glück für Shelby, denn so wird nicht nur die Scarab-Fabrik von Reventlow mit der Anschrift 1042 Princeton Drive in Los Angeles frei – inklusive vollen Lagers. Nein, zur Konkursmasse gehört auch Phil Remington, Spitzentechniker und erstklassiger Handwerks-Künstler, der nun einen neuen Job braucht. Shelby ergreift die Gelegenheit beim Schopf und zieht ein. Mit an Bord sind Pete Brock und eine Handvoll weiterer talentierter Mitarbeiter der Fahrschule. Nun hat Shelby ein Werk, eine Mannschaft und einen Chefingenieur, er ist ein echter Fahrzeughersteller.

Und damit kann die Geschichte der Autos beginnen. Bald geht Shelbys neue Cobra ins Rennen und fährt bereits nach kurzer Zeit Siege ein. Trotz zahlreicher Kinderkrankheiten und der laufenden Entwicklung denken Shelby und sein Team niemals daran aufzugeben. Sie schrauben an der Cobra herum, bis sie gut genug ist, die Welt im Sturm zu erobern.

Die 427er Cobra folgt auf die 260er- und die 289er-Version; Ford drängt Shelby, den Mustang scharf zu machen und den GT350 zu schaffen, einen echten Hochleistungswagen, der das Pony möglicherweise vor dem Aussterben bewahrt. Und als Henry Ford II. von Enzo Ferrari übervorteilt wird, gibt er nicht auf, bis, wie Shelby es blumig formuliert, „Ferraris Arsch ihnen gehört". Nun, Shelby American bringt den GT40 nach Le Mans und sorgt dafür.

Geschichten und Erfolge sind legendär, aber ebenso legendär ist das, was man nur als die Magie beschreiben kann, die dieses Unternehmen und seine Autos bis heute ausstrahlen. Es ist die Verkettung glücklicher Umstände. Shelby findet die besten Zutaten, die besten Talente, die besten Sponsoren, die besten Fahrer und den ungezügelten Enthusiasmus, das, was mancher einen Haufen Schrott nennt, in die Welt hinauszuschicken und erst wieder heimzuholen, wenn es nichts mehr zu gewinnen gibt. Man nenne es Glück, Sturheit oder einfach zum richtigen Zeitpunkt am richtigen Ort zu sein – niemand wird sagen können, dass es je wieder so einen Mann wie Shelby geben wird.

Shelby hat etwas, das uns alle anspricht. Es ist eine amerikanische Erfolgsgeschichte. Und keiner von uns kann abstreiten, dass wir alle den Underdog respektieren, der jedes Hindernis überwunden hat, um an die Spitze zu gelangen. Kurz und gut, das ist die Geschichte von Shelby American. Und jedes einzelne Auto, über das Sie hier noch lesen werden, trägt diese DNA in sich. Also, schließen Sie Ihren Ray-Brown-Beckengurt, das Rennen geht los.

Abschnitt I
Der erste Biss: Die Shelby-Cobras und frühe Projekte

CSX2230 wird zunächst als PR-Wagen in der „Cobra-Karawane“ genutzt, in der *Ford Times* abgebildet und dient als Vorführwagen in Lew Spencers und Carroll Shelbys Autohaus „High Performance Motors“.
David Newhardt

01

Blattfeder-Cobras

Wie viele Hersteller muss auch Shelby straßentaugliche Versionen seiner Rennwagen verkaufen, um die horrenden Kosten der Rennabteilung aufzufangen. Das Komische ist ja dies: Solange deine Autos keine Rennen gewinnen, verkaufst du in der Regel auch nicht viele davon, und wenn du keine Autos verkaufst, kannst du dir den Rennsport nicht leisten. Mancher würde das einen Teufelskreis nennen – ich nenne es einen Burrito: Alles dreht und faltet sich um das wichtige Zeug in der Mitte herum, und in diesem Fall ist das wichtige Zeug in der Mitte der Rennsport. Viele Autofirmen mögen versuchen, Autos zu verkaufen, die nur so tun, als seien es Derivate der Renner – und die das nicht einmal besonders gut machen. Die Original-Straßencobras von Shelby aber sind unter ihren Karosserien tatsächlich dieselben Autos wie die auf der Rennpiste. Sicher, im Vergleich sind sie fast zahm, weil sie schwerer sind, weniger PS unter der Haube haben und ihnen ein paar spezielle Rennsport-Gimmicks fehlen. Aber es sind genau die Autos, die Shelby nur ein wenig präparieren muss, um Rennwagen aus ihnen zu machen.

Sobald der Name für die Cobra feststeht, erhalten jene Fahrzeuge, die aus England kommen, das oben links abgebildete Logo. Shelby ist nicht besonders glücklich darüber, dass er die Namensrechte mit AC Cars teilen muss, also lässt er umgehend das oben rechts abgebildete Spritzguss-Emblem anfertigen, das heute als das „Flathead"-Logo bekannt ist. Die Autos 2031 bis 2132 werden es tragen. Peter Brock, der ewige Künstler, protestiert gegen das Logo und erklärt Shelby, dass er es für zu plump halte. Shelby gibt schließlich nach und bittet Brock, selbst ein Emblem zu entwerfen, wenn er der Meinung sei, er könne das besser. Das Ergebnis ist das Cobra-Logo, dass die meisten von uns heute kennen, und das an allen Cobras ab 2133 angebracht wurde. Nur wenige wissen jedoch, dass es eigentlich zwei Versionen gibt. Das frühere Logo, das unten rechts abgebildet ist, wird irgendwann durch das leicht modifizierte unten links ersetzt.

Es ist also keine Überraschung, dass es sich bei der Straßenversion der Blattfeder-Cobra um ein hochgradig potentes und leistungsstarkes Auto handelt. Man muss sich die Cobra als einen jener untermotorisierten englischen Sportwagen vorstellen, die uns allen so gut gefallen haben. Dieser hier jedoch kam zum Magier, wünschte sich ein starkes Herz und bekam es. Die Cobra ist ein superleichter Sportwagen mit dem wahrscheinlich besten kleinen V8, den Detroit je hervorgebracht hat.

Wer sich ein Auto als eine Art Schweizer Taschenmesser auf Rädern vorstellt, muss die Blattfeder-Cobra für ein ziemlich lächerliches Ding halten. Mal abgesehen von der schieren Leistung taugt dieses Auto als Transport- und Beförderungsmittel herzlich wenig. Es gibt keinen nennenswerten Wetterschutz, die Türen lassen sich nicht abschließen, sie fahren sich wie Pferdekutschen, im Sommer schwitzt man, und im Winter friert man erbärmlich. Mit anderen Worten: Ein Traum für jeden echten Sportwagen-Fan. Niemand hat je aus Versehen eine Cobra gekauft, weil er vielleicht glaubte, er bekäme einen etwas flotteren Lincoln, und jene, die sich keine kaufen, sind sowieso besser mit etwas Profanerem bedient.

Wer damals eine Cobra kauft, erhält einen durchaus soliden und gediegenen Wagen, vielleicht nicht unbedingt niedlich, aber doch hübsch und bestenfalls stattlich. 7,75x15-Zoll-Reifen vom Typ Goodyear Power Cushion, oft mit Weißwand und auf Drahtspeichenfelgen, hinten ragt kaum sichtbar der blasrohrgroße Doppelauspuff unter der Stoßstange hervor – es handelt sich ganz offenbar um die bekannte Spielart des britischen Roadsters. Dazu auch noch der rudimentäre Wetterschutz aus Steckscheiben und einem hauchdünnen Falthäubchen aus schwarzem Vinyl zum Festknöpfen! Aber: Kaum dass der Ford-V8 zündet, lässt sich niemand mehr leimen.

Die Leute fragen oft, welche die beste der Straßenversionen sei. Hätten alle Autos die gleiche Qualität und die gleiche Geschichte, was nach 50 Jahren ganz offensichtlich nicht der Fall ist, würde ich einen späten

Linke Seite: Carroll Shelby präsentiert CSX2000 wenige Stunden nach der Fertigstellung. Das ist möglicherweise das erste Mal, dass die Cobra einem potenziellen Kunden vorgestellt wird. Am blanken Aluminium lässt sich gut erkennen, wie die Karosserie in Abschnitten konstruiert und dann zusammengeschweißt wurde. Beachten Sie das Montageloch und die Kontur des AC-Cars-Logos, das Shelby von der Schnauze entfernt hat, und den handgemalten Namenszug. Noch hat die Cobra ihren Namen nicht.

Cobras werden zu Ford-Händlern im ganzen Land gebracht, um Shelbys neuen Wagen vorzustellen. Hier eine schwarze Cobra vor vollem Haus in einer Vertretung in North Carolina. Bob Bondurant leitet die Präsentation.

Ein sehr früher 260-cui-Motor. Beachten Sie die „Y"-Krümmer, den Autolite-4100-Vergaser auf der serienmäßigen Grauguss-Ansaugspinne, die Lichtmaschine und das T-10-Vierganggetriebe mit 1963er-Konstruktionsnummer.

Serienwagen empfehlen: Fahrgestellnummer CSX2200 oder höher. Alle Cobras kommen natürlich als Prachtstücke zur Welt, aber im Lauf der Jahre gibt es zahlreiche Entwicklungen. Der wichtigste Schritt ist eindeutig der Umstieg auf Zahnstangenlenkung etwa bei Nummer 2125. Das hört sich vielleicht nicht besonders aufregend an, aber diese Modifikation an der Steuerung verändert die Fahreigenschaften erheblich.

Immer wieder wird die Cobra verbessert. Wird ein Problem erkannt, fließt die Lösung umgehend in die Produktion mit ein. Enorm hohe Temperaturen im Motorraum machen Entlüftungsöffnungen in den vorderen Kotflügeln erforderlich. Anfällige Elektrik und unzuverlässige Smiths-Instrumente werden durch Ford-Elektronik und präzise Stewart-Warner-Uhren ersetzt. Auch weniger offensichtliche Änderungen machten die späteren Autos wesentlich benutzerfreundlicher, etwa die bessere Frischluftzufuhr im Cockpit, damit es den Passagieren nicht zu heiß wird und leistungsfähigere Kühler, die das Gleiche für den Motor tun.

Wie wir aber wissen, haben nicht alle Cobras die vergangenen fünf Jahrzehnte in makellosem Originalzustand überstanden. Da ist es manchmal viel klüger, ein gut erhaltenes frühes Auto mit einwandfreier Vorgeschichte zu kaufen, als eins mit der jüngeren Fahrgestellnummer

Oben: CSX2012 im Jahr 1963 auf dem Weg nach Sebring, wo sie ein bisschen die Werbetrommel rühren soll. Beachten Sie die Blue-Streak-Rennreifen, den seitlichen Auspuff, die seitlichen Flügelfenster und die Sonnenblenden.

Rechts: Im Juni 1965 hält Ford eine Vorstandssitzung in den neuen LAX-Anlagen von Shelby ab. Sämtliche Shelby-Produkte sind ausgestellt, angefangen bei den Cobras bis zum neuen 1966er GT350 und zum Sunbeam Tiger. Vor dem Podium sitzen die Ford-Vorstandsmitglieder, hinten die Mitarbeiter von Shelby American – eine der seltenen Gelegenheiten, bei denen sie Anzüge tragen müssen.

Links: Das Werks-Werbefoto zeigt eine 289er-Cobra mit einigen Rennsportzutaten, etwa Magnesiumräder mit breiten Rennreifen, Lufthutze, Stabilisatoren und offenem Auspuff. Das Hardtop gibt es ebenfalls als Zubehör.

Unten: Als CSX2230 in ihrer Eigenschaft als Shelby-PR-Wagen 5000 Meilen zurückgelegt hat, verkauft High Performance Motors den Wagen am 25. Mai 1965 für 5000 Dollar an den damals 19 Jahre alten Barrey Robles. Der lässt noch die Radläufe bördeln, eine Lufthutze anbringen und das ursprünglich weiße Auto in dem 1956er Cadillac-Silber lackieren, das der Wagen heute noch trägt. Robles behält 2230 bis 2008, was ihm einen Platz unter den sehr wenigen Erstbesitzern sichert, die ihre Autos länger als vier Jahrzehnte lang fahren. Trotz ihrer unglaublichen Leistungsfähigkeit sind die Blattfeder-Cobras perfekt ausbalancierte und leicht zu fahrende Autos, die all jenen, die die Chance haben, sie zu erleben, viel Freude bereiten. Sie haben fürchterlich etwas verpasst, wenn Sie noch keine ausprobiert haben. *David Newhardt*

Ein Auto, das die Furcht in den Herzen der Corvette-Fahrer schürt – und bedrohlich dunkle Wolken, die in den Herzen der Cobra-Besitzer die Sorge nähren, dass der Wetterschutz ihres Wagens wohl wieder nicht ausreichen wird. *David Newhardt*

Das „Gesicht" des Autos, das sogar Nicht-Kenner gleich wiedererkennen, verrät nicht viel von der legendären Leistungsfähigkeit. CSX2230 hat gebördelte Radläufe, eine Lufthutze sowie den standardmäßigen und sehr an Ferrari angelehnten Eierkarton-Grill. *David Newhardt*

samt aller Verbesserungen, wenn es noch eine Menge Arbeit zu machen droht. Es ist traurig, aber die schlimmsten Feinde einiger Autos sind ihre früheren Besitzer. Über viele Jahre hinweg ist für viele Cobra-Fahrer gut nicht gut genug. Obwohl 300 PS mehr als ausreichend für ein Auto sind, das weniger als 1100 Kilogramm wiegt, motzen die meisten Besitzer ihre Autos auf – mit sehr unterschiedlichem Erfolg. Mehr Leistung heißt mehr Wärmeentwicklung im Motor, alle Teile, die dafür konzipiert sind, mit 300 PS zurechtzukommen, werden stärker belastet. Diese wohlmeinenden Besitzer fangen dann an, mit Getrieben, Federungen, fetteren Reifen, größeren Bremsen, Ofenrohr-Auspuffanlagen und Sidepipes, mehr Vergasern, Lufthutzen und Überrollbügeln zu experimentieren – es gibt praktisch nichts, was nicht irgendwann einmal mit einer Cobra angestellt wurde.

Am Ende haben dann viele Schrauber ein Auto, das eigentlich nichts taugt und weniger wert ist als ein Serienwagen. Ganz zu schweigen von der Tatsache, dass viele Besitzer im Laufe der Zeit lernen müssen, dass es zwischen dem, was sie für ihr Können halten, und dem, was es

Der vollkommen serienmäßige und unberührte Motorraum von 2230 – so sieht ein später 289er aus. Man beachte den vierflügeligen Original-Kühlerpropeller auf der Wasserpumpe. Er wird oft gleich bei der ersten Inspektion entfernt. Fahrer in wärmeren Gefilden lassen ihn wohlweislich an Ort und Stelle. *David Newhardt*

Serienmäßig: der Vergaser vom Typ Autolite 4100 und die Y-förmigen Grauguss-Krümmer. Beachten Sie den Messinghahn auf der rechten Seite des Verteilers, es ist der Regler für die Heizung. Er funktioniert genau wie der Wasserhahn ihrer Badewanne – lässt sich aber nicht mit den Zehen bedienen. *David Newhardt*

Haben Sie sich je gefragt, was sich unter der wundervollen Schale einer Blattfeder-Cobra befindet? Nun, hier ist die Antwort: nicht viel! Heute würde die US-Verkehrssicherheitsbehörde NHTSA diese Konstruktion nicht einmal für einen schlichten Anhänger genehmigen, aber 1962 ist dieses Minimal-Skelett aus zierlichen Rohren die Basis für Shelbys Leichtgewicht-Sportwagen.
Sammlung Trevor Legate

wirklich damit auf sich hat, eine gewisse Diskrepanz gibt. Auf diese Weise werden viele Originalautos mehr oder weniger schwer demoliert. Dank ihres hohen Wertes werden freilich so gut wie alle mehr oder weniger gründlich wieder aufgebaut, mal abgesehen von den total hoffnungslosen Wracks. Kurz gesagt: Seien Sie vorsichtig und machen Sie Ihre Hausaufgaben, wenn Sie darüber nachdenken, eine Cobra zu kaufen.

Die wenigen Glücklichen, denen es noch gelingt, eine Blattfeder-Cobra im Auslieferungszustand zu ergattern, kommen in den allerhöchsten Genuss. Selbst wenn Sie den Wagen mit dem angemessenen Respekt und Können fahren, werden Sie an Ihre Grenzen stoßen lange bevor die Cobra am Ende ist. Diese Autos sind schnelle, leichte, wendige, willige Partner, die ihre Fahrer reich belohnen. Der Smallblock-Sound blubbert aus dem Doppel-Auspuff und erinnert an den eines klassischen Chris-Craft-Motorboots in Gleitfahrt. Tritt der Fahrer das Gaspedal durch, verwandelt sich der Soundtrack in ein wundervolles Knurren. Die Bremsen wecken durchaus Vertrauen – vielleicht ist nach einer Weile Ihr Bein lahm, aber fürchten Sie weder Fading noch Ausfall. Und der Mangel an Federungskomfort wird bestens aufgefangen von der Elastizität des Chassis.

Die Shelby-Version der AC-Hinterachse. Die Scheibenbremsen werden nach außen verlegt, die Differenziallagerung wird verstärkt, der Kraftstofftank sitzt zwischen dem rechteckigen Abschnitt der Rohre direkt über der Blattfeder und fügt sich genau unter die Rundung der oberen Rahmenrohre. Es sieht nicht nach viel aus, aber es funktioniert umso besser.
Sammlung Trevor Legate

COB/COX-Blattfeder-Cobras

Als die Welt von dem Mann in Kalifornien hört, der diese großartigen modifizierten AC Ace-Sportwagen baut, wollen sie das Auto natürlich auch kaufen. Shelby American baut für den US-Markt, und stolz, wie wir Amerikaner sind, erklären wir die Autos von Shelby zu uramerikanischen Produkten, für deren Bau zufällig eine in England gebaute Karosserie verwendet wurde. Die stolzen Burschen von jenseits des großen Teichs dagegen halten die Cobra natürlich für ein brillantes britisches Auto, das zufällig einen amerikanischen Allerwelts-V8 unter der Haube hat.

Nun, um Enthusiasten auch im Rest der Welt in den Genuss von Cobras kommen zu lassen, lizensiert Shelby American das Unternehmen AC Cars und gewährte ihm so das Recht, eine eigene Cobra-Version für den Verkauf in Europa zu fertigen. Dabei handelt es sich um den COB (COBra Britain) RHD (Rechtslenker) für den Verkauf in Großbritannien, und den COX (COBra eXport) LHD (Linkslenker), das sind die Fahrzeuge für das restliche Europa. Beide basieren auf dem Smallblock-Blattfeder-Chassis, aber ihre Seriennummern beginnen mit 6001 und enden bei 6062, es sind also insgesamt 61 Autos. Sie werden alle nach Juli 1963 gebaut und verfügen somit alle über den 289er-Motor. Die Fahrzeuge mit den Bezeichnungen COB und COX bekommen die Fertigungsanlagen von Shelby American nicht zu Gesicht, sie werden bei AC Cars in England gebaut, allerdings beliefert Shelby American AC Cars mit Motoren und Borg-Warner-Vierganggetrieben.

In den Vereinigten Staaten nennt man die Cobras „Shelby Cobras", sie sind vorne und hinten mit dem Shelby-Logo versehen, auf dem Vorderkotflügel findet sich außerdem das berühmte „Powered by Ford"-Emblem. In der übrigen Welt heißen die COB- und COX-Fahrzeuge „AC Cobra 289" und haben ein Shelby-Cobra-Logo auf der Fahrzeugschnauze, auf dem Kofferraumdeckel findet sich ein AC-Cars-Logo. „Powered by Ford"-Embleme werden hier allerdings nicht angebracht, möglicherweise galt es als schändlich, einen Yankee-Motor unter der Haube zu haben.

Die Anzeige erscheint Ende 1964 und wirbt damit, dass die Cobra habe, was anderen Exoten fehle: Perfektion. Der typische Cobra-Kunde sei ein Kenner, der die präzise konstruierten deutschen Sportwagen ebenso kennengelernt habe wie die „wilden und hemmungslosen" Italiener, ja, er habe vielleicht auch zwei oder drei Wochen lang ein Plastik-Auto ausprobiert – ein Seitenhieb gegen die Corvette, die eher ein Cruiser sei als ein ernstzunehmender Sportwagen, und gegen die Chevrolet-Leute, die einst die Chance verpasst haben, Shelby mit Motoren zu versorgen.

Obwohl vielen Menschen die muskulöse Erscheinung der späteren 427er Cobras gefällt, ziehen die meisten Leute, die Erfahrungen mit dem Macho gesammelt haben, die Smallblock-Autos für das ganz normale Fahren vor. Wir reden hier von Skalpellen, nicht von Kettensägen – wer sorgfältig und mit Bedacht mit ihnen umgeht, wird erleben, zu was diese Autos fähig sind. Sollten Sie einmal das Glück haben, hinterm Steuer einer guten Blattfeder-Cobra Platz zu nehmen, werden Sie verstehen.

COBRA SPORTS ROADSTER

271 HP Ford Fairlane 4V High Performance 289" Engine; Fully Synchronized Four Speed Manual Transmission; Hand Formed Aluminum Body; All Weather Road Equipment (Top, Tonneau Cover, Side Curtains); Full Instrumentation–Including Tachometer, Oil Temp., and Electric Clock; Windshield Washer and Electric Wipers; Directional Turn Indicators; Rack and Pinion Steering; Bucket Seats, covered in Genuine Leather; Powr-Lok Limited Slip Differential; 72 Spoke Wire Wheels with Knock-Off Hubs; Girling Disc Brakes, all Four Wheels; 7.35x15 Goodyear G-8 Tires;

Complete With Above Standard Equipment $5,995.00

FACTORY INSTALLED OPTIONAL EQUIPMENT AND ACCESSORIES

Tuned Air Cleaner–Chrome	$ 4.00
Aluminum Rocker Arm Covers	49.50
Front Grille Guard–Chrome	35.50
Rear Bumper Guard–Chrome	42.50
Exhaust Pipe Tips–Chrome	5.00
Adjustable Wind Wings	22.50
Tinted Sun Visors	19.50
Smith Heater	95.00
Competition Seat Belts, Ea.	16.50
White Side Wall Tires	42.00
Aluminum 4V Intake Manifold	71.00
Luggage Rack–Chrome	42.50
Outside Rear View Mirror	6.00
Custom AM Radio and Antenna	58.50
Chrome Wire Wheels	150.00
Detachable Hardtop	229.00
Deluxe Side Curtains	99.00

Competition Vehicles and Related High Performance Equipment (Prices Available on Request)
Prices and Specifications Subject to Change without Notice

SHELBY AMERICAN, INC. / 6501 W. IMPERIAL HWY. / LOS ANGELES, CALIF. 90045

DIMENSIONS

Wheelbase, In.	90.0
Tread Front, In.	51.5
Tread Rear, In.	52.5
Length Overall, In.	151.5
Width, In.	61.0
Height, In.	49.0
Frontal Area, Sq. Ft.	16.6
Ground Clearance, In.	5.0
Turning Circle, Ft.	34

SPECIFICATIONS

Curb Wt., Lbs.	2026
Distribution %	48/52
Tire Size	7.35x15
Brakes	Girling Disc
Engine Type and Size, Cu. In.	OHV-V8 289
Compression Ratio	11-1
BHP 5800 RPM	271

GEAR RATIOS

Differential	3.77
4th	1.00
3rd	1.41
2nd	1.78
1st	2.36

PERFORMANCE

Standing 1/4 Mile, Sec.	13.8
Standing 1/4 Mile, Speed	112
Top Speed, MPH	154

COBRA
POWERED BY FORD

Diese frühe Preisliste von Shelby American führt die Cobra-Extras und die Preise auf. Sie findet sich in einigen Broschüren und Pressemappen.

Eine sehr frühe Anzeige für die Cobra, und eine der wenigen, in der anstelle einer Illustration das Foto eines echten Autos zu sehen ist. In diesem Fall handelt es sich um CSX2000. Ich weiß nicht, wo Shelby die Leistungsangaben herhat, aber sie sehen gedruckt auf jeden Fall sehr beeindruckend aus.

CSX2258 ist ursprünglich ein PR- und Vorführwagen, komplett ausgestattet und sogar mit Rennsport-Zubehör verfeinert. Diese Schönheit in der Farbe Rouge Iris hat erst 12.000 Meilen auf dem Tacho und steht tatsächlich immer noch auf den originalen Weißwandreifen vom Typ Goodyear Power Cushion. *David Newhardt*

Oben: Der makellose Kofferraum einer 289er-Street-Cobra. In der weißbeschichteten Glasfasermulde liegt das 7,35x15 große Reserverad. Der originale Skelly-Flaschenwagenheber ruht in der rechten Ecke, die Griffe sauber in den Klammern befestigt. Links und an der Vorderwand sind Rahmen und Haut des Verdecks verstaut. Auf der rechten Seite ist die Antenne für das optional erhältliche Radio zu sehen. Außer der Reserveradmulde ist alles silberfarben lackiert. *David Newhardt*

Rechts: Der Innenraum von 2258 mit Stewart-Warner-Instrumenten, schwarzen Ledersitzen und Rennsport-Beckengurten. *David Newhardt*

Oben: Der neuwertige Motorraum von 2258 mit den beiden serienmäßigen Vierfachvergasern. Die Carter AFB sind denen recht ähnlich, die bei den frühen Chrysler-300-„Letter Cars" verwendet wurden. Dazu Cobra-Ventildeckel, und der seltene Kühlerpropeller, der auf der Wasserpumpe montiert ist. Dieser Ventilator hätte eigentlich bei der ersten Inspektion entfernt werden sollen. Man beachte die gelblackierten Propellerspitzen. Die Farbe wird im Werk aufgetragen. Sie soll alle warnen, die dumm genug sind, am laufenden Motor herumzufummeln. Meistens klappt das auch. *David Newhardt*

Rechts: Das „volltransistorisierte" Mittelwellen-Radio der Cobra stellt Motorola für Shelby her. Nicht, dass man bei dem Auspufflärm und im Fahrtwind etwas gehört hätte, aber viele Käufer ordern diese Sonderausstattung. *David Newhardt*

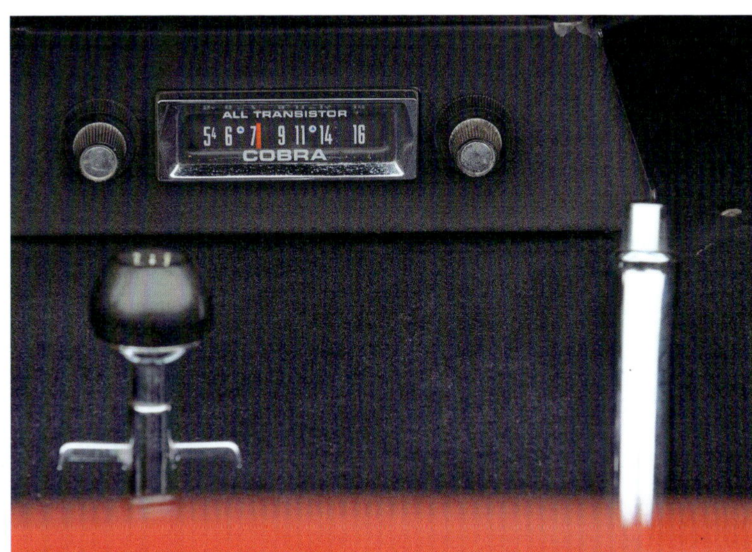

Das Profil ist ohnehin kaum verwechselbar. Dennoch gibt es noch einen unmissverständlichen Hinweis darauf, was da unter Haube arbeitet: Powered by Ford. Die Lüftungsschlitze in den Kotflügeln tauchen etwa bei Nummer 2160 auf. *David Newhardt*

Das endgültige Design des Cobra-Emblems. *David Newhardt*

CSX2327 ist ein alter Freund. Zu meinem großen Glück stand die Cobra lange in meinem Stall. Wir haben gemeinsam rund 15.000 Meilen zurückgelegt. Der FIA-Überrollbügel ist nicht original, sondern wurde vor vielen Jahren von einem früheren Besitzer angebracht, der 2327 bei Rennen einsetzte. Dank dieses Bügels konnte ich das auch tun. *David Newhardt*

Oben: CSX2327 kurz vor ihrem Einsatz bei der Copperstate 1000-Meilen-Rallye 2007, es ist ihr vierter Start zu diesem Rennen. Smallblock-Cobras sind herrliche Langstrecken-Renner, und es ist ein beruhigendes Gefühl, dass man einfach in den nächsten NAPA-Laden (National Automotive Parts Association, eine Autoteile-Handelskette) gehen kann, wenn einmal etwas kaputtgegangen ist. *Will Brewster*

Links: So geht man mit einer 289er Cobra in die Kurve. Beachten Sie den Gesichtsausdruck des offensichtlich noch nicht ganz überzeugten Beifahrers. *Will Brewster*

02

Blattfeder-Cobras – die Rennwagen

Richard J. Kopec

Die meisten Cobra-Fans unterscheiden zwei Grundmodelle: Straßenwagen und Rennwagen. Unter der Lupe betrachtet finden sich jedoch neun verschiedene Cobra-Rennsportversionen. Das liegt daran, dass die Wettbewerbsfahrzeuge ständig weiterentwickelt werden.

Die erste Renn-Cobra ist eine modifizierte Straßenversion. Es handelt sich um die zweite je gebaute Cobra, und sie wird nach SCCA-Regularien genauso präpariert wie es für die meisten Rennwagen jener Zeit üblich ist. Unnötige Serien-Ausstattungen werden weggelassen, Renn-Ausrüstung wird eingebaut. Das Besondere: Diese Arbeiten werden vom Werk vorgenommen (die Bedeutung dessen kann gar nicht laut genug betont werden), während die meisten anderen Fahrzeuge von Privatpersonen oder von Werkstätten, die sich auf den Aufbau von Rennwagen spezialisiert haben, vorbereitet werden. So werden bei den Cobras Modifikationen gleich zum Serienstandard für die Wettbewerbsmodelle.

Die Cobra ist so neu, dass sie in eine Spezialklasse eingestuft wird: X/P für „Experimental Production". Als genug Fahrzeuge gebaut sind, um sie als Serienwagen zu qualifizieren, wird die Cobra in die Spitzenklasse eingestuft: A/Production (erste Klasse Serienwagen, auf der Basis von PS-Zahl, Gewicht und Leistung). Die Vorschriften sind streng, und der Hersteller muss sich alles vom Veranstalter genehmigen lassen, was nicht der Serie entspricht. Die Autos müssen homologiert werden, und jede Veränderung ist Punkt für Punkt aufzulisten, etwa Sidepipes, Lufthutzen, Magnesiumräder, Überrollbügel, Weber-Vergaser und Windschutzscheibe aus Plexiglas. Sobald aber die speziellen Rennteile homologiert und genehmigt sind, dürfen auch die privaten Autobesitzer sie benutzen, entweder, indem sie sie beim Hersteller kaufen oder sie in Eigenarbeit kopieren.

Die Wettbewerbs-Cobras werden in Kleinserien produziert. Es werden so viele gebaut wie verkauft werden können. Das Werksteam hat in der Regel zwei oder drei Autos, die alle der gleichen Spezifikation entsprechen. Bewähren sich die Werkswagen, wird eine Handvoll Kundenautos nach demselben Schnittmuster gebaut. Im Rennbetrieb werden laufend weitere Änderungen vorgenommen. Nach etwa drei bis vier Monaten wird bereits die nächste Generation in Angriff genommen, die natürlich von allen Neuerungen der Vorgänger profitiert. Die neuen Autos werden eiligst in Betrieb genommen, die alten an Privatfahrer verkauft.

Die gebrauchten Rennwagen konkurrieren nun natürlich mit den Kundenautos der neuen Serie um die Gunst der Käufer. Da die Zahl jener Kunden, die im Motorsport aktiv sind und sich einen eigens für den Rennsport präparierten Wagen leisten können, sehr klein ist, bleibt die Gesamtzahl der Wettbewerbsautos relativ klein.

Dieser Aufrüstungszyklus der Werkswagen wiederholt sich zwischen Anfang 1963 und Ende 1965 alle vier bis sechs Monate. Jede Generation der aufgerüsteten und verbesserten Cobras erhält den Namen des Rennens, in dem der Wagen erstmalig starten soll. So werden die ersten Rennversionen „Nassau Cars"

CSX2127 im Jahr 1963 in Sebring. Ken Miles, Phil Hill und Lew Spencer belegen Platz 11 in der Gesamtwertung und Platz 8 in der GT-Klasse. Miles (2. von rechts, mit Helm und Schutzbrille) behält seinen Humor in jeder Situation.

Dieses Foto zeigt die Werkstatt der Rennabteilung von Shelby American. Links werden bei einer Le-Mans-Cobra Kotflügel-Verbreiterungen angebracht, der zweite Mechaniker bereitet einen Standard-289er für den Umbau auf eine größere Ölwanne vor. Auf der Werkbank liegt ein entsprechendes Blech bereit, im Untergeschoss des Wagens die große Wanne.

Links: Ein wunderbares zeitgenössisches Foto des Motors von CSX2127, eines Sebring-Werkswagens. Man beachte die verlängerten Einfüllstutzen mit den Entlüfterkappen und dem zusätzlichen Entlüftungsstutzen auf der Vorderseite des Motors. Bei hohen Drehzahlen ist auch eine Menge Luft im Motor unterwegs, und die großen Entlüfter sorgen für Abfuhr und verhindern den gleichzeitigen Austritt von Öl. Zu diesem makellos vorbereiteten Motor gehören außerdem der Spalding-Magnetzünder und die Weber-Vergaserbatterie.

Rechts: Neue Reifen und eine kleine Durchsicht im Juni 1965 in Riverside.

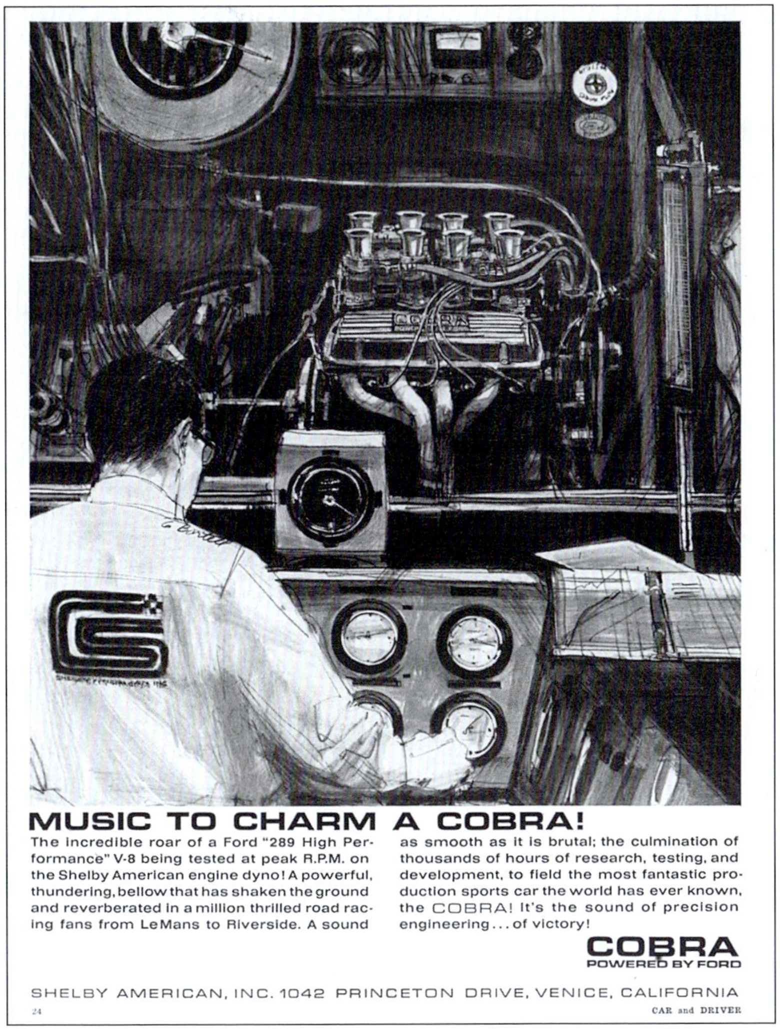

Shelby bewirbt seine Autos in praktisch jeder Art von Zeitschrift. In dieser Anzeige, die 1963 in der Zeitschrift *Car and Driver* erscheint, wird blumig beschrieben, wie der Sound einer Renn-Cobra klingt.

Juni 1963: Carroll Shelby strahlt, als CSX2138, eine der Le-Mans-Replikas, geliefert wird.

Elkhart Lake, Wisconsin, September 1965: Die USRRC-Renn-Cobra CSX2488 von Dan Gerber und Tom Payne in einer Pause zwischen den Badger-200-Rennen in Road America.

genannt. Ihnen folgen die „Riverside Cars", die „Sebring Cars" und die „Le Mans Cars". Die letzten beiden Generationen der Blattfeder-Rennwagen werden nach den Rennserien benannt, in denen sie sich behaupten sollen: FIA und USRRC.

Nur die Riverside Cars erhalten ihren Namen vom Werk, das damit auch fleißig wirbt. Die übrigen Namen stammen von den Jungs in der Rennabteilung, die sie benutzen, um die Serien auseinanderzuhalten. Einige Wagen, etwa 2002 und 2026, werden für weitere Rennen nachgerüstet und erhalten die entsprechenden Namen.

Ihre Premiere erleben Cobras in SCCA-Rennen. Mit wachsender Bekanntheit und den entsprechend höheren Verkaufszahlen wächst auch die Zahl der Siege von Werks- wie Privatfahrern. Das Werksteam tritt natürlich bei den bedeutenderen Rennen an, die auch die größte Publicity versprechen: FIA-Ausscheidungen wie Sebring und Daytona sowie das vom SCCA neu organisierte United States Road Racing Championship (USRRC). Sie verlieren nur selten.

Auch in Le Mans gehen die Cobras 1963 auf Beutezug, aber bevor Shelby eine Negativwerbung aufgrund schlechter Ergebnisse riskiert,

CSX2409, ein USRRC-Renner, vor der Auslieferung.

Es geht noch ums Ganze: Als Lew Spencer seine Cobra fährt, handelt es sich längst nicht um ein unbezahlbares Sammlerstück, sondern um einen Rennwagen. Die Geschichte, die für den enormen heutigen Wert der Cobras sorgt, wird eben erst geschrieben.

Die Dinge ändern sich: Hatten einst die Corvettes die Nase vorn, dulden die Cobras jetzt allenfalls einen Ausreißer unter sich – es ist erst gut ein Jahr vergangen, seit die erste Cobra in einem SCCA-Rennen gestartet ist

sorgt er dafür, dass die beiden Fahrzeuge von AC und einem privaten Team unter der Leitung des US-amerikanischen Rennfahrers Ed Hugus (einem der ersten Cobra-Händler) gemeldet werden. Ab 1964 nimmt das Cobra-Team an den USRRC-Veranstaltungen (Meistertitel) und an FIA-Ausscheidungen in den USA teil (Daytona, Sebring und Watkins Glen), wo sie gute Erfolge einfahren. Shelby schickt auch einige Autos nach Europa, um sie in der kompletten FIA-Serie einzusetzen. Im Rennen um den Konstrukteurs-Weltmeistertitel unterliegt Shelby knapp Ferrari, holt den Sieg aber 1965 nach.

Von 1962 bis 1965 werden jedes Jahr mehr Cobras gebaut, und die Siege häufen sich. Es ist wohl nicht verwegen zu behaupten, dass beides miteinander zusammenhängt. Aber im Rennsport bleibt nichts sehr lange wie es ist. Nach drei Jahren ist die Cobra in die Jahre gekommen, und neue Herausforderungen kündigen sich an. Ein neues Modell muss her, und so wird die 427er Cobra geboren.

Allerdings hat sich die Rennlandschaft verändert, und das Shelby-Werksteam muss sich dem Wettkampf in Europa stellen. Der Ford GT40 steht nun im Rampenlicht. Die meisten Werksfahrer, die sich ihren Ruf mit den Smallblock-Cobras erworben haben – Dan Gurney, Phil Hill, Bob Bondurant, Ken Miles – fahren längst andere Wagen

Mit freiem Oberkörper schaut Ken Miles zu, wie seine USRRC-Cobra im September 1965 für Road America abgeladen wird.

Linke Seite: Auch CSX2558 ist ein Rennwagen nach USRRC-Spezifikation, hier im Neuzustand. Die Cobra hat feingewuchtete Kardan- und Halbwellen, ein spezielles T-10-Getriebe mit gehärteten Zahnrädern und Wellen, eine NASCAR-Differenzialkühlung und einen verstärkten Rahmen. Der Wert dieser Verbesserungen erweist sich, als so berühmte Shelby-Fahrer wie „Gentleman" Tom Payne, John Morton und „Ohio" Bob Johnson ein Rennen nach dem anderen gewinnen.

Die Seriennummern der vom Werk präparierten Blattfeder-Cobras

Allg. Wettkampfwagen	CSX2008, 2009, 2011
Nassau Cars	CSX2002, 2009, 2011
Riverside Cars	CSX2008, 2017, 2026
Daytona Cars	CSX2002, 2014, 2026
Sebring Cars	CSX2127, 2128, 2129
Le Mans-Prototypen	CSX2131, 2142
Le Mans-Serienwagen	CSX2130, 2136, 2137, 2138, 2154, 2155, 2156
FIA Roadster	CSX2259, 2260, 2301, 2323, 2345
USRRC Roadster	CSX2385, 2409, 2431, 2458, 2459, 2488, 2494, 2513, 2514, 2557, 2558
427er Cobra-Prototyp	CSX2196

in anderen Rennserien. Es steht außer Frage, dass die ursprünglichen Smallblock-Roadster der Cobra ihren legendären Ruf verschafft haben. Umso bemerkenswerter, dass weniger als zehn Prozent der insgesamt 655 gefertigten Autos als Rennwagen an der Cobra-Legende mitgefeilt haben.

Der Transporter von Shelby American trifft 1964 an der Riverside-Rennstrecke ein. Heute sähe so etwas vielleicht lächerlich aus, aber 1964 war es etwas ganz besonderes. Man beachte die Klimaanlage auf dem Dach der Zugmaschine und den Warnhinweis auf dem Anhänger: „Finger weg – elektronische Alarmanlage."

Bridgehampton, September 1963: Bobby Brown auf CSX2043 zeigt, was „press on regardless", der Name der Weltmeisterschafts-Rallye in den USA, wirklich bedeutet. Es ließe sich mit „ohne Rücksicht auf Verluste" übersetzen. Außerdem ist gut zu sehen, was ein zerfetzter Reifen mit einer Cobra anstellen kann. Trotz seiner heroischen Anstrengungen geht Bobby in diesem Rennen nicht durchs Ziel.

Dieses Foto zeigt die Überreste einer FIA-Cobra nach dem 12-Stunden-Rennen in Sebring 1964. Bob Johnson auf Cobra 2259 stößt in der elften Stunde bei mehr als 160 Sachen mit einem langsameren Alfa Romeo GTZ zusammen. Berichten zufolge überschlägt er sich mindestens achtmal. Als der Staub sich wieder legt, sieht Johnson glücklicherweise wesentlich besser aus als sein Wagen. Wie bei den meisten Wettkampf-Cobras, die so ein Ende nehmen, werden Teile von 2259 gerettet, und auf wundersame Weise taucht Mitte der 1980er Jahre ein weiteres Auto mit der gleichen Fahrgestellnummer auf. Die aktuelle Cobra 2259 ist heute regelmäßig bei historischen Rennen zu bewundern.

Bei Shelby American werden Ende 1964 an einer Wettkampf-Cobra letzte Vorbereitungen für das Rennen vorgenommen.

03

Daytona-Coupés: Besser geht's nicht?

Statt Ihnen lange und ausführlich zu erklären, warum ich die Cobra-Daytona-Coupés für so bedeutend halte, sage ich es einfach, wie es ist: Ich würde glattweg Körperteile, über die oft gescherzt wird, für eins dieser Dinger hergeben. Ich weiß aber, dass niemand ein teures Buch kauft, um dann ohne stichhaltige Argumente abgefertigt zu werden. Wie wäre es also damit: Das Cobra Daytona Coupé ist das erste und einzige US-amerikanische Auto, das je die Konstrukteurs-Weltmeisterschaft gewonnen hat. Yep, kein anderes Auto, das je in diesem Land gebaut wurde, hat erreicht, was das Daytona Coupé 1965 geleistet hat. Es ist nicht nur die berühmteste Cobra aller Zeiten, sondern auch einer der berühmtesten Rennwagen aller Zeiten. Punkt!

Noch erstaunlicher als das, was diese sechs Autos erreichen, ist die Art und Weise, wie sie es tun. Bis 1963 gewinnen die Cobras in den USA, was sie nur wollen. Sie haben praktisch das Monopol. Aber Shelby hat größere Pläne, 1964 will er nach Europa gehen und gegen die ganz großen Jungs antreten. Und Shelby geht nur ins Rennen, wenn er auch siegen kann. Als Veteran der europäischen Rennsportszene ist er sich darüber im Klaren, dass sein Cobra-Roadster für diese Rennen nur eingeschränkt taugt. Während die Cobra für die kurzen US-Kurse mehr als ausreicht, weiß Shelby, dass ihre Aerodynamik, wie es bei uns im mittleren Westen heißt, der Breitseite einer Scheune entspricht. Um die Stabilität bei höchsten Geschwindigkeiten ist es auch nicht eben gut bestellt. Auf dem Nürburgring und vor allem in Le Mans mit den langen Geraden und extremen Tempi würde die Cobra es schlicht nicht bringen. Und besonders sicher ist sie auch nicht.

Die Zulassungsbestimmungen der FIA gestatten, dass ein Serienchassis, sofern mehr als hundert Stück gefertigt wurden, mit einer nicht serienmäßigen Karosserie für das Rennen ausgestattet wird. Das Chassis der Blattfeder-Cobra ist bewährt und erfüllt die Serienanforderungen. Die Lösung für die Rennen in Europa ist einfach: Shelby braucht ein Coupé auf der Basis der 289er-Cobra.

Peter Brock muss ran. Mit Fahrer Ken Miles legt er los, nachdem er einen ersten Entwurf zu Papier gebracht hat. Binnen kürzester Zeit ist ein modifiziertes Chassis fertig, es werden Halterungen für die Karosserie gefertig, und die Firma California Metal Shaping aus Los Angeles erhält den Auftrag, eine Aluminiumhaut nach Brocks Entwurf zu bauen. Sein Traum wird wahr. Aber wird es auch funktionieren? Am ersten Tag, an dem das fertige Coupe (CSX2287) auf der Riverside-Rennstrecke getestet wird, schlägt Ken Miles die beste Rundenzeit des Cobra-Roadsters um fast vier Sekunden. Ja, es funktioniert.

Es werden insgesamt sechs Daytona-Coupés hergestellt. Sie heißen nicht offiziell so, aber gemäß der Shelby-Tradition bekommt das neue Coupé den Namen Daytona, wo es erstmals Anfang 1964 im dortigen 12-Stunden-Rennen eingesetzt wird. Das erste Auto, CSX2287, baut Shelby American selbst. Die weiteren fünf Exemplare entstehen im Rahmen einer transkontinentalen Vereinbarung in der Carrozzeria Gransport im italienischen Modena. Die Chassis werden nach Italien verschifft, wo sie ihre Aluminiumkleider erhalten. Dann gehen Fahrwerk und Karosserie zurück zu Shelby American, wo sie endgültig für den Rennbetrieb

CSX2287 entsteht. Shelbys Leute ahnen schon, dass sie an etwas Großem dran sind. Sie können wohl kaum ahnen, dass sie da einem kommenden Weltmeister das Laufen beibringen.

vorbereitet werden. Die letzten beiden, CSX2601 und CSX2602, werden bei AC Cars in England nach Coupé-Spezifikationen modifiziert, zu Gransport nach Mailand verschickt und schließlich zu Shelby American, wo sie fertiggestellt werden.

Die Rennrekorde dieser sechs Daytona-Coupés sind legendär. 1965 krönen sie ihren Erfolg, indem sie den Weltmeistertitel in die USA bringen. Und so schnell sie aufgetaucht sind, so schnell sind sie auch schon wieder von gestern. Für 1966 beschließt die FIA, dass Basis-Chassis für Spezialkarosserien mindestens 500 Mal gebaut sein müssen, und das war's dann.

Diese so überaus potenten Renner werden sang- und klanglos wieder nachhause verschifft und landen bei Shelby in einer Ecke, wo sie nicht weiter stören. Mittlerweile ist man im Werk auf dem Weg zu größeren Dingen. Das Ford-GT-Programm läuft auf vollen Touren, und da sind die Daytonas nur noch Schnee von gestern.

Immerhin: Ein Daytona wird überholt und geht mit der „Cobra Caravan" auf Werbetour. Ein weiteres Coupé (CSX2287) leiht sich Goodyear für den Bonneville-Salzsee aus als Ersatz für Craig Breedloves Landgeschwindigkeits-Rekordwagen, der gerade repariert wird. Das Auto hat noch die 2,88:1-Hinterachse für Le Mans, und Craig Breedlove und Bobby Tatroe gehen es mit dem Daytona an. Nach zehn Stunden haben sie 23 neue Geschwindigkeitsrekorde auf dem Salz aufgestellt, und es wären noch mehr geworden, hätte die Kupplung des Daytona nicht schlappgemacht.

Aber auch CSX2287 ist nur ein weiteres altes Auto, wenn auch jetzt fein eingesalzen. Es kehrt ebenfalls zu Shelby American zurück, wird überholt und zusammen mit den übrigen fünf Daytona-Coupés in Shelbys mittlerweile berühmtem „Garagenverkauf" für Werkswagen angeboten, und zwar zu einem Verkaufspreis von etwa 4000 Dollar pro Wagen. Die vormals so stolzen Sieger sind jetzt derart unerwünscht, dass Shelby den letzten von ihnen, CSX2299, erst 1969 verkauft und noch einen erheblichen Preisnachlass gewährt.

Heute sind die Cobra Daytona Coupés etwas begehrter. Wird einmal eins verkauft, wechseln etwa zehn Millionen Dollar und ein

Von oben nach unten: Wie alles beginnt – die sperrhölzernen Anfänge von CSX2287. Peter Brock baut die Urform für das erste Daytona-Coupé. Bei Cal Metal Shaping werden die Aluminiumbleche angepasst. Auf die gleiche Weise entstehen die Karosserien der fünf weiteren Daytona-Coupés, allerdings in Italien.

Sobald Cal Metal Shaping mit den Blechen für CSX2287 fertig ist, werden sie zu Shelby zurückgeschickt und auf das modifizierte Roadster-Fahrwerk montiert. Mittels extrem moderner Werkzeuge wie Hammer und Klemmzange werden die Bleche zu kompletten Karosserien zusammengeschweißt. Heute heißt es immer wieder: „So wie früher baut das keiner mehr." Nun, das hier ist genau das, was damit gemeint ist.

Im Februar 1964 ist CSX2287 ein voll funktionsfähiger Rennwagen und wird auf der Riverside-Rennstrecke getestet. Die noch unlackierte Aluminiumkarosserie zeigt, wie sauber die Mechaniker gearbeitet haben.

Auto den Besitzer. Sollte dieser horrende Preis Sie nicht abschrecken, werden Sie feststellen, dass diese Autos heiß, laut, widerspenstig und überhaupt ganz wunderbar sind. Also: Falls Sie einen haben und ihn gegen Organe oder Körperteile eintauschen möchten, müssen wir reden!

Links: Peter Brock gönnt sich einen Moment, um sein Meisterwerk zu bewundern: das Daytona-Coupé. Kaum zu glauben, dass all dies mit ein paar Blaupausen für einen deutschen Bus aus den 1930er Jahren begonnen hat, die er in seiner Zeit bei GM studiert hat, und die er später für die neue Cobra-Karosserie adaptiert, indem er das Design mit Kreide auf den Werkstattboden bei Shelby American überträgt.

Unten: Sollten Sie tatsächlich einmal einen neuen 1965er GT350 gekauft und sich über die Farbspritzer in „Guardsman Blue" auf dem weißen Lack gewundert haben – hier ist des Rätsels Lösung. Heutzutage werden diese Cobras für mehrere Millionen Dollar gehandelt und wie alte Meister restauriert. Als sie nagelneu sind, tut es eine Lackierung wie in der Hinterhof-Werkstatt. Es sind Rennwagen, bei denen man sowieso davon ausgeht, dass sie immer wieder umlackiert werden – wozu also der ganze Aufwand?

Wie Forrest Gump schon sagte, „Wunder geschehen an jedem Tag", und ich glaube, er sprach vom Rennsport. Hier sehen wir CSX2299 im Juni 1965 beim 24-Stunden-Rennen von Le Mans. Unterwegs wurde eine kleine Nasenkorrektur vorgenommen, aber das hält Dick Thompson und Jack Sears nicht davon ab, auf Platz 8 in der Gesamtwertung und auf den zweiten Platz der GT-Kategorie zu fahren.

Beim 12-Stunden-Rennen in Sebring herrscht in der Shelby-Garage hektisches Treiben. Das Bild zeigt CSX2300 mit der Startnummer 12, die Platz 13 in der Gesamtwertung und Platz 3 in der GT-Klasse erreicht, und CSX2602 mit der Startnummer 16, die sich Platz 21 in der Gesamtwertung und Platz 4 in der GT-Klasse sichert. Hinter den Daytonas sehen wir den GT40 104 mit der Startnummer 10, der in diesem Rennen das Ziel nicht erreicht, und den GT40 103 mit der Startnummer 11, der Platz 2 in der Gesamtwertung und ebenfalls Platz 2 in der GT-Prototypenklasse belegt.

Oben: Sebring 1965: Bob Bondurant und Jo Schlesser bringen CSX2299 mit der Nummer 15 auf Platz 4 der Gesamtwertung und auf Platz 1 im GT-Finish.

Rechts: Ein weiteres Bild, das ein Viertel von Shelbys Sieger-Quartett in der GT-Klasse in Sebring 1965 zeigt. Mit CSX2300 belegen Allen Grant und Ed Leslie den dritten Platz in der GT-Klasse.

Links: CSX2286 beim 24-Stunden-Rennen in Le Mans 1965. Die Cobra wird von Dan Gurney und Jerry Grant gefahren, leider geht der Wagen wegen einer kaputten Kupplung nicht durchs Ziel.

Unten: CSX2601 im sintflutartigen Regen, der während des 12-Stunden-Rennens von Sebring rund 30 cm Wasser auf die Rennstrecke niederprasseln lässt. Dieser Wagen erreicht unter Bob Johnson und Tom Payne Platz 7 in der Gesamtwertung und Platz 2 im GT-Finish. Es ist eins der nassesten Rennen in der Geschichte von Sebring.

Seriennummern der Cobra Daytona Coupés

CSX2286	CSX2300
CSX2287	CSX2601
CSX2299	CSX2602

März 1964: Beim 12-Stunden-Rennen von Sebring fährt CSX2287 auf Platz 4 der Gesamtwertung und auf Platz 1 im GT-Finish, hinterm Lenkrad wechseln sich Dave MacDonald und Bob Holbert ab.

Al Dowd füttert ein Daytona Coupé mit einem Viertelliter Castrol. Gut geschmiert ist halb gewonnen.

Bob Bondurant mit CSX2601, einer Cobra, mit der er nicht nur ins Rennen ging, er kaufte sie Shelby sogar ab, um sie als Straßenwagen zu benutzen, nachdem sie ausgemustert wurde. Bob zahlte 1966 4000 Dollar, um sie 1968 für 10.000 Dollar weiterzuverkaufen und dann eine kleine Fahrschule im Westen zu eröffnen. Ich glaube, es lief sehr gut für Bondo, obwohl ihm die Tränen kommen, als er 2601 wiedertrifft. Wer kann es ihm verdenken?
David Newhardt

40 Jahre sind vergangen, seit Bondo 2601 sein Eigen nannte, aber nach wenigen Sekunden am Steuer schmelzen die Jahre dahin und das Lächeln kehrt auf sein Gesicht zurück. Wenn man so viele Meilen mit einem Rennwagen zurückgelegt hat, wie er das mit 2601 getan hat, entsteht eine Vertrautheit, die keine Zeit der Welt zerstören kann.
David Newhardt

Wann haben Sie zum letzten Mal ein echtes Daytona-Coupé gesehen? Ja, das ist Ihr demütiger Autor vor CSX2601. *Michael Guarise*

Der Innenraum von 2601 zeigt die spartanische Natur dieser hochgezüchteten Rennmaschinen. Aber er zeigt auch die kreative Ader von Shelby bei der Anbringung des vom Reglement geforderten Beifahrersitzes. Gut, dass im Rennen niemand auf dem um fast 45 Grad nach rechts gedrehten Stuhl sitzen muss. *Colin Comer*

Irgendwo hier drin versteckt sich ein 289er-V8 aus dem Ford Falcon. Kaum zu glauben, aber das ist die Basis für den Rennmotor in der Smallblock-Cobra, die hier auch die Blattfeder und die archaische Aufhängung zeigt. *Colin Comer*

04

COBRA
POWERED BY FORD
EAGLE
GOODYEAR

COBRA
POWERED BY Ford
HARR FORD
WORCESTER, MASS.

Smallblock-Dragonsnake und Slalom Snake

Dragonsnake und Slalom Snake sind die wohl am wenigsten bekannten Rennversionen der Blattfeder-Cobra. Sie sind anders als alle anderen Shelby-Renner.

In den frühen 1960er Jahren trifft die relativ junge Sportwagenkultur auf die der traditionellen Hot-Rods. Drag-Race-Rennen mit Hot-Rods sind ein beliebter Sport, der verhältnismäßig wenig kostet. Jede Woche gibt es Rennen auf den unzähligen Rennstrecken. In den meisten Fällen haben die Jungs, die zu den Beschleunigungsrennen antreten, Alltagsjobs, in denen sie das tun, was sie lieben: an Autos herumschrauben. Sie arbeiten in Tuning-Werkstätten, Tankstellen und Autohäusern.

Als Shelby sein Werk eröffnet, schafft er Traumjobs für so manchen Hot-Rodder. Shelby American ist der Ort, an dem viele dieser eifrigen und aufstrebenden Schrauber durchstarten, wenn manche auch noch etwas feucht hinter den Ohren sind. Letztendlich steigen die Besten in die Elite-Crew des Rennstalls von Shelby American auf, aber bis dahin müssen sie Cobras zusammenschrauben und dürfen vom Rennsport bestenfalls träumen. In diesem Umfeld – lauter Jungs, die scharf aufs Rennen sind – werden die Dragonsnake-Cobras geboren.

Shelby lässt sich dazu überreden, einen Werkswagen für Tony Stoer, Randy Shaw und Jere Kirkpatrick, drei Mitarbeiter aus der Fertigung, zur Verfügung zu stellen. Er wittert eine Gelegenheit, das Einsatzspektrum der Cobra zu erweitern, und lässt CSX2019 zum Dragster umrüsten. Allerdings müssen die Mitarbeiter das Projekt in ihrer Freizeit stemmen. Shelby gibt nur die allernötigste Hilfe, stellt außer dem Auto nur Zugfahrzeug, Anhänger und Sprit.

CSX2019 wurde bis dato fleißig für Werbezwecke genutzt. Nun erhält der Wagen einen leistungsstarken 289er-Motor, der für die Viertelmeile sorgfältig präpariert wird, und geht sogleich ins Rennen. Stoer legt mit der Drag-Cobra gleich eine Top-Zeit von 12,81 Sekunden hin und ist am Ende der rund 400 Meter 175,3 Stundenkilometer schnell. Das ist Klassenrekord der American Hot Rod Association (AHRA), und es zeigt, was in der Cobra steckt. Das Werk entwickelt einen Umbausatz, und weitere Werkswagen folgen. Die Dragonsnakes gewinnen beide nationale Ausscheidungen, die der National Hot Rod Association (NHRA) und die der AHRA, und fahren regelmäßig 11,5er- bis 11,9er-Zeiten und mehr als 185 Stundenkilometer.

Insgesamt baut das Werk nur fünf dieser wenig bekannten Drag-Race-Cobras, zwei, mit denen die Mitarbeiter von Shelby American ins Rennen gehen und drei auf Kundenbestellung. Es werden noch weitere Cobras von privaten Besitzern zu Dragonsnakes umgebaut, von dreien wissen wir, dass sie noch exisitieren. Sie sind als „Independent Drag Cobras“ bekannt, werden aber offiziell nicht als Dragonsnakes bezeichnet.

Gehen wir einmal davon aus, dass nicht jedermann eine professionelle Rennsportkarriere anstrebt oder mit der Cobra auf die Viertelmeile will. Umso mehr Menschen wünschen sich einen Alleskönner, mit dem sie im Alltag genauso gut bedient sind wie bei den seinerzeit sehr beliebten Autocross- und Zeitfahr-Veranstaltungen der vielen Sportwagen-Clubs. Für diese Kunden hat Shelby mit seinem Cobra-Sortiment genau das Richtige. Eine Slalom Snake ist für rund 1000 Dollar mehr zu bekommen als eine 289er-Standard-Cobra.

Oben: CSX2019, die erste Dragonsnake, vor einigen Werks-Renn-Cobras beim SAAC-Treffen 2006.

Unten links: Gus Zuidema fährt CSX2109, die von Harr Ford gesponserte private Dragonsnake. Man beachte die frühen 5,5 Zoll breiten Dunlop-Drahtspeichenräder, hinten mit zähen Racemaster-Dragster-Slicks. Diese Felgen stoßen schon unter der Leistung eines serienmäßigen 260er-Motors an ihre Grenzen. Stellt sich die Frage, wie lange es die Speichen unter solchen Bedingungen ausgehalten haben mögen.

Unten rechts: Diese frühe Cobra (FIN unbekannt) ist mit Dragonsnake-Modifizierungen ausgestattet, etwa mit Halibrand-Magnesiumfelgen samt Goodyear-Slicks hinten und größeren Radhäusern. Die offensichtlich fetteren Auspuffrohre münden wahrscheinlich in einen Bellanger-Dragrace-Krümmer.

Mit dem speziell präparierten Wagen lässt es sich in den Parkplatzrennen bestens um die Kegel wedeln. Zum Paket gehören American-Racing-Magnesiumräder, Goodyears Blue-Streak-Reifen, Stabilisatoren an Vorder- und Hinterachse, verstellbare Koni-Stoßdämpfer, eine Hutze auf der Motorhaube, ein Überrollbügel für den Fahrer und ein seitlich austretender Auspuff (weil nun hinten der Stabilisator im Weg ist), und, man stelle sich vor, ein Chevrolet-SS-Logo auf dem Kofferraumdeckel! Die vorderen und hinteren Stoßstangenbügel entfallen, die verchromten Hörner blieben jedoch.

Entweder liegt es am hohen Preis oder daran, dass die Serien-Cobra von vornherein ein so guter Renner ist – jedenfalls werden nur zwei Slalom Snakes gebaut. Eine ist der Prototyp CSX2522, die andere, CSX2537, ein „Serien"-Modell – wenn sich das angesichts einer Serie von nur einem einzigen Auto überhaupt so sagen lässt. Beide haben bis zum heutigen Tag überlebt und sind ein weiteres Beispiel dafür, wie Shelby American seine Kunden mit maßgefertigten Autos für jeden Zweck bedient.

Oben: Startvorbereitungen für die Werks-Dragonsnake CSX2427 im Jahr 1964. Man beachte die Magnesiumräder mit Zentralverschluss, die seitlich herausgeführten Krümmer und den cleveren Einsatz eines Betonschalungssteins und einer Planter's-Erdnuss-Dose. Der Anhänger im Hintergrund ist ebenfalls erwähnenswert, denn 1964 waren geschlossene Trailer noch neu. Ein passender gelber 1964er Thunderbird dient als Zugfahrzeug. *Sammlung Steven Juliano*

Hier die vollständige Dragonsnake-Liste, mit freundlicher Genehmigung des Registers des Shelby American Automobile Club:

Alle Dragonsnakes

Werks-Dragonsnakes	CSX2019, CSX2357
Im Werk präparierte Dragonsnakes für Kunden	CSX2248, CSX2427, CSX2472
Privat überarbeitete Cobra Drag Cars (alle bisher bekannten)	CSX2075, CSX2093, CSX2109

Rechte Seite links: CSX2427 funkelnagelneu im Ausstellungsraum von Adam's County Motors in Pennsylvania mit ihrem 19 Jahre alten Erstbesitzer John Reimer. CSX2427 ist die einzige „Stage III"-Dragonsnake, die je verkauft wird. Sie ist mit Weber-Vergasern ausgestattet und auf Wunsch gelb lackiert. Das kostet: Der Originalpreis beläuft sich auf atemberaubende 8695 Dollar. *Sammlung Steven Juliano*

Rechts: Die Werks-Dragonsnake CSX2357 macht ihren Job auf dem Riverside International Raceway. Im Juli 1964 stellt Jere Kirkpatrick mit diesem Wagen einen NHRA-A/SP-Rekord auf, als er die Viertelmeile in rasanten 11,81 Sekunden zurücklegt und eine Endgeschwindigkeit von 187 Stundenkilometern erreicht. Das ist sehr schnell für einen kleinen 289er-V8. *Sammlung Steven Juliano*

Blattfeder-Cobra-Produktionsnummern und Änderungen während der Produktion

Produktionszahlen:
Blattfeder-Cobras insgesamt: 655

260er-Motoren: 75
- Straßenwagen: 62
- Werkswagen: 4
- Vom Werk präparierte Rennwagen: 1
- Privat vorbereitete Rennwagen: 7
- Dragonsnakes: 1

289er-Motoren: 580
- Straßenwagen: 453
- Werkswagen: 29
  - Standard-Rennwagen: 2
  - Sebring Cars: 3
  - Le Mans Cars und Fhz. nach Le Mans-Spec.: 5
  - 427er „Flip-Top“-Prototyp: 1
  - FIA-Roadster: 5
  - Daytona-Coupés: 6
  - USRRC-Roadster: 6
- Vom Werk präparierte Rennwagen: 11
  - Standard-Rennwagen: 2
  - Le-Mans-Prototypen: 1
  - Le-Mans-Rennwagen: 3
  - USRRC-Roadster: 5
- Privat präparierte Rennwagen: 21
- Dragonsnakes: 4
- Fahrgestell (Mercer Cobra): 1
- Willment-Coupé: 1
- COB-/COX-Straßenwagen: 59
- COB-/COX-Rennwagen: 2

Änderungen während der laufenden Produktion:
- CSX2000-CSX2075 (ca.): 260er-Motor
- CSX2075 und höher: 289er-Motor
- CSX2075 und höher: stärkere Rahmenrohre
- CSX2000 und CSX2125: Schneckenlenkung
- CSX2126 und höher: Zahnstangenlenkung
- CSX2000-CSX2069: 3,54:1 Achsübersetzung
- CSX2070 und höher: 3,77:1 Achsübersetzung
- CSX2000-CSX2200: Lucas-Elektrik und Smiths-Instrumente
- CSX2201 und höher: Ford-Elektrik und Stewart-Warner-Instrumente
- CSX2000-CSX2159: schmale Kotflügelverbreiterung; 5,5-Zoll-Felgen, keine seitliche Belüftung
- CSX2160 und höher (nur Straßenwagen): weiter ausgestellte Kotflügelverbreiterung, 6-Zoll-Felgen, Lüftungsschlitze
- CSX2000-CSX2070: Lucas-Gleichstrom-Lichtmaschine
- CSX2071-CSX2200: Ford-Gleichstrom-Lichtmaschine
- CSX2201 und höher: Ford-Drehstrom-Lichtmaschine
- CSX2000-CSX2030 (ca.): „Shelby AC Cobra“-Logos
- CSX2031-CSX2132: große „Flathead“-Cobra-Logos
- CSX2133 und höher: Standard-Cobra-Logos
- CSX2200 und höher: Plakette mit Fahrgestell- und Motornummer im Fußraum der AC-Fahrzeuge

Anmerkung: Das Shelby American World Registry ist eine wertvolle Quelle für alle potenziellen Käufer eines Shelby-Autos und für jeden, der einfach mehr erfahren möchte. Näheres unter www.saac.com.

05

Cooper Monaco „King Cobra“ (1963/1964)

Ende 1963 sind Shelbys Cobras die Gegner, die es in SCCA-Serienwagenrennen zu schlagen gilt. Es ist so gut wie sicher, dass die Smallblock-Cobras die A/Production-Meisterschaft der SCCA genauso wie die USRRC-Meisterschaft für sich entscheiden werden. Es ist aber auch eine Zeit des Umbruchs in der Sportwagenrennerei in den Vereinigten Staaten. Die SCCA ist ein eher bodenständiger Rennsportverband, der sich bislang vor allem auf Amateurrennen konzentriert hat, wo es nicht viel Geld zu gewinnen gibt. Nun entschließt man sich, zusätzlich eine professionelle Rennserie zu starten. Zugelassen sind eigens für den Rennsport konstruierte Wagen ohne Hubraumbeschränkung. Aus dieser Serie wird schließlich die legendäre Can-Am.

Obwohl die Cobra in den Serienwagen-Rennen so gut wie unschlagbar ist, kann sie gegen die neue Generation extrem leichtgewichtiger und extrem starker Mittelmotor-Renner nichts ausrichten. Shelby braucht ein neues, eigens für die neue „Herbstserie“ gebautes Auto. Er setzt auf die gleiche Rezeptur, die ihm schon bei der Cobra so viel Erfolg gebracht hat, begibt sich nach Europa und sucht den besten Wagen, den er modifizieren und für viele Ford-PS tauglich machen kann. Er entscheidet sich schließlich für den Cooper Monaco, den Rennwagen, der in Europa dominiert.

Shelby kauft zwei Stück ohne Motor und nimmt sie mit nach Kalifornien, um sie mit dem 289er-Rennmotor der Cobra und einem Huffaker-Vierganggetriebe auszurüsten, das allerdings schon bald durch eins von Colotti ersetzt wird. Chassis und Aufhängungen werden aufgemotzt und die Autos ins Rennen gebracht, so gut das nach einem Monat geht, in dem Shelbys Jungs aus zwei Fahrwerken und einem Haufen Cobra-Teilen ein Paar Rennwagen basteln müssen.

Das Ergebnis ist ein schnelles, aber leicht unausgegorenes Auto mit Zuverlässigkeitsproblemen. Obwohl die „King Cobras“ Streckenrekorde aufstellen, haben sie selten genug das Durchhaltevermögen, um ein Rennen auch bis zum Schluss zu fahren. Wie man im Rennsport sagt: „Um als erster durchs Ziel zu gehen, muss man erst einmal durchs Ziel gehen.“ Die King Cobra ist eine Handvoll Auto mit sehr vielen Handvoll PS, zu leicht und zu schmal bereift, um die Leistung auch auf den Asphalt zu bringen. Wenn diese Autos in Aktion sind, ist es wesentlich unterhaltsamer, ihnen zuzuschauen, als sie zu fahren, und obwohl sie 1963 und 1964 recht erfolgreich sind, reicht es doch nie für die Dominanz, wie sie Shelby mit der Cobra erreicht hat.

Schließlich werden 1963 und 1964 jeweils vier King Cobras gebaut. Dazu kommt der Lang-Cooper, der sein Leben als erste King Cobra des Jahrgangs 1964 beginnt. Dieses Fahrzeug hat Craig Lang bestellt. Shelby-Fahrer Bob Holbert fährt das Auto im Mai 1964 zu Schrott. Shelby fühlt sich verantwortlich und hilft Lang dabei, die traurigen Reste der King Cobra wieder zusammenzusetzen.

Zum Ende der Saison 1964 sind die King Cobras schon veraltet. McLaren und Lola treten bereits mit topaktuellen Monocoque-Chassis und unglaublichen PS-Zahlen aus eigens für die Rennen gebauten Vollaluminium-Motoren an. So verkauft Shelby seine King Cobras mit allen Ersatzteilen und geht umgehend das nächste Ziel an: den Ford GT40.

Oben: CM/6/64 wurde perfekt restauriert und startet heute regelmäßig bei historischen Rennen.

Unten links: Der Lang Cooper in voller Fahrt 1964 in Riverside. Am Steuer sitzt Ed Leslie.

Der 289er-Cobra-Motor hat überhaupt keine Mühe mit dem Fliegengewicht CM/3/63. Für den Fahrer empfiehlt es sich ganz offensichtlich, sich im Falle eines Überschlags schnell zu ducken. Der kleine Bügel dürfte kaum helfen. *Scott Nidermaier*

Links: Der Rennwagenbau bei Shelby American ist ein sehr ernsthaftes Geschäft, betrieben von echten Profis. Niemals würden diese talentierten und hingebungsvoll arbeitenden Konstrukteure und Rennmechaniker bei ihrer Arbeit an der King Cobra Zeit verschwenden, indem sie sich Cowboyhüte aufsetzen und ihren Boss, Carroll Hal Shelby, imitieren.

Unten: Eine King Cobra erhält eine frische Aluminiumhaut. Anders als die Rennwagen von heute bieten die Autos in den 1960er Jahren ihren Fahrern kaum Schutz. Bob Bondurant installiert einen Griff auf dem Boden seiner King Cobra. Warum? Er behauptet, dass man sich im Falle eines Überschlags gut daran festhalten könne. Und ja: Er bekommt die Chance, diese Theorie zu überprüfen.

Oben: Eine Blick in den Lang Cooper, der als King Cobra CM/1/64 zur Welt kommt. Dieser 289er ist ein reinrassiger Rennmotor mit Weber-Vergasern. Man beachte die Ballhupe auf dem Querträger links vom Armaturenbrett.

Rechts: Parnelli Jones neben der King Cobra, mit der er 1964 an den Start gegangen ist. Es ist CM/6/64, ein 1964er-Werkswagen. In jenem Jahr gewinnt Jones mit diesem Fahrzeug den LA Times Grand Prix in Riverside, aber im weiteren Verlauf dieser Saison wird es finster: bei einem Rennen auf dem Laguna Seca Raceway zerlegt er CM/6/64 gleich in der ersten Runde.

Oben: CM/3/63 ist der zweite Cooper Monaco, der zur Fertigstellung als King Cobra an Shelby American geliefert wird. Seinerzeit fuhren ihn Bob Holbert, Dave MacDonald, Augie Pabst, Skip Scott, Ed Leslie, Ronnie Bucknum und Ken Miles. Letzterer will sich in dem Wagen nie wohlgefühlt haben. CM/3/63 wird verkauft und Mitte der 1970er Jahre hin und wieder von Privatfahrern eingesetzt, gelegentlich gar bis 1982. 1993 wird er in den Urzustand zurückversetzt. *Scott Nidermaier*

Rechts: Eine Art Abstandshalter, bloß nicht sehr stabil und viel, viel lauter. Beim Windschattenfahren in einem NASCAR-Rennen könnte der King Cobra ernsthaft die Luft ausgehen. *Scott Nidermaier*

Kaum zu glauben, das soviel Motor ins Cooper-Chassis passt. Vor allem für die riesige Leistung aber war das Fahrgestell ursprünglich gar nicht gedacht. *Scott Nidermaier*

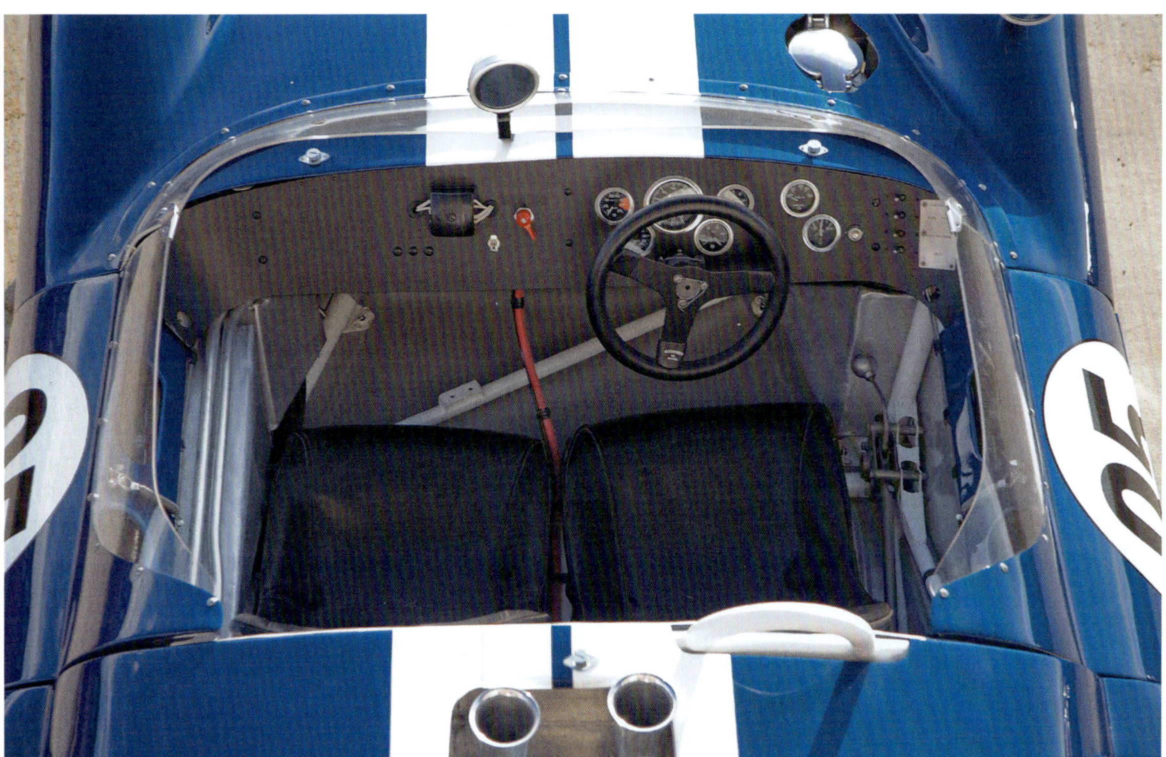

Die „Operationszentrale“ von CM/3/63. Obwohl das Cockpit eigentlich nur einer Person knappen Raum gewährt, ist das Auto mit zwei Sitzen ausgestattet. Sportwagen müssen laut Reglement Zweisitzer sein. Für die Sicherheit des Fahrers wird praktisch nichts getan. *Scott Nidermaier*

06

Die 427er-Cobra

Vor der Zulassungs-Kommission der FIA findet die 427er-Cobra keine Gnade. Das Auto ist aber gut und es wert, in eine Straßenversion umgewandelt zu werden. Die Kundschaft reagiert begeistert. Es gibt eine Menge Leute, die ständig auf der Suche nach dem ultimativen Kick auf vier Rädern sind, und sie sind bereit, dafür zu zahlen. Shelby hat von Anfang an geplant, eine Straßenversion der 427er auf den Markt zu bringen. Schließlich muss er seine Rennabteilung finanzieren. Dann ist es natürlich auch verlockend, das meistgefürchtete Hochleistungsauto im Programm zu haben.

Bevor Shelby den 427er als Straßenversion verkaufen kann, muss er erst einmal Rennwagen umbauen. Die ersten 100 Fahrgestellnummern waren für die Wettbewerbsautos reserviert, der erste Straßenwagen ist also CSX3101. Tests offenbaren zahlreiche Probleme beim ersten von drei Prototypen. Es ist nicht damit getan, ein Kennzeichen an ein für den Rennsport entwickeltes Auto zu schrauben, und die 427er Cobra soll sich für Shelbys Techniker noch als harte Nuss erweisen.

Das Äußere ist einfach: Shelby entfernt einfach die Rennteile von der Karosserie. Überrollbügel, Lufthutze und Schnelltankverschluss verschwinden. Auf der mechanischen Seite ist Hitze das erste Problem – und Sie dürfen davon ausgehen, dass die Probleme Nummer 2 bis Nummer 10 ebenfalls Hitze heißen. 427 cubic inches entsprechen ziemlich genau sieben Litern, und der gewaltige Motor wird im kleinen Cobra-Motorraum – na, eben heiß. Noch das allerbeste verfügbare Kühlsystem und eine Belüftung von Motor- und Innenraum vermögen nicht mehr, als die Insassen unter allen Umständen immer schön warm zu halten.

So versuchen die Techniker Abhilfe zu schaffen, indem sie jene Portion Fahrtwind in den Innenraum leiten, die bei der Wettbewerbsversion vom Wagenbug zu den Bremsen geleitet wurde. Ein Tropfen auf den heißen Stein. Irgendwie gelingt es Shelby, die Betriebstemperatur für die Straßenversion auf einigermaßen vertretbares Niveau zu senken, vielleicht nicht für die Insassen, aber doch für den Motor – immer vorausgesetzt, dass die Fuhre schön in Bewegung gehalten wird.

Weitere Dinge bedürfen der Überarbeitung. Neue Auspuffkrümmer müssen her und ein Unterflur-Auspuffsystem, Stoßstangen und all die viele weiteren Dinge, an die man gar nicht denkt, wenn man nur einen Rennwagen baut. Irgendwann ist alles einigermaßen fertig, und die 427er-Straßen-Cobra geht in Produktion. Das erste Auto verlässt AC Cars im April 1965 als Fahrzeug des Modelljahres 1966.

Wie schon bei der Blattfeder-Cobra werden während des Produktionsprozesses zahlreiche Änderungen umgesetzt, obwohl die Zahl der gefertigten Fahrzeuge extrem klein ist. Einige Abwandlungen sind das Ergebnis der fortlaufenden Entwicklung oder des Kundenfeedbacks, aber die meisten sind darauf zurückzuführen, dass schlicht verbaut wird, was AC Cars und Shelby gerade zur Verfügung steht. Wo Originalteile fehlen oder schleppend geliefert werden, kommen alternative Komponenten zum Einsatz. Es zählt nur eins: Autos ausliefern. Produktionsunterbrechungen sind das Letzte, was Shelby sich leisten kann.

Für die erste Charge der 427er bedient man sich der 100 Karosserien aus der für Homologationszwecke vorgesehenen Serie. Als der Bestand aufgebraucht ist, geht eine neue Version mit schmaleren Heckkotflügeln in Produktion. Die dicken Backen der Rennsportversion sähen mit den schmaleren 7,5-Zoll-Felgen und den weniger gewaltigen Reifen zu wuchtig aus. So sieht das Auto eher aus wie eine 289er-Cobra nach einem gediegenen Krafttraining, aber nicht gleich so, als sei es auf Steroiden.

Nach 33 „Narrow Hip"-Cobras („schmalhüftig") gibt es dann doch wieder breitere Kotflügel. Die Kundschaft will es so, sie steht auf den Arnold-Schwarzenegger-Look und schätzt die Möglichkeit, dicke

Oben: In Shelbys LAX-Werk warten 427er-Cobras auf ihre Motoren. Das Schild an der Decke verkündet die Botschaft: „Quality Must Be Built Into a Product, It Can Not Be Inspected Into It", was soviel heißt wie: „Qualität muss von Anfang an in ein Produkt eingebaut werden, sie kann nicht hineingeprüft werden."

Linke Seite: Der Autor mit seiner tüchtigen Beifahrerin Cana in CSX3134 an einem der kühleren Tage der Copperstate-1000-Meilen-Straßenrallye im Jahre 2009. Es mag ja sonnig gewesen sein, aber die Außentemperatur lag bei knapp über Null. Dummerweise ist das Verdeck der Cobra nur für Geschwindigkeiten bis knapp über hundert geeignet. *Will Brewster*

Oben: Das Werksfoto zeigt eine der 33 gebauten 427er „Narrow Hip"-Cobras (CSX3125 bis CSX3158). Diese hier hat Sunburst-Felgen.

Links: Dank der schlankeren Hüften füllen die relativ schmalen 8,15x15-Zoll großen Goodyear-Blue-Dot-Reifen auf 7,5-Zoll-Felgen die Radkästen tatsächlich richtig aus. Auch die zierlichen Endrohre der Werks-Auspuffanlage sind zu sehen. Fettere Zubehöranlagen waren ein Riesenthema. Viele Besitzer bauten Sidepipes im Stil der Renn-Cobras an.

Räder anzubauen, ohne erst größere Modifikationen an der Karosserie vornehmen zu müssen. Je mehr Gummi, desto besser! Übrigens bevorzugen die meisten Sammler heute den Look mit den schmalen Hüften – ein weiteres Beispiel dafür, dass Dinge, die anfangs unbeliebt sind, im Laufe der Zeit an Attraktivität gewinnen, entweder, weil sie selten oder weil sie ästhetisch ansprechender sind. In diesem Fall trifft beides zu.

Bis Produktionsende bringen es die 427er auf nicht weniger als vier Kotflügel-Versionen. Dazu kommen drei Sorten Leichtmetallfelgen, zwei unterschiedliche Rückleuchten-Varianten, Modelle mit und ohne Ölkühlerhutzen, diverse Armaturenbretter und allerhand mehr.

Aber die wichtigste Änderung im Verlauf der Produktion betrifft das Herz der 427er-Cobra, den Motor. Die ersten etwa 100 Autos haben 427-cui-Motoren mit „Low-Riser"-Zylinderköpfen, scharfe Nockenwellen und zwei Vierfach-Ansaugbrücken aus Aluminium mit je einem Holley-Vergaser. Das ist ein veritabler Hochleistungsantrieb, ein Rennmotor, entschärft für den Straßengebrauch.

Doch bald treten bei Ford Produktionsprobleme auf. Die Lieferung dieser speziell angefertigten 427er-Motoren droht ins Stocken zu geraten. Man erklärt Shelby, dass der 427er durch den in Serie gefertigten 428-cui-„Police Interceptor" ersetzt werden muss, der voll ausgestattet geliefert werden soll, mit einem gusseisernen Einlass, einem einzelnen Holley-Vierfachvergaser, einem modernen leistungsstarken Ventiltrieb mit hydraulischen Stößeln und geschlossener Kurbelgehäuse-Entlüftung, alles komplett lackiert, sauber und fertig zum Einbau.

Ford argumentiert weiter, dass die Cobra die Leistung der 427er-Maschine sowieso nicht nutzen könne und der zahmere 428 „PI" für den Straßenbetrieb die bessere Wahl sei. Dieses Argument ist berechtigt,

An der Shelby-Tankstelle im LAX-Werk: Ken Miles betankt eine 427er Cobra für zwei heitere Herren im Anzug.

In diesem Hangar gibt es keine Flugzeuge. Rechts die Montagestraße für die GT350, in der Mitte werden aufgebockte Cobras zusammengebaut. Wenn diese Jungs wüssten, was auch nur ein Hupenknopf 50 Jahre später wert sein wird, ginge wohl kaum einer mit einer leeren Lunchbox heim.

Montage einiger 428er-Cobras. CSX3281 im Vordergrund hat noch immer die AC-Transport-Felgen. Außerdem ist ein Brett anstelle der vorderen Stoßstange montiert. So haben die Arbeiter etwas zum Anpacken, wenn sie die fragilen Aluminiumwagen hin und her bewegen, außerdem bleibt die Karosserie so vor Beschädigungen geschützt, wenn die Autos für ihre Reise über den großen Teich wie Sardinen in den Frachtraum gepackt werden.

Oben: Peter Brock hat sie entworfen, und bei Kelsey-Hayes wird sie hergestellt: die Sunburst-Magnesiumfelge. Sie ist stets 7,5x15 Zoll groß und wird produziert, als Shelby Probleme bei der Beschaffung der von Halibrand hergestellten Magnesiumfelgen im GT40-Stil hat.

Oben links: CSX3253 ist eine originale breithüftige 428er, die sich heute im Besitz von Chris MacAllister befindet. Abgesehen von der Lufthutze und dem Überrollbügel sieht sie genau so aus wie an jenem Tag im Juli 1966, als sie Shelby American verlassen hat. Der Originalfarbton „Ivy Green" entspricht außerhalb der Ford-Welt dem British Racing Green und war die zweitbeliebteste Farbe für die Schraubenfeder-Cobras. Fast jedes fünfte Auto kam in grün daher – kaum zu glauben angesichts der heute meist knallig lackierten Cobras. *Will Brewster*

Links unten: CSX3134 wird auf der Road-America-Rennstrecke ein wenig trainiert. Fast wie bei den frühen Tests, als flatternde Fäden halfen, den Strom des Fahrtwinds zu ermitteln, zeigen uns die Haare der Beifahrerin, wie alles, was bei hohem Tempo aus einer Cobra hinausgewirbelt wird, in der Regel auch gleich wieder hereinkommt. Die seitlichen Schwenkfenster und die Sonnenblenden helfen da auch nicht viel, aber wenigstens schützen sie ein wenig vor Insekten.

denn das höhere Drehmoment bei niedrigen Drehzahlen und die bessere Fahrbarkeit des 428ers sind klare Vorteile, ganz zu schweigen vom wartungsfreien Ventiltrieb und nur einem Holley-Vergaser, der Ärger machen kann. Außerdem lässt sich nachvollziehen, dass Shelby sehr empfänglich für das Argument ist, dass der 428 PI 400 Dollar weniger kostet. Also wird der 428 PI etwa ab Fahrgestellnummer 3200 zum „427er-Cobra-Standardmotor".

Aber schon bald meutern die Kunden, weil ihre „427er"-Cobras keinen runtergetunten 427er-Rennmotor mehr unter der Haube haben, sondern bloß eine hochgejubelte Thunderbird-Maschine. Wer kann ihnen das verdenken? Obendrein insistiert der neue Ford-Ingenieur Fred Goodell, dass eine 427er-Cobra auch mit einem echten 427er-Motor ausgestattet gehöre. Also erlebt die 427er-Maschine eine Renaissance. Nachdem rund 100 der 428er gebaut worden sind, nimmt Shelby etwa ab Fahrgestellnummer 3300 wieder echte 427er-Motoren, jetzt in der „Medium-Riser"-Variante mit Aluminium-Ansaugspinne und einem Holley-Vergaser.

Wenn aber die 427er-Straßen-Cobra so großartig ist, wieso wird die Fertigung dann nach nur 20 Produktionsmonaten und 260 gebauten Autos eingestellt? Das hat mehrere Gründe. Die 427er Cobras sind teure, unpraktische und gefährliche Autos, und sie haben von Anfang an Zuverlässigkeitsprobleme. Addieren Sie drohende Bundesgesetze über Schadstoffemissionen und Sicherheitsstandards und eine klüger werdende Versicherungsbranche hinzu, und schon hat es die Cobra immer schwerer auf dem Markt.

Außerdem wird die Corvette Jahr für Jahr besser, und mit ihrem 427er-Motor mit 435 PS und dem unglaublichen Styling verkörpert sie eine neue Generation von Supersportwagen – zu Preisen, die denen der Cobra nahekommen. Bei Shelby steht das Ford-GT-Programm im Vordergrund, die Shelby-Mustangs sind extrem begehrt (und bringen Geld in die Kasse) und Shelby muss erkennen: Um die Chancen der Cobra ist es schlecht bestellt. Man wird sie bald kastrieren müssen, um die gesetzlichen Vorschriften zu erfüllen, und das wird sie ihres größten Reizes berauben.

Statt also mit seiner Kreation einen Kompromiss einzugehen und gegen die Entwicklung zu kämpfen, lässt er die Produktion der 427er-Cobra Ende Dezember 1966 endgültig einstellen. Zu dieser Zeit weiß noch keiner der Beteiligten, dass sie ein Auto gebaut haben, das in Zukunft als der Maßstab gilt, an dem sich alle anderen Performance-Cars messen lassen müssen. Eine Ikone. Das am häufigsten kopierte und nachgebaute Auto aller Zeiten. Das eine Auto, das bis heute das Ansehen der Autofans in aller Welt genießt, und auf das die Leute noch nach mehr als 50 Jahren scharf sind.

Die 427er-Straßen-Cobra ist ein raues und unvollkommenes Fahrzeug, dennoch werden wir nie wieder etwas Gleichartiges erleben. Es gibt immer wieder Versuche, das Wesen dieses Autos wieder zum Leben zu erwecken, etwa in Form der Dodge Viper, aber irgendetwas fehlt immer. Die 427er-Cobra ist eines jener seltenen Objekte, das eine besondere Magie ausstrahlt – fernab jeglicher Logik. Das macht sie zum King Kong der Automobilwelt.

Oben: Während viele spätere Autos das Werk mit einem einzelnen Vierfachvergaser verlassen, haben die frühen 427er-Cobras wie CSX3134 gleich zwei große Holleys. *Will Brewster*

Unten: Michael Hammer und John Cummings auf CSX3239 verblasen bei der Copperstate-Rallye einen 1957er Thunderbird. 1957 hätte niemand damit gerechnet, dass man dank Carroll Shelby weniger als zehn Jahre später zum nächsten Ford-Händler marschieren, 7000 Dollar auf den Tisch legen und mit dieser geballten Kraft davonfahren kann. *Will Brewster*

Ich kenne keinen Cobra-Besitzer, der seinen Wagen nicht am liebsten bei jeder Gelegenheit fahren will – und es sind ja auch unglaubliche Autos, die es verdienen, gefahren zu werden. Allerdings bleiben auch sie, wie alle anderen alten Autos, gelegentlich liegen. Die gute Nachricht lautet: Sie sind leicht zu reparieren, und es gibt jede Menge Ersatzteile. *Will Brewster*

Von hinten sieht diese komplett originale 427er eigentlich ganz harmlos aus – bis der Motor angelassen wird. *Will Brewster*

Nichts Besonderes, nur ein riesiges 16-Zoll-Lenkrad, eine vollständige Sammlung Smiths-Instrumente, der legendäre und schräge umgekehrt montierte Ford-Schalthebel und jede Menge Schalter und Knöpfe. Die Karosserie gibt es in diversen Farben, das Interieur ist stets schwarz. *Will Brewster*

Für Uneingeweihte sieht dieses Auto aus wie ein netter kleiner britischer Sportwagen. Beachten Sie die schlanken Proportionen der „Narrow Hip"-Karosserie, die die wahre Natur der 427er-Bestie verbergen. Viele dieser Fahrzeuge wurden im Stil der 427 S/C umgebaut, aber dieses Foto zeigt eine 427er-Straßen-Cobra in ihrer reinsten Form. *Will Brewster*

Low-Riser, Medium-Riser und High-Riser

Wir unterscheiden zwei verschiedene Motor-Varianten der Ford 427-cui-FE-Serie: die Low-Riser- und die Medium-Riser-Version. Es gibt eine High-Riser-Version, die allerdings nie so ab Werk gebaut worden ist. Die Bezeichnungen gelten in unserem Fall nur zur Unterscheidung der verschiedenen Zylinderköpfe, obwohl der Terminus Riser normalerweise die Bauart der Ansaugspinnen bezeichnet.

Low Riser

Ford produziert drei Varianten des Low-Riser-Zylinderkopf-designs, auch wenn Shelby nicht alle Versionen einsetzt. Shelby verbaut einfach das, was Ford zum Zeitpunkt der Montage liefert. So sind die beiden früheren C3AE-Versionen D und H wahrscheinlich zu alt, um in einem von Shelby gebauten Auto mit 427er Motor eingesetzt worden zu sein.

C3AE-6090-D
Das ist die früheste Version (vor dem 15. März 1963) mit kleineren Brennräumen sowie 2,03-Zoll-Einlassventilen und 1,66-Zoll-Auslassventilen.

C3AE-6090-H
Die mittlere Version (nach dem 15. März 1963) mit etwas größeren Brennräumen (identisch mit denen des 428er-Cobra Jet) mit 2,09-Zoll-Einlass- und 1,66-Zoll-Auslass-ventilen.

C3AE-6090-J und später C4AE-6090-H
Die letzte Variante aus den Jahren 1964 und 1965, eingebaut in die 427er-Low-Riser Cobras der 3100er-Serie. Die Einlasskanäle sind identisch mit denen des 428er Cobra Jet (2,34 Zoll lang und 1,34 Zoll weit). Es ist Fords Performance-Zylinderkopf für Straßen-427er, und er ist bis auf die Teilenummer mit dem späteren Zylinderkopf des 428er-Cobra-Jet identisch. Eigentlich sollte das der ultimative Performance-FE-Zylinderkopf sein, aber als der High Riser eingeführt wird, nimmt dieser ihm den Titel weg.

High Riser

Der High-Riser-Zylinderkopf kommt in zwei Varianten auf den Markt:

C3AE-6090-K
Die frühe Version mit unbearbeiteten Brennräumen.

C4AE-6090-J
Die spätere Version mit bearbeiteten Brennräumen, die praktisch die gleiche Größe wie die der späteren Low-Riser- und 428er-Cobra-Jet aufweisen. Beide Versionen haben

- hohle 2,19-Zoll-Einlassventile,
- natriumgefüllte 1,73-Zoll-Auslassventile und
- 2,78 Zoll lange und 1,38 Zoll weite Einlasskanäle.

Der High-Riser-Zylinderkopf wird 1963 erstmals für NASCAR eingeführt und später ein unter Drag-Racern heißbegehrtes Teil. Für diese Zylinderköpfe werden spezielle Ansaugkrümmer und Kipphebel-Lagerböcke benötigt.

Medium Riser

Der Medium-Riser-Zylinderkopf wird 1965 entwickelt. Er soll bessere Leistung bieten, aber im Normalbetrieb funktionieren und unter die Hauben gewöhnlicher Fahrzeuge passen. Es ist ein Allround-Performance-Zylinderkopf, der meist mit dem ebenfalls 1965 eingeführten 427er-„Side-Oiler“ kombiniert wird. Er hat bearbeitete Brennräume, die größer als die der High-Riser- und Low-Riser-Varianten sind. Es gibt eine Graugussversion sowie zwei komplett aus Aluminium, die bei den besonders leichten Rennmotoren in den Cobras und den GT40 eingesetzt werden. Bei der ersten Variante handelt es sich um den C5AE-Aluminiumzylinderkopf mit den größeren Medium-Riser-Ventilen: 2,19 Zoll auf der Einlass-, 1,73 Zoll auf der Auslassseite. Dieser Kopf ist schon in gusseiserner Form nicht besonders stabil, und mit dem Alukopf hat Ford noch zusätzliche Probleme. Für 1966 muss dieser Kopf grundlegend überarbeitet werden, was zur Variante C6AE in Low-Riser-Konfiguration führt. Die Ventile messen 2,09 (Einlass) und 1,66 Zoll (Auslass). So werden die Brennräume stabiler und neigen nicht mehr so stark zur Rissbildung. Die leichten 427er-Rennmotoren verfügen auch über eine Vierfach-Magnesiumansaugbrücke, die der standardmäßigen Medium-Riser-Konfiguration entspricht.

C5AE-6090-F (Grauguss) und C5AE-6090-H (Rennversion aus Aluminium)

- hohle 2,19-Zoll-Einlassventile
- natriumgefüllte 1,73-Zoll-Auslassventile
- Einlasskanäle 2,06 Zoll lang und 1,34 Zoll weit

07

427er-Cobra – die Rennwagen

Die 427er Cobra ist nicht als Straßenwagen ausgelegt. Sie ist das geistige Produkt von Ken Miles, einem Fahrer von Shelby American, der die Sache in die Hand nimmt, als er 1963 in Nassau von den neuen Grand Sport Corvettes von GM-Konstrukteur Zora Arkus-Duntov in Grund und Boden gefahren wird. Es ist anzunehmen, dass GM noch mehr Pfeile im Köcher hat, denn die General-Motors-Leute müssen die ständigen Demütigungen durch die Cobras gründlich satt haben. Außerdem weiß jeder, dass man bei Ferrari auch nicht besonders glücklich darüber ist, dass die Cobra die FIA-Ausscheidungen dermaßen deutlich dominiert. Miles verliert nicht gern, ganz wie Shelby, und ihn frustriert, dass die Smallblock-Blattfeder-Cobra im Rennen offensichtlich langsam an ihre Grenzen stößt. Was die Cobra jetzt braucht, sind Pferdestärken, und sie braucht sie schnell – bevor die anderen richtig aufholen.

Miles hat den neuen 427-cui-Motor von Ford ausprobiert und erkannt, dass die Extra-Power die Cobra wieder an den verfluchten Corvettes vorbei bringen kann. Er nimmt CSX2196, ein Blattfeder-Wettbewerbsauto, und rüstet es mit einem 485 PS starken 427-cui-Motor nach NASCAR-Spezifikation aus, schweißt Verstärkungen ans Chassis, verbessert die Radaufhängung und stimmt das Ganze mit der Erfahrung des Rennwagen-Konstrukteurs ab, der so etwas nicht zum ersten Mal macht. So wird 2196 zum 427er-Cobra-Prototypen. Beim ersten Test in Riverside raubt die Leistung der 427er den Atem. Das Fahrverhalten leider auch: Die Cobra ist plötzlich reichlich kopflastig. Prompt hat der Prototyp seinen Spitznamen weg: „The Turd" heißt, zurückhaltend übersetzt, soviel wie „Misthaufen".

Aber die schiere Leistung der 427er-Maschine macht süchtig, und Miles ist wild entschlossen, aus dem Haufen Mist einen Rennwagen zu machen. Er montiert Magnesiumfelgen unter die breiten Kotflügel, stanzt Belüftungsöffnungen in Schnauze und Haube, um die Kühlung zu verbessern, und verbaut noch einen ganzen Haufen Rennteile aus den vorhandenen FIA-Autos. Das fertige Auto wird im März 1964 in Sebring erneut getestet. Miles muss feststellen, dass das Fahrverhalten selbst für einen erfahrenen Rennfahrer wie ihn immer noch viel zu wünschen übrig lässt. Nach zahlreichen Drehern, dem Kontakt mit einem Baum, und schließlich dem technischen Totalausfall, als ein Pleuel den Motor verlässt, kommt man erneut zu dem Schluss, dass hier ein großartiger Motor sehnsüchtig ein passendes Chassis sucht.

So ist das mit der Entwicklung von Rennwagen: Manchmal regeln sich die Dinge von allein, und manchmal macht man einen schmerzhaften Lernprozess durch. Auch diese Exkursion hat gezeigt, dass die Cobra alles beiseite fegen kann, was GM noch im Ärmel hat – sobald es ein passendes Fahrgestell gibt. Die Idee der Bigblock-Cobra ist gut, und Ford sieht das auch so. Das „Total Performance"-Unternehmen will, oder sagen wir: muss, unbedingt erreichen, dass die Cobra weiter gewinnt, und es hätte bestimmt nichts dagegen, wenn der neue 427er-Motor das Mittel dazu wäre.

Miles nimmt „Turd" mit nach Hause, um noch ein paar Tricks auszuprobieren. Es geht ihm einfach nicht aus dem Kopf, was Duntov ihm in Nassau mit den Grand Sport Corvettes gezeigt hat: eine feder-

Ob Sie es glauben oder nicht, ein paar 427er Renn-Cobras wurden tatsächlich von Fachjournalisten getestet. Hier prüft ein Mann von Petersen Publishing ein Exemplar auf Herz und Nieren.

leichte Karosserie über jeder Menge Pferdestärken. Nach diesem Prinzip verwandelt er CSX2196 in die „Flip-Top"-Cobra. Die Originalkarosserie wird entfernt und durch eine neu konstruierte papierdünne und ultraleichte Aluminiumhaut ersetzt, deren Front- und Heckpartie sich jeweils am Stück aufklappen lassen, daher der Name.

Miles beschafft sich einen Experimental-Bigblock, eigens für den Rennsport konzipiert, komplett aus Aluminium, 390 cui groß und genauso schwer wie ein 289er-Smallblock. Der neue und verbesserte „Turd" wiegt schließlich knapp 730 Kilogramm und hat mehr als 500 PS. Im November 1964 sind die Gegner in Nassau nur mit Messern bewaffnet – Miles kommt mit einer Kanone. Obwohl er das Rennen wegen technischer Probleme nicht bis zum Ende fährt, beweist er 16 Runden lang, dass Shelby mit der 427er Cobra wieder einen Rennwagen hat.

Shelby beginnt, die mit dem 427er Motor ausgerüstete Cobra für die FIA-Rennen zu überarbeiten. Man geht davon aus, dass die 427er-Maschine, die rund 100 PS mehr leistet als die 289er – ohne sich dabei über Gebühr anzustrengen –, das ideale Fahrzeug für die längeren Strecken in Europa ist. Natürlich gilt die Hauptsorge dem Chassis, und jeder weiß, dass die Tage der Blattfedern gezählt sind. Die Ingenieure bei Ford verbinden das alte AC-Chassis mit der aktuellsten Technologie und entwickeln mithilfe ihres Supercomputers eine zeitgemäße Schraubenfederung.

Natürlich kann ein „Supercomputer" in den 1960ern weniger als das simpelste Videospiel heute – den besten Ingenieuren um Klaus Arning und Bob Negstad wird also immer noch allerhand abverlangt. Die drei Zoll starken Rahmenrohre weichen stabileren mit vier Zoll Durchmesser. Die Querträger haben die gleiche Wandstärke wie die Rahmenrohre, und die Dome von Vorder- und Hinterradaufhängung, die vorher aus geschweißtem Stahlblech bestanden, sind nun ebenfalls Stahlrohr-Konstruktionen. Alle Teile werden auf das gewaltige PS-Plus vorbereitet. Eins der wenigen Maße, die nicht verändert werden, ist der Radstand. 90 Zoll hatten auch die blattgefederten Cobras.

Ken Miles, Mann der vielen Brillen, gibt 1964 in Nassau am Steuer von CSX2196 Vollgas. Für dieses Rennen wird „The Turd" mit einem leichten 390-cui-Aluminium-Motor mit Weber-Vergasern ausgerüstet.

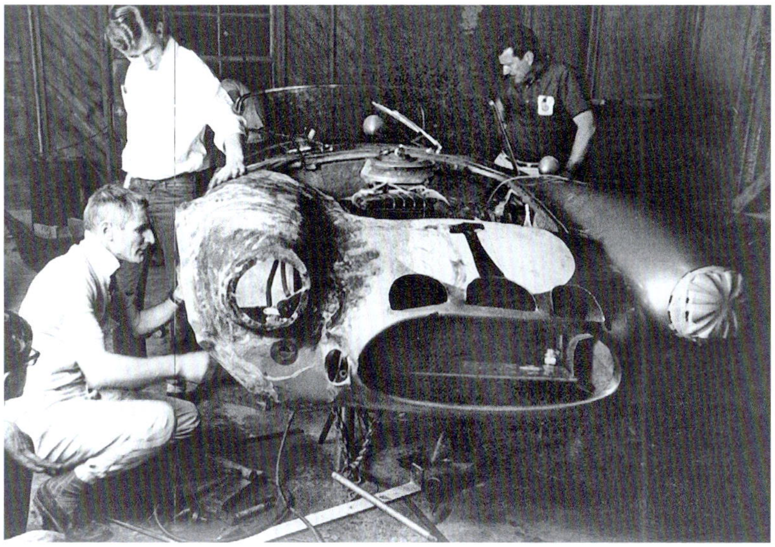

Hier sieht man, wie Ken Miles trotz einiger gebrochener Rippen bis tief in die Nacht arbeitet, um sein Schätzchen CSX2196, den einzigen 427er-Prototypen, zu reparieren, nachdem er im März 1964 im Training in Sebring den einzigen Baum gefunden und erwischt hat. Sein Spitzname „Teddy Teabagger", den man ihm wegen seiner Vorliebe für eine gute Tasse Tee verpasst hatte, wird nach diesem Vorfall umgehend in „Teddy Treebagger" geändert.

CSX2196 bei ihrem zweiten Auftritt zur Nassau Speed Week 1964. Sie wurde nach dem Unfall in Sebring repariert und verbessert. Ganz fertig scheint sie aber offenbar noch nicht zu sein.

Die Karosserie wird kaum verändert, hier und da kommen ein paar Zentimeter hinzu, vor allem aber muss Platz gemacht werden für größere Räder. Für den Kühler wird die Öffnung in der Wagenschnauze vergrößert, darunter verbirgt sich hinter einer kinnförmigen Hutze der Ölkühler. Das ist noch längst nicht alles, aber der Wagen bleibt eindeutig eine Cobra – eine, der man ansieht, dass sie bereit zur Revanche ist.

Die ersten hundert 427er-Cobras sollen als Wettbewerbsautos die FIA-Zulassungsanforderungen für Serienfahrzeuge für die Rennen in Europa 1965 erfüllen. Die Fahrgestellnummern beginnen mit CSX3001, die Autos gehen im Januar 1965 in Produktion. Bis zum 1. Februar haben erst 23 Exemplare das AC-Werk in Richtung Shelby verlassen, die Frist für die FIA-Zulassung endet am 29. April. Als die FIA-Inspektoren pünktlich bei Shelby American eintreffen, ist das Hundert immer noch nicht komplett. Die FIA-Leute erleben so etwas ständig (etwa bei Ferrari), wollen sich aber nicht daran gewöhnen und lassen sich in diesem Frühjahr 1965 auch auf gar nichts ein. Solange nicht 100 Autos fertig und inspektionsbereit sind, bekommt Shelby auch nicht die FIA-Zulassung. Der Plan ist gescheitert. Shelby bleibt nichts anderes übrig, als bei den europäischen Rennen der Saison 1965 mit den längst FIA-zugelassenen 289er-Cobras (Roadster und Daytona-Coupés) an den Start zu gehen.

Die Verweigerung der FIA-Zulassung besiegelt das weitere Schicksal der bereits fertigen 427er Renn-Cobras. Sie landen in den Händen von privaten Rennteams und einzelnen Privatfahrern, die sie als Rennwagen bei den SCCA-Wettbewerben einsetzen. Das Problem ist nur, dass nicht allzu viele der Privatfahrer, die bei SCCA-Rennen starten, scharf darauf sind, 9500 Dollar auf den Tisch zu legen. Obendrein ist ja nun nicht mehr zu erwarten, dass das Werk noch Geld in die Weiterentwicklung der Renner steckt.

Das alles führt dazu, dass die Cobra gegenüber der Corvette, derzeit Herrscherin in der „A/Production"-Klasse, immer unattraktiver für die Kundschaft wird. Außerdem genießt die Corvette massive Werksunterstützung, weil GM angesichts der Entwicklung und der Erfolge allerhand in die Rennerei investiert. Als Rennwagen ist die 427er Cobra also von Anfang an dem Untergang geweiht, und in der Saison 1965 werden nur 16 Fahrzeuge aktiv im Wettkampf eingesetzt.

Wie alle neuen Rennwagen leiden die 427er an der einen oder anderen Kinderkrankheit. Die Zuverlässigkeit der Motoren erweist sich im Vergleich zur 289er Maschine als problematisch, und obwohl das Chassis aufwändig verbessert wird, kommt es nicht an die ausgereiften und leichteren Blattfeder-Fahrzeuge heran.

In den Händen von talentierten Fahrern gewinnen die 427er-Cobras eine respektable Zahl von Rennen, aber die Erfolgsbilanz der Vorgängerin erreichen sie nie. In der „A/Production"-Klasse sind die Großen unterwegs, dort sind die PS-Zahlen und die Budgets gewaltig. In diesem Teich ist die 427er nur einer von vielen kleinen Fischen und längst nicht mehr der Hai – wie einst die Blattfeder-Cobra.

Ende 1966 ist Shelby mit dem Ford GT-Programm aber ohnehin schon auf dem Weg zu Höheren Dingen, und die 427er-Rennwagen verschwinden von der Bildfläche. Da sie als die letzte Inkarnation der Renn-Cobra gelten, zählen sie heute zu den meistbegehrten Schöpfungen, die je das Werk von Shelby American verlassen haben.

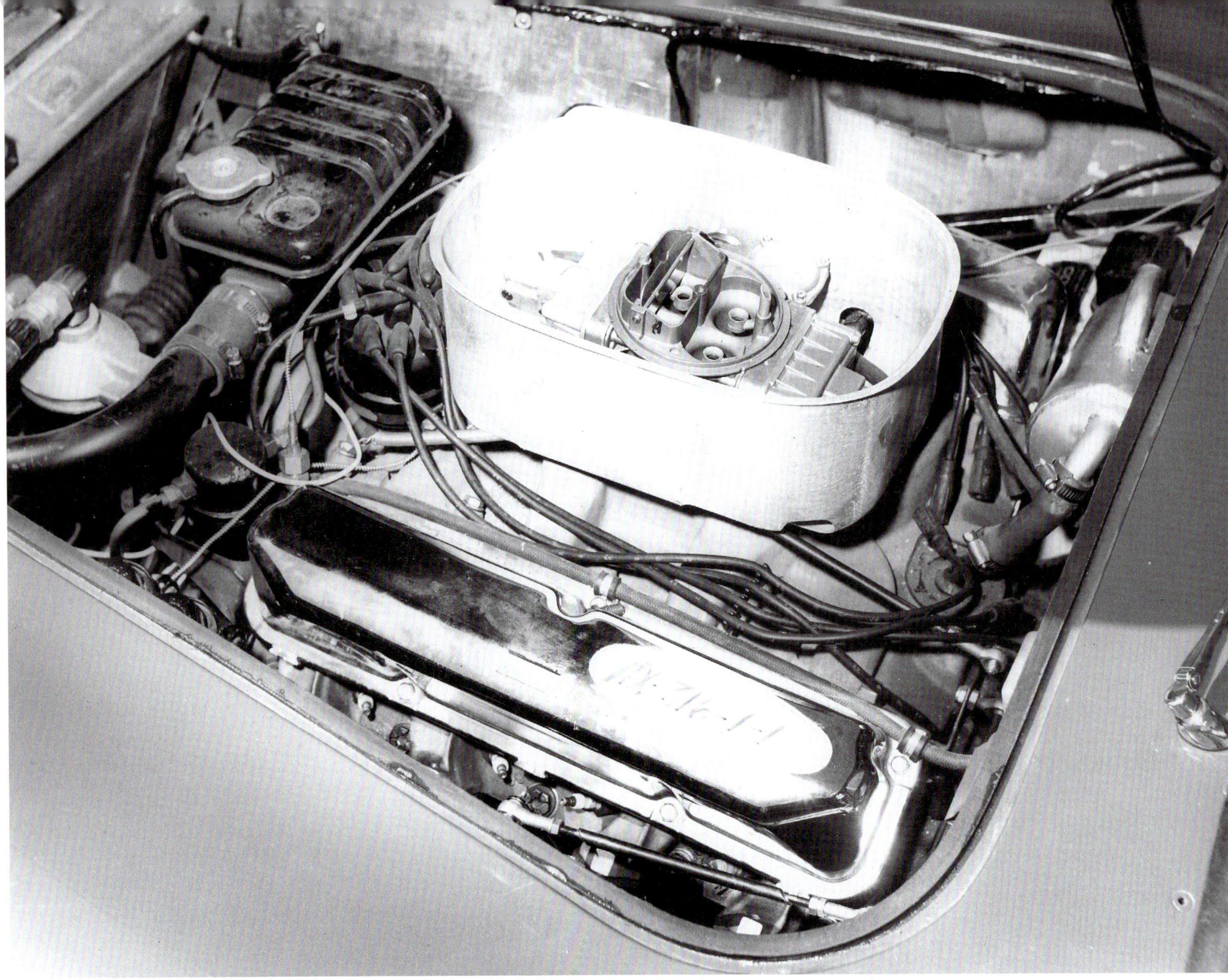

Der Motorraum einer 427er-Rennsport-Cobra. Der Luftfilterkasten ist so groß wie ein Truthahnbräter, an der Spritzwand findet sich der Auffangbehälter der Kurbelgehäuse-Entlüftung, Ansaugbrücken und Zylinderköpfe sind aus Leichtmetall. Der Aufkleber auf dem Ventildeckel verrät, dass es sich um einen Experimental-Motor handelt.

Wie alle Rennwagen werden auch die Competition-Cobras regelmäßig zerlegt. Das Foto zeigt einen 427er-Rennmotor mit Getriebe. Man beachte die Leichtmetall-Zylinderköpfe, die glänzenden Ventildeckel, die Ölfiltermontage und die Trockensumpf-Ölpumpe, die unten rechts montiert ist. Daneben liegen all die Teile, die beim Motorausbau mit entfernt werden müssen.

CSX3009 ist Ed Lowthers 427er. 1966 gewinnt der von Eger Ford gesponserte Lowther mit diesem Auto seine Klasse in der SCCA-Meisterschaft, wie das Schild auf dem Anhänger stolz verkündet.

Laguna Seca im Mai 1965: Lothar Motschenbachers silberne 427er (CSX3012), umgeben von einigen 289er USRRC-Rennern und einem GT40 Mk.I. Später vermietet Shelby 3012 an die MGM-Studios, wo sie im Elvis-Presley-Film „Spinout" („Sag niemals ja") auftritt. In den frühen 1970er Jahren wird der Wagen bei einem Transportunfall fast völlig zerstört. Einige gerettete Teile, eine neue Karosserie und ein neues Chassis dienen später dazu, 3012 wieder auferstehen zu lassen. Übrigens wurden nicht weniger als drei weitere Autos im Laufe der Jahre ebenfalls als die echte 3012 ausgegeben.

Rechts: Der Kamera am nächsten steht das Fahrzeug mit der Startnummer 98. Es ist CSX3002, die erste 427er; dahinter CSX2258 und eine weitere 289er-Rennversion. Das vierte Auto ist Motschenbachers CSX3012, und Startnummer X98 ziert die Experimental-Cobra CSX2431.

08

427er-Cobra S/C und S/C-„Completion-Cars“

Für Shelby bedeutet die Verweigerung der FIA-Zulassung für die Saison 1965 mehr als nur das Aus für den Einsatz seiner neuen 427er in den europäischen Rennen. Sie zerstört auch seine Pläne, die Restbestände der für die FIA-Zulassung vorgesehenen 100 Exemplare an Rennfahrer zu verkaufen. Plötzlich versagt das alte Geschäftsmodell: Shelby kann die Kosten nicht mehr durch Verkäufe von Autos wieder hereinholen, die nach Rennerfolgen attraktiv für die Kundschaft sind. Da hilft es wenig, dass die 427er für SCCA-Rennen bestens geeignet wäre. Es gibt nicht viele SCCA-Rennfahrer, die sich den Preis von 10.000 US-Dollar leisten können. Bis Ende 1965 werden nur 16 der 427er-Wettkampf-Cobras verkauft, der Rest steht in Shelbys Werk in LAX herum.

Wohin also mit diesen nicht verkauften Rennwagen, die unter der kalifornischen Sonne vor sich hin schmoren und bestimmt nicht besser werden? Ganz einfach: Man baue niedriger verdichtete Motoren ein, füge elektrische Kühlergebläse hinzu, nehme Goodyears Blue-Dot-„Straßenreifen“, dämpfe die Sidepipes ein wenig für die Hüter der Straßenverkehrsordnung, öffne die Radhäuser etwas, damit die Räder auf normaler Straße einfedern könnnen, und nenne das Ganze „427 Cobra Semi-Competition“. Ach ja, und man verlange anstelle der satten 10.000 Dollar (und mehr) einen Preis, der rund 1000 Dollar über den 7500 liegt, die man für die 427er Straßen-Cobra hinlegen muss. Es müsste doch zumindest ein paar Käufer geben, die für den großen Auftritt vor dem Burger-Drive-In tausend „bucks“ mehr für einen echten Rennwagen zu zahlen bereit sind!

Es klappt: Der Preis und die Verlockung der Renntechnik sorgen dafür, dass tatsächlich einige Leute S/C-Cobras kaufen – und sie als Rennwagen einsetzen. 29 Stück bringt Shelby an den Mann. Heute sind sie praktisch unbezahlbar.

427er Cobra Fahrgestellnummern der Semi-Competition-Fahrzeuge

CSX3021–CSX3025

CSX3030–CSX3053

„Completion-Cars“

Gehen wir einmal davon aus, dass Sie rechnen können und die letzten Absätze über die 427er Cobras aufmerksam gelesen haben. Ihnen ist auch klar, wie die Fahrgestell-Nummern zugeteilt werden: Die Nummern CSX3000 bis 3100 sind für die Wettbewerbs-Autos vorgesehen, aber von diesen hundert Wagen werden nur 25 fertiggestellt (23 Serienwagen und zwei Prototypen), 29 werden überarbeitet und als 427er-S/C-Version verkauft. Da bleiben doch rund 40 Fahrgestellnummern übrig, die bei der Produktion in den Jahren von 1965 bis 1968 nicht benutzt werden, stimmt's? Sie sind nicht der einzige, der hier rechnet und sich fragt, was wohl mit diesen mysteriösen Fahrgestellen geschehen ist. Die Antwort führt uns zu einem der finsteren Momente in Carrol Shelbys Leben.

Ende der 1980er Jahre beginnen die Preise für Sammlerautos in einem Maß zu steigen, wie man es nicht für möglich gehalten hat. Da kann ein Ferrari morgens plötzlich doppelt so viel wert sein wie noch am Abend zuvor. „Investoren“ laufen mit prall gefüllten Brieftaschen umher und betteln förmlich darum, etwas zu kaufen, egal was und in welchem Zustand und zu welchem Preis – solange es sich nur um eins der notorisch begehrten

Eine 427er-Competition-Cobra auf dem Hallenvorfeld des LAX-Werks, kurz vor dem Umbau auf S/C-Spezifikation. Vorn sind so genannte „Slave“-Felgen montiert, bei denen es sich um standardmäßige 289er-Speichenräder handelt. Sie werden verkehrtherum montiert, damit die massiven Bremssättel Platz haben, und dienen nur Transportzwecken. Man beachte die im Hintergrund abgestellten vielen roten 1966er GT350. Diese Farbe ist für den Typ eigentlich extrem selten.

AC Cars in Thames Ditton: Mechaniker des britischen Unternehmens stellen 427 S/C fertig. Die Autos sind noch nicht lackiert und präsentieren sich in blankem Alu.

Modelle handelt. Das wären dann etwa Ferraris und, ja, auch Shelbys. 1990 ist der Wert einer 427er-Cobra binnen 24 Monaten von 75.000 auf mehr als 500.000 US-Dollar gestiegen. 1991, auf dem Höhepunkt dieser Entwicklung, sind Renn-Cobras Millonen-Dollar-Autos.

Carroll Shelby, der sich seit langem danach sehnt, wieder ins Spiel einzusteigen, beobachtet diese Entwicklung, und irgendwann geht ihm ein Licht auf. Er hat ja immer noch die Fahrgestellnummern für die nie gebauten Rennwagen – und er findet eine Hintertür in der kalifornischen Rechtsprechung, die es Herstellern erlaubt, unvollendete Fahrzeuge, die in die Zahlenfolge eines originalen Produktionsablaufs fallen, fertigzubauen. Im Klartext: Shelby kann die Serie mit den Nummern CSX3056 bis 3100 vollenden.

Plötzlich wird das Gerücht in die Welt gesetzt, dass Shelby diese verloren geglaubten Fahrgestelle noch auf Lager habe, wo sie seit 1965 vor sich hinschmorten. Wer die Produktionsunterlagen kennt und um das schmale Budget weiß, das AC Cars und Shelby American in den 1960er Jahren zur Verfügung steht, ahnt schon, dass das unmöglich sein kann.

Shelby tut sich mit dem bekannten Cobra-Restaurator Mike McCluskey in Kalifornien zusammen, um mit der Produktion der „Completion 427 Cobras“ zu beginnen. „Completion“ heißt Fertigstellung, gemeint ist die Komplettierung der Serie von 1965. Immerhin werden ja die Fahrgestellnummern der unvollendeten Serie verwendet – obwohl hier Nummern für Autos vergeben werden, die ja damals nicht gebaut wurden. Jetzt schon; Shelby bietet die neuen 427er S/C-Autos für 500.000 Dollar das Stück an und nimmt Anzahlungen entgegen.

Das erste Auto wird im Juni 1991 fertiggestellt, die Anzahlungen strömen nur so herein. Jedenfalls eine Zeit lang, denn die Öffentlichkeit hat spitzgekriegt, dass es sich keineswegs um „wiedergefundene“ Chassis handelt, sondern um Fahrwerke, die in Kalifornien ganz neu gebaut werden. 1992 führt ein vernichtender Bericht der Los Angeles Times dazu, dass die Kraftfahrtbehörde California Department of Motor Vehicles die neue Produktion von Shelby genauer unter die Lupe nimmt. Die Inspektoren wollen herausfinden, ob es zulässig ist, die neuen Autos als 1965er-Modelle zuzulassen und so den aktuellen Abgas- und Sicherheitsbestimmungen zu entgehen.

Die DMV sagt Nein und ordnet an, dass die neuen Cobras nur für den Betrieb abseits öffentlicher Straßen zugelassen werden dürfen. Alles in allem werden nur neun dieser 427er S/C Completion Cobras gebaut.

427 S/C-Completion Cars
CSX3056
CSX3057
CSX3058
CSX3059
CSX3060
CSX3061
CSX3062
CSX3065
CSX3071

Carroll Shelby neben seinem 427 S/C „Completion“-Car. CSX3062 wird 1996 fertiggestellt und im Januar 1997 auf der Kruse-Scottsdale-Auktion für 420.000 Dollar an den Japaner Sohjiro Hani verkauft.

09

Die 427er-„Dragonsnake“

Es werden nur fünf Dragonsnake-Werkswagen gebaut. Doch die Smallblock-Cobras sind sehr erfolgreich und helfen Shelby, sein Image als in allen Bereichen des Rennsports versierter Unternehmer zu untermauern. Als die 427er-Cobra die 289er ersetzt, ist es nur natürlich, ein ähnliches Dragonsnake-Paket für die neuen Bigblock-Autos zu entwickeln und anzubieten.

Dieses Paket besteht aus einem 427er-Motor mit Aluminium-Zylinderköpfen und leichteren Ventilen. Kanäle und Brennräume sind allerdings nicht bearbeitet, um den „Stock-Sports“-Vorschriften der NHRA zu genügen. Spezielle Stoßdämpfer und Federn sollen die beim Dragracing gewünschte günstige Lastverlagerung gewährleisten. Die Batterie wird hinter den Beifahrersitz verlegt, eine Lufthutze wird auf der Motorhaube installiert, doppelte elektrische Kraftstoffpumpen stellen die Benzinzufuhr sicher, Antriebswellen und viele weitere Teile werden verstärkt. Dazu kommen ein NHRA-zugelassener Überrollbügel und ein verstärktes Kupplungsgehäuse, Dragracing-Auspuffkrümmer und eine 4,54:1-Hinterachse.

Exakte Beträge werden nicht genannt, aber einem Gerücht zufolge liegt der Preis zwischen 1000 und 2000 Dollar über dem Basispreis von 6995 US-Dollar für eine 427er Straßen-Cobra. Viel Geld für einen Dragster.

Es überrascht also kaum, dass nur eine 427er-Werks-Dragonsnake, CSX3198, verkauft wird. Besteller ist Ford-Händler Harr aus Worchester in Massachusetts. Fahren soll das Auto Gus Zuidema, Kundendienstleiter des Unternehmens. Zuidema ist bisher mit einem 1965er GT350 auf die Viertelmeile gegangen, und seine Darbietungen haben den Verkauf neuer Ford-Fahrzeuge bei Harr zweifellos angekurbelt. Zuidema bleibt mit CSX3198 auf Siegeskurs, er fährt sie ein und dominiert bald die „A/Sports“-Klasse der NHRA-Ausscheidungen. Harr verkauft den Wagen, den es heute noch gibt, am Ende der Saison 1966.

Es gibt noch zwei weitere privat präparierte 427er-Drag-Cobras. Die berühmteste ist CSX3159. Joel Rosen von Motion Performance bereitet das Auto für Clem Hoppe vor, der es *„King Cobra“* tauft und einen nationalen Rekord aufstellt: 10,3 Sekunden und 133 Meilen pro Stunde, da sind 214 Stundenkilometer. Später wird das Auto wieder zum Straßenwagen umgebaut, um dann 2003 erneut in *„King Cobra“*-Form gebracht zu werden. Auch dieses Auto ist heute immer noch in gutem Zustand. Eine letzte 427er Cobra, CSX3336, geht als *„The Ravager“* ins Drag-Racing. Derzeit ist nicht bekannt, wo das Fahrzeug sich befindet, halten Sie also die Augen auf, wenn Sie sich in der Gegend von Texas hinter früheren Tuning-Werkstätten herumtreiben.

Ganz ähnlich wie die alten Blattfeder-Cobras zu ihrer Zeit erfolgreicher waren als die nachfolgenden schraubengefederten Modelle, sieht die Erfolgsbilanz der 427er Dragonsnake verglichen mit der der 289er blass aus. Immerhin: Einige der modifizierten 427er-Cobras, die bei mehr als 130 Meilen pro Stunde im unteren Zehner-Bereich fahren, können sich sehen lassen.

Die wichtige Identifizierungsplakette im Fußraum der Cobra. Die Fahrgestellnummer wurde mit einem elektrischen Anreißwerkzeug einfach eingeritzt. *RM Auctions*

Linke Seite: CSX3198 ist die einzige je gebaute Werks-427er-Dragonsnake. Sie unterscheidet sich gar nicht so sehr von den übrigen 427ern, abgesehen von seitlich herausgeführten Krümmern ohne Schalldämpfer, riesigen Slicks fürs Drag-Racing und der größeren Bodenfreiheit. *RM Auctions*

Die „Turkey Pan", der Truthahnbräter-große Luftfilterkasten erhält dank einer dicken Schaumgummidichtung unter der Hutze der Motorhaube stets nur frische Luft von außen. *RM Auctions*

Unter dem Kasten findet sich der echte Hammer, der die ganze Angelegenheit über die Viertelmeile wuchtet. *RM Auctions*

Der Innenraum von CSX3198 unterscheidet sich nicht im Geringsten von dem einer Straßen-Cobra, und er muss seinem Insassen, Mr. Bleifuß Gus Zuidema, in den 10 Sekunden, die er jeweils darin verbringt, eigentlich recht viel Komfort geboten haben. *RM Auctions*

Das Hardtop bezieht Shelby von Berry Plastics (Berry Plastiglass). Dach und Steckscheiben verbessern die Aerodynamik. *RM Auctions*

10

Daytona Super Coupé

Nach dem Erfolg des 289er-Daytona-Coupés erscheint es nur logisch, dass Shelby noch einmal nachlegt. Geplant ist die Entwicklung einer Coupé-Version der neuen Schraubenfeder-Cobra mit 427er-Motor. Man geht davon aus, dass dieses neue „Super-Coupé" mit der zusätzlichen Leistung des modernen 427er-Motors und einer modernen Karosserie auf den langen Geraden von Le Mans für ein Spitzentempo von 350 Stundenkilometern gut sein müsste. Das passt gut zu Shelbys Plan, den Roadster in der Saison 1965 bei den FIA-Ausscheidungen in Europa einzusetzen. Er muss allerdings in der Serienwagenklasse zugelassen werden, was den Bau von 100 Exemplaren voraussetzt. Das Coupé würde in der Prototypenklasse starten, für die keine Serie gebaut werden muss.

Wieder wird Peter Brock damit beauftragt, das Coupé zu konstruieren. Er nennt das Ergebnis seiner Arbeit „Typ 65". Aus seinen Entwurfszeichnungen entstehen die Baupläne, und aus denen ein 1:4-Tonmodell. Wie im Falle der ebenfalls von ihm entworfenen früheren 289er-Daytona-Coupés ist geplant, dass AC Cars speziell modifizierte Roadster-Chassis an die Carrozzeria Gransport in Modena liefert, wo dann anhand der Konstruktionspläne und des Modells von Brock eine Aluminium-Karosserie entstehen soll. Bei Shelby würden die Autos dann fertiggestellt und fürs Rennen fitgemacht. Kein schlechter Plan.

Aber wie so oft macht Firmenpolitik einem feinen Plan und in diesem Fall Brocks ultimativem Coupé einen Strich durch die Rechnung. 1965 arbeiten Shelby und Ford am GT40-Projekt. Shelby American erhält von Ford den Auftrag, sich des GT40 anzunehmen. Ford will um jeden Preis Ferrari schlagen, und es ist klar, dass das ohne Shelbys Hilfe nicht möglich sein wird. Ausgerechnet diese Partnerschaft hat dann verheerende Folgen.

Für die Innenausstattung des neuen GT40 ist die britische Firma Radford Coach Builders zuständig. Als Bonus für den Auftrag erklärt sich das Unternehmen bereit, den Bau des 427er-Coupés für Shelby American zu übernehmen – kostenlos. Radford versichert, ganz und gar in der Lage zu sein, ein solches Projekt zu stemmen. So werden die Konstruktionspläne, die Modelle und das Chassis mit der Nummer CSX3027 statt nach Modena nach England geschickt. Und wieder einmal bestätigt sich das alte Sprichwort: Was nichts kostet, ist auch nichts wert.

Wie sich herausstellt, hat Radford nicht die geringste Erfahrung mit dem Bau von Rennwagen. Es dauert, und Brock macht sich Sorgen. Monate später macht Phil Remington, Shelbys Chefingenieur, der gerade bei AC Cars in England zu tun hat, auf Brocks Bitte hin eine Stippvisite bei Radford. Er bringt keine guten Nachrichten mit. Carroll Shelby und Peter Brock fliegen daraufhin nach England, um die Sache selbst unter die Lupe zu nehmen. Sie finden eine alles andere als fertige und sehr freie Interpretation von Brocks Entwurf vor: Das Ergebnis ist viel größer als geplant, es ist unförmig und schwer. Das Ding ist tatsächlich derart misslungen, dass Radford sich einverstanden erklärt, es zu verschrotten, eine neue Mannschaft zu rekrutieren und in Zusammenarbeit mit Brock den Neuaufbau auf einem neuen Chassis in Angriff zu nehmen.

Brock hofft immer noch, das Auto für Le Mans hinzubekommen, bleibt in England und arbeitet unermüdlich an diesem Projekt. Das neue Chassis hat die Nummer CSX3054. Es gibt weitere Rückschläge, dazu kommt eine Menge Pech, und am Ende läuft die Zeit davon. Brocks 427er-Coupé geht nicht an den Start, geschweige denn, dass es überhaupt fertig würde. Es wird als unvollendetes Projekt nach Los Angeles

Mit ein paar Jahrzehnten Verspätung geht das endlich fertiggestellte Super-Coupé auf die Strecke. Es dauert ein paar Jahre, bis das Ding auch einigermaßen brauchbar ist. Eigentlich hätten das Shelbys Profis seinerzeit erledigen sollen, wäre der Wagen denn damals fertig geworden und ins Rennen gegangen.

Linke Seite: Peter Brocks Modell von seinem Baby, dem Typ 65, der auch als 427 Daytona Super Coupe bekannt ist. Damals weiß noch niemand, dass Shelby American dieses Fahrzeug niemals wirklich fertigstellen wird.

August 2005, eine Straßenecke in Monterey, Kalifornien: Das Super-Coupé zwischen weiteren Schätzchen, die bald unter den Hammer kommen.
Russo & Steele Auction Company

zurückgeschickt, in eine Ecke geschoben und vergessen.

Zu dieser Zeit steckt Shelby American knietief in der Entwicklung des GT40, und das jederzeit offene Scheckbuch von Ford hat ja auch seine Vorteile. Shelby muss sich Ford warmhalten, und Ford braucht seinerseits Shelby, um den GT40 zum Sieger zu machen. Der startet in der FIA-Prototypenklasse, der gleichen, in der auch das 427er-Daytona-Coupé antreten soll, wenn es denn fertig wird. Man muss kein Genie sein, um den drohenden Konflikt zu erkennen: Sollten Fords GT40 es nicht ins Ziel schaffen, würden sie womöglich von Shelbys 427er-Coupé geschlagen. Wäre Shelbys Auto gar schneller als der GT40, wäre das ebenfalls, nun ja, wenig behaglich. Eine schräge Situation: Shelby American ist doch eigentlich nichts anderes als Fords Rennabteilung. Da bleibt eigentlich kein Platz für Brocks Baby. Dem bleibt das auch nicht verborgen, und er gibt das Projekt auf. Schon bald wird er Shelby American verlassen.

Was wird nun aus dem 427er-Daytona-Coupé? Es bleibt unberührt in der Ecke stehen, bis Shelby American 1970 dichtmacht. Als das Inventar versteigert wird, kommt auch CSX3054 unter den Hammer. Nach wie vor unvollendet geht das Coupé durch die Hände mehrerer Besitzer, bis Craig Sutherland es 1979 kauft. Unter der Anleitung von Peter Brock, Mike Dopudja und Bill Murray baut er das Auto fertig. Es wird, wie ursprünglich vorgesehen, mit einem 427er-Renn-Motor ausgerüstet. Bald ist CSX3054 ein voll

Zuschlag erteilt: Das Coupé hat für 1.457.500 Dollar den Besitzer gewechselt.
Russo & Steele Auction Company

Das teilweise fertiggestellte Super-Coupé wird für ein schnelles Foto vor ein paar Reihen halbfertiger 427er aufs Vorfeld geschoben.

Hinter dem Super-Coupé stehen alle möglichen Shelby-Auflieger und Transporter – und ganze Reihen von GT350, die darauf warten, in der Werkstatt an die Reihe zu kommen.

funktionstüchtiges, fertiges 427er Cobra Daytona Coupé. Da es bei Shelby nie vollendet wurde, hat es seinerzeit auch niemand eingefahren oder abgestimmt, geschweige denn weiterentwickelt. Obwohl seine Besitzer viel Arbeit in den Wagen gesteckt haben, muss man davon ausgehen, dass das Auto nicht so ausgefeilt ist, als hätten Leute wie Phil Remington es mit der Unterstützung von Fahrern wie Ken Miles feingeschliffen.

Dass der Wagen erst etwa 17 Jahre nach Konstruktionsbeginn fertig wird, macht ihn zweifellos zum Shelby mit der längsten Bauzeit. Er ist zudem der Beweis für die Hingabe einiger Shelby-Enthusiasten, die mit aller Macht verhindern wollten, dass Peter Brocks letztes Shelby-American-Projekt für immer verloren ging.

11

Die Cobra aller Cobras: Nachdem Erstbesitzer Bill Cosby CSX3303 am Ende einer kurzen und furchteinflößenden Spritztour gleich wieder an Shelby zurückgibt, wird das Auto 1968 bei der Oakland Roadster Show ausgestellt. Auf dem Schild ist von „500 MPH" und von einer Leistung von „ungefähr 900 PS" zu lesen – was sogar Shelbys notorischen Optimismus noch übertrifft. Alle Lobhudelei ist müßig, weil 3303 schon bald den größten Teil seiner Kraft einsetzt, um sich über eine Klippe zu schießen.

Weitere „Super Snakes“ und die „Twin-Paxton“-Cobras

Die Mitarbeiter von Shelby American sind die reinsten Junkies – PS-Junkies. Und Carroll Shelby weiß, wie er sie anpacken muss, um dann nur noch abzuwarten, bis sie wieder einen Weg gefunden haben, noch schnellere Autos zu bauen. Wir reden hier von einer ganzen Horde junger unternehmungslustiger kalifornischer Hot-Rodder, die sich ständig etwas Neues ausdenken. Als nun Shelby, so geht die Legende, am Steuer einer 427er-Cobra ein Hochgeschwindigkeits-Rennen gegen den Ferrari 275 GTB/4 seines Anwalts verliert, ergeht die Order des großen Texaners an seine Werkstatt: Baut mir eine Cobra, die im Rennen unschlagbar ist.

Das Ergebnis ist die erste 427er-Twin-Paxton-Cobra. Shelbys Crew nimmt sich CSX3015 vor, einen Rennwagen, der ursprünglich als PR-Auto für Ford in England eingesetzt worden war, und beschließt, dass zwei Paxton-Kompressoren das Mittel seien, den Wagen unschlagbar zu machen. Um ganz sicher zu gehen, baut die Crew – noch bevor die Paxtons zum Einsatz kommen – einen 427er-Motor mit Medium-Riser-Alu-Zylinderköpfen und einem Mickey-Thompson-Crossram-Ansaugsystem. Die beiden Kompressoren beatmen je einen Holley-Vierfachvergaser via Druckschlauch. Das ganze Arrangement nimmt im ohnehin schon überfüllten Motorraum derart viel Platz weg, dass die Motorhaube am Ende praktisch nur noch aus einer etwas lächerlich wirkenden Hutze besteht. Sie ist funktionell, passt aber ganz sicher nicht zur sinnlichen Linie der Cobra. Ein Supermodel mit einem Weltklasse-Bierbauch – ästhetisch ist das nicht.

Eine geschätzte Leistung von locker 800 PS lässt die Ingenieure zweifeln, dass es eine Kupplung und ein Vierganggetriebe geben könnte, die damit fertig werden. Am Ende überträgt eine „Cruise-O-Matic“-Dreigang-Automatik von Ford das Kraft-Überangebot auf das 3,31:1-Differenzial. Bei all dem Drehmoment sind weitere Gänge völlig überflüssig.

Versteht sich, dass Shelby dem nächsten Treffen mit seinem Anwalt ziemlich entspannt entgegensieht. Berichten zufolge geht er mit CSX3015 bei einigen Hochgeschwindigkeits-Rennen an den Start. Einmal geht der dicke Kompressorriemen bei hoher Drehzahl fliegen und legt das Auto schlagartig lahm. Wer immer Gelegenheit bekommt, 3015 zu fahren, lernt jedenfalls das Beten neu, denn nach allem was man hört, lässt dieses Schätzchen sich nur sehr schwer kontrollieren.

Unten links: Ein Automatikgetriebe in einer 427er? Ja, beide Twin-Paxton-Cobras erhalten die robuste C-6-Automatik von Ford, um mit der enormen Leistung fertigzuwerden. Dazu gehört natürlich Fords typischer Cruise-O-Matic-Schalthebel.

Von hinten betrachtet verrät CSX3015 nicht viel von ihrem Potenzial – es sei denn, man bemerkt die jeweils zwei Ladedruck- und Kraftstoffdruck-Anzeiger auf dem Armaturenbrett. *Mit freundlicher Genehmigung von Barrett-Jackson Auction Co. LLC. © 2009 Barrett-Jackson*

Modifikationen an den Schraubenfeder-Cobras im Verlauf der Produktion

Wie die blattgefederten früheren Cobras werden die Schraubenfeder-427er im Verlauf der kurzen Produktionszeit zahlreichen Veränderungen unterzogen. Die wichtigsten sind im Folgenden aufgeführt, ebenso wie die grobe Spanne der Seriennummern, bei denen die jeweiligen Änderungen vorgenommen werden:

CSX3001-CSX3055, CSX3063: Rennwagen
CSX3101-CSX3360: Straßenwagen

CSX3101-CSX3200: 427er-Motor, 425 PS, meist zwei Vierfachvergaser, „Central Oiler" mit Low-Riser-Zylinderköpfen
CSX3201-CSX3305 (ca.): 428er-PI-Motor, 385 PS, einzelner Vierfachvergaser
CSX3306-CSX3360 (ca.): 427er-Motor, 410 PS, einzelner Vierfachvergaser, „Side Oiler", Medium-Riser-Zylinderkopf

CSX3001-CSX3200: rechteckige Rückleuchten
CSX3201-CSX3360: runde Rückleuchten

CSX3001-CSX3055: hinten Rennkotflügel
CSX3101-CSX3124: weite hintere Kotflügelverbreiterungen
CSX3125-CSX3158: schmale hintere Kotflügelverbreiterungen
CSX3159-CSX3360: weite hintere Kotflügelverbreiterungen

CSX3001-CSX3300: mit Ölkühlerhutze
CSX3301-CSX3360: ohne Ölkühlerhutze

Räder: Die ersten 427er-Rennwagen haben sechsspeichige Magnesium-„FIA"-Räder von Halibrand. Spätere Autos haben „S/C"-Räder im GT40-Stil. Die meisten Straßenautos mit schmalen Kotflügelverbreiterungen rollen auf 7,5-Zoll-S/C-Rädern im GT40-Stil, obwohl viele der früheren Straßenwagen und fast alle späteren 7,5-Zoll-„Sunburst"-Aluminium-Räder haben.

Die Autos der COB/COX-Serie werden von AC Cars mit 15x6-Zoll-Drahtspeichenrädern auf Keilnaben versehen. Alle COB/COX-Fahrzeuge haben 289-cui-V8 von Ford sowie Borg-Warners T-10-Vierganggetriebe.

Produktionszahlen der Schraubenfeder-Cobra:
Serienautos: 260
Renn-Roadster, Prototypen: 2
Renn-Roadster, Serie: 23
Semi-Competition-Roadster (S/C): 27
Daytona-Super-Coupé: 1
Reine Chassis: 3
COB/COX-Fahrzeuge: 27
Schraubenfeder-Fahrzeuge insgesamt: 343

Mit freundlicher Genehmigung des Shelby American Automobile Club, www.saac.com.

Jeder vernünftige Mensch an Shelbys Stelle hätte sich nun zufrieden gegeben. Aber es hätte ja auch niemand Shelby mit Vernunft in Verbindung gebracht, solange es um Motoren und ihre Kraft geht. Eines Tages lernt er den Schauspieler Bill Cosby kennen, der mit seinem neuen Ferrari prahlt. Spontan bietet Shelby an, ihm eine Cobra zu bauen, die es auf 200 Meilen pro Stunde bringt – 320 Stundenkilometer – und jeden Ferrari alt aussehen lässt. Cosby ist verständlicherweise fasziniert; 1967 sind 200 Meilen pro Stunde eine Geschwindigkeit, die man vielleicht auf dem Salzsee von Bonneville in Utah fährt, aber ganz sicher nicht mit einem mehr oder weniger normalen Auto. Er schlägt ein, und Shelby lässt CSX3303, eine 427er-Cobra, wie den Twin-Paxton-Wagen aufbauen.

Bald darauf wird CSX3303 Cosby vor die Tür gestellt. Diese Erfahrung baut er in ein 24-minütiges Stand-up-Programm ein, das auf einer Langspielplatte erscheint, die den Titel „200 M.P.H." erhält. Es scheint, als habe Cosby sich nie aus seiner Einfahrt herausgewagt, ohne dass ihn der Twin-Paxton-Wagen zu Tode geängstigt hätte. Umgehend ruft er Shelby an. Er möchte den Wagen wieder zurückgeben. Vielleicht hat er großes Glück. Der nächste Besitzer von 3303, Tony Maxey, kommt kurz nach der Übernahme ums Leben, als das Gaspedal in Vollgas-Stellung hängenbleibt und er mit der Cobra von einer Klippe stürzt.

Wie wäre es also mit „Super Snake"? So hieß ursprünglich der 1967er GT500 (siehe Kapitel 18) mit 427er-Motor, aber diese Bezeichnung

Im Namen der Pferdestärke: Man fragt sich unwillkürlich, wie man all das Zeugs wieder in den Motorraum zurückstopfen soll, um die Haube zu schließen. *Mit freundlicher Genehmigung von Barrett-Jackson Auction Co. LLC. © 2009 Barrett-Jackson*

CSX3015, Carroll Shelbys eigene 427er-Twin-Paxton-Cobra „Super Snake". Die riesige und wenig attraktive Hutze schafft Raum für die Twin-Kompressor-Konfiguration mit den beiden Holley-Vierfachvergasern nebst allen Leitungen und Schläuchen. *Mit freundlicher Genehmigung von Barrett-Jackson Auction Co. LLC. © 2009 Barrett-Jackson*

wird auch für die beiden mit Twin-Paxton-Kompressoren ausgestatteten Cobras benutzt. Das gilt, seit Shelby-Mitarbeiter Al Dowd 1968 eine Verkaufsanzeige für CSX3015 schaltet und das Fahrzeug als „Carroll Shelbys persönliche Super Snake" anpreist. Die Jungs, die diese Autos bei Shelby American gebaut haben, nennen sie aber kurz und schmerzlos die Twin-Paxton-Autos.

Wo aber befinden sich die beiden Twin-Paxton-Autos heute? CSX3015 wird 1970 an den Musiker und Songschreiber Jimmy Webb verkauft (von dem unter anderem der Hit „MacArthur Park" stammt), der ihn behält, bis ihm die Steuerbehörde 1995 alles nimmt, was er besitzt. Die Behörde versteigert den Wagen; er geht durch die Hände einiger Besitzer, bis er im Januar 2007 bei der Barrett-Jackson-Auktion in Scottsdale das Paradestück ist. Er kommt zum Weltrekordpreis von 5,5 Millionen Dollar unter den Hammer. Neuer Besitzer ist der Sammler Ron Pratte.

Der zweite Wagen, CSX3303, existiert ebenfalls noch. Kaum zu glauben nach dem schrecklichen Unfall seines zweiten Besitzers, Tony Maxey. Das Auto ist natürlich demoliert, und es dient als Organspender. Der Motor und die Radaufhängungen werden Mitte der 1970er Jahre als Basis für einen 32er Ford-Hot-Rod benutzt. Die Seriennummer

COB/COX-Schraubenfeder-Cobras

Wie schon im Falle der früheren blattgefederten Cobras wünschen sich Kunden in Großbritannien und im übrigen Europa auch von der neuen Ausführung eine eigene Version. So beginnt erneut der Bau von Autos mit den Bezeichnungen COB (COBra Britain) und COX (COBra EXport).

Während man sich in den USA an billigem Benzin und großen Motoren erfreut, muss der Rest der Welt mit hohen Kraftstoffpreisen leben und mit Fahrzeugsteuern, deren Höhe sich an der Größe des Hubraums bemisst. Das führt dazu, dass die COB/COX-Autos mit Schraubenfeder-Fahrwerk andere Motoren erhalten als die bei Shelby American gebauten CSX-Fahrzeuge.

Die COB- und COX-Fahrzeuge haben die gleichen Karosserien wie die 33 „Narrow-Hip"-CSX-Autos und werden, genau wie die Blattfeder-Cobras, mit dem 289-cui-Motor von Ford und dem Borg-Warner T-10-Vierganggetriebe ausgerüstet. Ihr Name: „AC 289 Sports".

27 Exemplare werden gebaut, einschließlich zweier Fahrgestelle, die als teilmontierte Fahrzeuge verkauft werden. Nur acht sind Linkslenker.

Um die Unabhängigkeit von Shelby American zu demonstrieren, werden alle neuen 289 Sports voller Stolz mit „AC"-Logos versehen. Der Name Cobra oder das „Powered by Ford"-Logo tauchen nirgendwo auf.

Es wird Automobilgeschichte geschrieben: Sei es im brechend vollen Auktionshaus in Scottsdale oder vor den Fernsehschirmen – die Welt sieht zu, als 2007 Cobra Nummer CSX3015 verkauft wird. Das Bild zeigt den Moment, als Lot 1301 zum Weltrekordpreis von 5.500.000 Dollar an den Sammler Ron Pratte geht. Es ist nicht nur die teuerste 427er aller Zeiten, sondern auch das teuerste US-Auto, das bis dahin öffentlich versteigert wurde. *Mit freundlicher Genehmigung von Barrett-Jackson Auction Co. LLC. © 2009 Barrett-Jackson*

Der einsame Stern: Shelby Lone Star (1968)

Carroll Shelby weiß, dass er irgendwann einen Ersatz für die 427er Cobra brauchen wird – spätestens, seit aus Europa immer modernere Supersportwagen kommen. Will er im Rennen bleiben, muss er seine mittlerweile antiquierten britischen Roadster durch viel zeitgemäßere Fahrzeuge ersetzen. Also macht er sich daran, einen High-Tech-Rennwagen für die Straße zu bauen, seinen eigenen Supersportwagen.

John Wyers Firma J. W. Automotive in England wird beauftragt, den Prototypen dieses jüngsten Shelby zu bauen. Der Wagen wird zunächst „Cobra III“ genannt, was sich allerdings ändert, als Shelby die Rechte am Namen Cobra an Ford verkauft. Als stolzer Texaner benennt er sein neues Auto „Lone Star“, wie die Texaner ihren Bundesstaat bezeichnen, dessen Flagge ein einzelner Stern ziert.

Der Lone-Star-Prototyp trifft im Juni 1967 bei Shelby ein. Er sieht aus wie ein Gruppe-7-Rennwagen für die Straße. Er hat einen Rohrrahmen mit Aluminium-Karosserie und Mittelmotor-Konfiguration. Der 289er-Ford-Motor wirkt auf ein ZF-Fünfganggetriebe im GT40-Stil. Seitlich liegen die beiden 56-Liter-Tanks, es gibt Smiths-Instrumente, eine Klimaanlage, elektrische Fensterheber und „Cobra II“-Magnesiumfelgen. Das ganze Paket wiegt etwas mehr als 900 Kilogramm und erhält die Seriennummer LS-1.

LS-1 wird dann zu Ford geschickt, wo er auf seine Eignung als Serienauto für den 1968er-Jahrgang hin geprüft wird. Bei Ford stößt man sich jedoch an allerhand Problemen mit dem Lone Star und entscheidet, dass er nicht für die Produktion taugt. LS-1 wird an Shelby Racing in Torrance, Kalifornien, zurückgeschickt. Künftig ist er auf Autoshows zu sehen und taucht gelegentlich in Shelby-Teilekatalogen auf.

Im Oktober 1968 bietet Shelby LS-1 für 15.000 Dollar im Magazin *Autoweek* zum Verkauf an. Das Auto wechselt ein paarmal den Besitzer und gehört heute zu einer privaten Sammlung.

Shelbys *Lone Star* bleibt einmalig. Im Kontext des Jahres 1968 betrachtet, ist er ein futuristischer Rennwagen für die Straße, dessen Leistung aufgrund des geringen Gewichtes und der guten Ausgewogenheit der des GT40 recht nahe kommt. Ford weist das Projekt aber wegen zu geringer Straßentauglichkeit zurück.

Rundumsicht gehört nicht zu den Stärken des *Lone Star*. Aufprallschutz bietet die fragile Karosserie auch nicht. Egal, dieser Shelby ist ein Auto, wie es kein zweites Mal existiert.

landet mit den dazugehörigen Rechten in England, wo sie einem neuen Chassis und einer neuen Karosserie zugeordnet wird. Von da an ist CSX3303 ein Rechtslenker. Als sich später der Originalmotor wiederfindet, wird das Auto mit einigen Originalteilen re-restauriert und als Twin-Paxton-Linkslenker wieder zum Leben erweckt.

Auch wenn viele Leute der Meinung sind, dass man nie genug Leistung haben kann – die Twin-Paxton-Cobras taugen als Beweis dafür, dass es ein Limit gibt. Mehr PS gibt es nicht in Cobra-Fahrgestellen, aber alle, die mutig genug waren, eins dieser Autos zu fahren, sind sich einig, dass es irgendwann auch einmal genug ist. Für Männer wie Carroll Shelby, die es nicht ertragen, wenn ihre Anwälte das schnellere Auto fahren, ist zuviel aber vielleicht gerade genug.

12

Sunbeam Tiger (1964 bis 1967) – das ungeliebte Stiefkind

Der schnelle Erfolg der Cobra weckt auch die Konkurrenz. Besonders aufmerksam reagieren all jene, die in den Bau oder den Verkauf asthmatischer britischer Sportwagen in den USA involviert sind. Die US-Kundschaft, verwöhnt und verdorben von riesigen Mengen lässig agierender amerikanischer Pferdestärken, nennt diese britischen Sportwagen blutleer. Die meisten der kleinen Flitzer haben etwas von einem asthmatischen Hamster in einem Laufrad, das dringend geölt werden muss. Während der US-amerikanische Sportwagen, das ist 1963 die Corvette, es damals bereits auf bis zu 360 PS bringt, erscheint die britische Alternative, die im Durchschnitt mit etwa 100 PS daherkommt, für die meisten jungen Käufer nicht besonders attraktiv.

Bei einem der Betroffenen handelt es sich um den Sunbeam Alpine. Sunbeam gehört zur Rootes-Gruppe in England. Die Alpines sind gut ausgestattet mit Armaturenbrett aus Echtholz, Kurbelfenstern, verstellbaren Schalensitzen, beinahe wasserdichtem Verdeck, Servobremsen, verstellbarem Lenkrad und großem Kofferraum. Der Alpine ist ein gediegener und einigermaßen flotter Tourenwagen, aber kein echter Sportler. Immerhin steckt unter der Haube ein eher enttäuschender 1,7-Liter-Vierzylinder.

Ian Garrad ist der für die Westküste zuständige Verkaufsleiter der Rootes-Gruppe. Garrad und Sunbeam ist längst klar, dass dem Alpine jede Menge PS im Vergleich zur Konkurrenz fehlen – als da wären der Triumph TR-4 und etliche weitere britische Sportwagen, ganz zu schweigen von den US-Rivalen wie dem Mustang und der Corvette. Der US-Markt ist für die kleinen Hersteller sehr wichtig, in den 1960er Jahren setzen sie dort die meisten Autos ab. Bei Sunbeam, wo man bereits über einer Lösung für das PS-Defizit brütet, bekommt man Wind von Shelbys neuer AC Cobra und kommt zu dem Schluss, dass auch der Alpine einen V8 brauche. Da das Geld für die Entwicklung eines eigenen Motors fehlt, entschließt sich Walter McKenzie, bei Sunbeam Service-Manager für die Westküste, Fords 260-cui-V8 zu nehmen. Garrad und John Panks, Leiter des USA-Geschäfts der Rootes Group, werden mit der Umsetzung des Projekts betraut.

Da die beiden es nicht für nötig halten, das Rad neu zu erfinden, beschließen sie, dass Shelby American das geeignete Unternehmen für die Entwicklung dieser Alpine/Ford-V8-Kombination sei. Sie wenden sich an Carroll Shelby und fragen ihn, ob er mit einem Budget von maximal 10.000 Dollar einen fahrbereiten Prototyp bauen könne. Ich kann die Stimme förmlich hören, die mit breitem texanischem Akzent in Shelbys Kopf raunt: „Zum Teufel, zehntausend Dollar? Ich habe diese kleine Cobra für einen Apfel und ein Ei auf die Räder gestellt!“ Shelby übernimmt den Auftrag und ist jetzt für die Entwicklung und den Bau des V8-Alpine-Prototyps verantwortlich.

Das Resultat, das im Mai 1963 auf der Bildfläche erscheint, ist eine sauber durchkonstruierte Lösung. Ein Großteil der Erfahrungen, die Shelby mit der Cobra gesammelt hat, kommt dem Projekt zugute. Die Spritzwand des Alpine wird modifiziert, damit der V8 weit nach hinten rücken kann, um eine Gewichtsverteilung von fast 50:50 zu erreichen. Die Kugelumlauflenkung wird durch eine Zahnstangenlenkung ersetzt, wie sie in MGA und MGB zum Einsatz kommt. Außerdem wird genau wie bei der Cobra ein T-10-Vierganggetriebe von Borg-Warner installiert, das die Kraft auf eine modifizierte Dana-44-Hinterachse überträgt.

Dieser 1967er Tiger ist einer von nur 534 gebauten Mk.II. Erkennbar ist er am Grill mit den quadratischen Maschen, an den Scheinwerferringen in Wagenfarbe und an den Shelby-typischen Seitenstreifen. Im Gegensatz zum Mk.I mit 260-cui-Motor hat der Mk.II zudem eine 289er-Maschine. *David Newhardt*

Linke Seite: So mancher Sportwagenfahrer wird zumindest erschrocken sein, wenn in seinem Rückspiegel das hier auftaucht – vor allem, wenn sich das „kleine ausländische Ding“ nicht abschütteln lässt. *David Newhardt*

Die Heckflossen erinnern an ältere Kreationen aus Detroit. Obwohl eher von Blasrohr-Kaliber, lässt zumindest die zweiflutige Auspuffanlage ahnen, dass im kleinen Tiger mehr steckt, als es den Anschein hat. Etwaige Zweifel sind ausgeräumt, sobald der V8 anspringt. *David Newhardt*

Ein Gran Turismo vom feinsten. Im Innern besticht der Tiger mit einem eleganten Echtholz-Armaturenbrett, einer kompletten Uhrensammlung, verstellbarem Lenker, Teppichboden, bequemen verstellbaren (Liege-) Schalensitzen und einem fast manierlichen Heiz- und Belüftungssystem. Kurbelfenster bieten Roadsterfahrern, die Steckscheiben gewöhnt sind, einen Hauch von Luxus. Man beachte das optional erhältliche Mittelwellen-Radio. Der Anblick ist vertraut, handelt es sich doch um das gleiche Gerät wie das der Cobra. Hier steht natürlich Sunbeam drauf. *David Newhardt*

LAT 70: Unter dieser Teilenummer lässt sich die 13-Zoll-Leichtmetallfelge ordern, eine der vielen von Shelby entwickelten Performance-Optionen für den Tiger. Die Felge ist heute eine gesuchte Rarität. *David Newhardt*

Rechte Seite: Zweifellos ein einladender Anblick. *David Newhardt*

Das Kühlsystem wird ebenfalls überarbeitet. Durch Löcher, die in den kräftigen X-Rahmen des Alpine geschnitten werden, wird eine zweiflutige Auspuffanlage verlegt, damit die Bodenfreiheit erhalten bleibt.

Um ganz sicherzugehen, beauftragen die Federführer der Rootes-Group auch Ken Miles mit dem Bau eines Prototypen. Der hat bis vor kurzem selbst bei Shelby gearbeitet und ist ein talentierter Konstrukteur und Erbauer so genannter Specials wie dem MG TC „Flying Shingle". Seine Lösung für den Einbau des V8-Motors ist wesentlich simpler: Er montiert den 260-cui-V8 und ein Automatikgetriebe und verzichtet auf größere Umbauarbeiten. Berichten zufolge braucht er weniger als eine Woche und stellt Rootes nur knapp 800 Dollar in Rechnung.

Beide Prototypen werden in Kalifornien getestet und bewertet. Die von Shelby modifizierte Version wird nach England geschickt, um weitere Tests vorzunehmen. Subunternehmer Jensen Motors soll

Der Tiger ist ein durchdachter Hybrid – es wurde nicht einfach ein Ford-V8 irgendwie in einen Alpine gestopft. Man beachte den Bremskraftverstärker, die Motorola-Lichtmaschine der späteren Tiger, den standardmäßigen ovalen Luftfilter auf dem Autolite-2100-Doppelvergaser, und den weit hinten eingebauten Motor, der den Austausch der hintersten Zündkerzen zum Erlebnis macht. *David Newhardt*

Außer den doppelten Auspuffrohren und den Rädern deutet eigentlich nur das dezente „V8“-Emblem auf die Extra-Power hin. *David Newhardt*

Datenblatt Sunbeam Tiger

Mk.I/Mk.IA: Ford 260-cui-V8, Doppelvergaser, 164 PS
Mk.II: Ford 289-cuiV8, Doppelvergaser, 200 PS
Getriebe: Ford Top-Loader-Vierganggetriebe
Hinterachsdifferenzial: Dana 44, ungesperrt, Standard-Übersetzung 2,88:1
Radstand: 86 Zoll (218,4 Zentimeter)
Leergewicht: 1225 Kilogramm

Messwerte:
Mk.I/Mk.IA: 0-60 mph in 7,8 Sekunden, Spitzengeschwindigkeit: 195 km/h
Mk.II: 0-60 mph in 7,2 Sekunden, Spitzengeschwindigkeit: 206 km/h

Stückzahlen (ohne Prototypen):
Mk.I: gebaut von April 1964 bis August 1965
Stückzahl: 3763
Mk.IA: gebaut von August 1965 bis Februar 1966
Stückzahl: 2706
Mk.II: gebaut von Dezember 1966 bis Juni 1967
Stückzahl: 534
Insgesamt produzierte Fahrzeuge: 7003

prüfen, ob der Entwurf für den Serienbau taugt. Bei Jensen kennt man sich mit „Hybriden" sehr gut aus, da dort bereits Chrysler-Motoren verbaut werden.

Jensen übernimmt die Produktion des V8-Alpine für die Rootes-Gruppe. Der Wagen soll zunächst „Thunderbolt" heißen, später entscheidet man sich jedoch für „Tiger" – nach dem Sunbeam-V12-Rennwagen von 1925, der als erstes Auto die magische 150-Meilen-Marke knackte, also schneller als 240 Stundenkilometer war.

Von 1964 bis 1967 baut Jensen 7085 Sunbeam Tiger. Es gibt zwei verschiedene Serien: die Mk.I-Exemplare haben den 260-cui-Motor, die extrem seltenen 1967er Mk.II hingegen 289-cui-Maschinen. Alle Tiger verlassen das Werk mit serienmäßigen Ford-V8, also mit Holley-Doppelvergasern auf gusseisernen Ansaugkrümmern und mit hydraulischen Stößeln – so wie sie in den ganz normalen Ford-Personenwagen unterwegs sind. Die frühen 260er bringen es auf 164 PS, während die späteren 289er 200 PS leisten. Anstelle des teuren Borg-Warner T-10 wird bei Jensen auch das günstigere Top-Loader-Viergang-Getriebe von Ford verbaut. Die standardmäßige Hinterachse ist mit 2,88:1 übersetzt, was zum Teil den kleinen 13-Zoll-Rädern geschuldet ist, allerdings auch zum Charakter des Autos passt. Der Tiger ist immer noch eher ein Touren- als ein Hochleistungswagen und konkurriert zu keiner Zeit direkt mit Shelbys Cobras. Während es sich bei der Cobra um einen exotischen, teuren Weltklasse-Rennwagen in limitierter Auflage handelt, von dem es eher zufällig auch eine Straßenversion gibt, ist der Tiger ein erschwinglicher V8-Sportwagen für die Straße. Außerdem kommen die Käufer aus einer völlig anderen Schicht. Der Basispreis der 289er Cobra beläuft sich auf 5995 Dollar, die 427er kostet mindestens 7495. Der Tiger hingegen wird als „the best performance car for $ 2995" angepriesen. Zielgruppe sind ganz klar Leute, die einen erstklassigen Allround-Sportwagen suchen und nicht bereit sind, Kompromisse beim Komfort einzugehen.

Shelby hat aber einen Werkskatalog für Hochleistungs-Komponenten zusammengestellt, der bei den Sunbeam-Händlern, aber auch bei Shelby selbst erhältlich ist. Es handelt sich um die so genannten LAT-Optionen, die drei Lettern stehen für „Los Angeles Tiger". Das Angebot umfasst alles von Traction Bars über Räder bis hin zu allerlei Alu-Teilen für den Motorraum, wie es sie auch für die Cobra gibt. Diese Optionen tragen LAT-Teilenummern und sind heutzutage heiß begehrt. Mit der richtigen Kombination von Sonderausstattungen lässt sich der Tiger tatsächlich in einen beeindruckend leistungsstarken Wagen verwandeln, und genau das tun viele Besitzer.

Der Tiger verschwindet von der Bildfläche, als die Chrysler Corporation 1967 die Mehrheit an der Rootes-Gruppe erwirbt. Der Mk.II-Tiger wird nach dem Besitzerwechsel noch eine Zeit lang weitergebaut. Chrysler aber hat keinen passenden Ersatz für den Motor in petto und will nicht in den Umbau auf ein eigenes Aggregat investieren. Dass Chrysler kein Auto mit Ford-Motor verkaufen und womöglich die Garantie dafür übernehmen will, versteht sich.

Was bleibt, ist die Tatsache, dass Shelbys Beteiligung an der Entwicklung des Sunbeam Tiger unübersehbar und ihm der Erfolg des Autos zu verdanken ist. Der Tiger wird oft als die „Cobra des kleinen Mannes" bezeichnet, und da ist etwas Wahres dran. Er ist ein britischer Sportwagen von höchster Güte, und er hat die besondere Shelby-Magie. Mit mehr als 7000 binnen dreier Jahre produzierter Autos ist dies ein weiteres Kapitel in Shelbys Erfolgsgeschichte.

13

Toyota 2000GT (1968)

Der 2000 GT, den Toyota im Modelljahr 1967 einführt, gilt als erster japanischer Supersportwagen. Dieses exotische Auto wird im Rahmen einer Partnerschaft zwischen Toyota und Yamaha entwickelt und gebaut. Der 2000GT ist Toyotas Flaggschiff; das Unternehmen will zeigen, was es kann. Das vor allem aus Aluminium gefertigte Auto hat einen Zweiliter-Reihensechszylinder und steht in einer Reihe mit den zeitgenössischen Supersportwagen wie dem Jaguar E-Type, dem Lamborghini Miura und dem Ferrari 275 GTB. Preisgünstig ist der Wagen nicht. Mit 6800 Dollar tritt er in der gleichen Klasse an wie der Porsche 911. Angeblich zahlt Toyota dennoch bei jedem der 351 verkauften Serien-2000GT drauf. Man lässt sich die Imagepflege ganz hübsch etwas kosten.

Rennerfolge helfen Autos verkaufen, und genau das will Toyota mit dem 2000GT erreichen. Das Unternehmen setzt den 2000GT zunächst in heimischen Wettbewerben ein und erzielt gute Erfolge. 1966 belegt ein 2000GT Platz 3 der Gesamtwertung beim japanischen Grand Prix, der mit der Formel 1 noch nichts zu tun hat. 1967 siegt Toyota im Fuji-24-Stunden-Rennen. Außerdem stellt der 2000GT 1967 einen FIA-Geschwindigkeitsrekord auf.

Vor allem aber will Toyota auf dem US-Markt Fuß fassen. Da wäre es natürlich hilfreich, wenn das Flaggschiff des Unternehmens bei Rennen in den USA als Sieger auf sich aufmerksam machte. Vor diesem Hintergrund entschließt man sich Anfang 1967 bei Toyota, den ehemaligen Shelby-Mitarbeiter Peter Brock damit zu beauftragen, den 2000GT für 1968 für SCCA-Serienwagenrennen weiterzuentwickeln. In allerletzter Minute schnappt jedoch Carroll Shelby seinem früheren Mitarbeiter den Auftrag weg.

Im August 1967 werden drei 2000GT an Shelby Racing geliefert, und nachdem Shelbys Leute sich um Chassis, Aufhängungen und Motoren gekümmert haben, beginnen sie Ende September mit den Tests. In der Saison 1968 gehen zwei ins Rennen, einer dient als Ersatzwagen. In der Serienwagen-Klasse schlagen sie sich wacker, die Fahrer schaffen es oft aufs Siegertreppchen, und am Ende der Saison stehen die beiden Renner auf dem zweiten und dem dritten Rang.

Allerdings bleibt 1968 das einzige Jahr, in dem Toyota ein 2000GT-Team in die USA schickt. Die schlechten Absatzzahlen – in den USA verkauft Toyota ganze 60 Sportwagen – rechtfertigen den mit dem Rennsport verbundenen hohen finanziellen Aufwand nicht länger. 1969 wird der letzte 2000GT in die USA eingeführt. Immerhin: Für eine kurze Zeit gibt es tatsächlich so etwas wie einen Shelby-Toyota!

Der erste japanische Supersportwagen erinnert eher an einen italienischen Exoten als an einen Toyota. Das Bild zeigt einen der serienmäßigen 2000GT, die Shelby für die SCCA-Rennen präpariert.

Auch von hinten betrachtet ist der 2000GT ein exotisches, beinahe zierliches Auto, das nichts mit den Wagen zu tun hat, die man von Toyota kennt. Wer nicht ganz so genau hinsieht, könnte sich an die Rückansicht eines viel späteren Shelby-Produktes erinnert fühlen: den 1991 eingeführten Shelby Series 1.

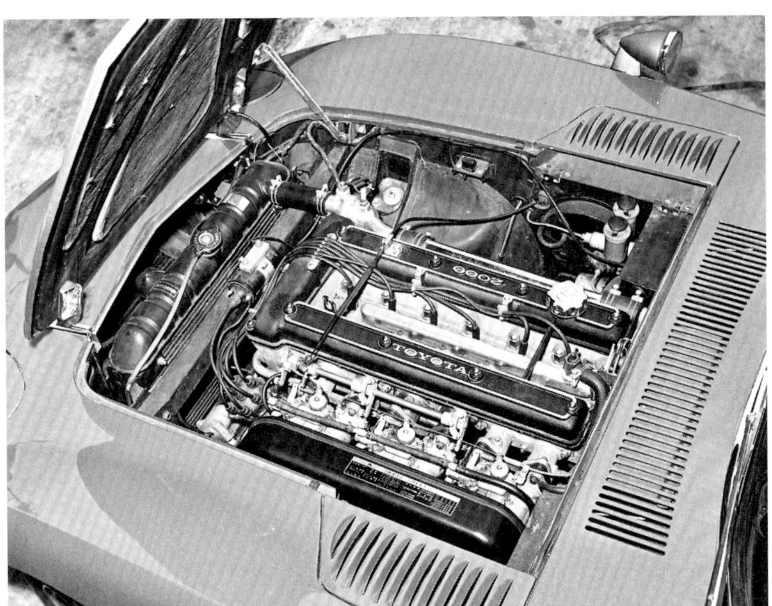

Der Zweiliter-Reihensechser mit zwei obenliegenden Nockenwellen vor der Shelby-Kur.

Ein fertiger 2000GT-Rennmotor. Wie fast alles, was aus Japan kommt, ist der Motor unfassbar zuverlässig, sogar unter Wettkampfbedingungen. Leider ist der langhubig ausgelegte Zweiliter kein Gegner für die schnelldrehenden kurzhubigen Sechszylinder-Boxer im modernen Porsche 911, der die SCCA-Rennen dominiert.

Scooter Patrick the undisputed champion in the under-2-liter class in both 1966 and 1967. Patrick will be driving one of the two Class C Production Toyota 2000 GT's this year.

Champion driver Davey Jordan has joined the Toyota/Shelby crew and will pilot one of the Toyota 2000 GT's at races throughout the nation. Last year Dave was the Pacific Coast Champion in Class C Production and is hopeful of a repeat performance.

Oben links: Die Unterschrift des PR-Fotos verrät, dass Shelby-Toyota-Fahrer Scooter Patrick 1966 und 1967 den ersten Platz in der nationalen SCCA-Meisterschaft in der Klasse C/Serienwagen belegt. Es war geplant, dass er diese Klasse auch 1968 am Steuer eines Shelby 2000GT für sich entscheiden sollte, aber daraus wurde nichts.

Oben rechts: Fahrer Nummer 2 für das Team Toyota/Shelby ist der schnelle Davey Jordan. Unter dem Presse-Foto steht zu lesen, dass er 1967 den Klassensieg in der SCCA-Pacific-Coast-Meisterschaft geholt hat.

Links: Scooter Patricks Toyota-Shelby mit der Startnummer 33 macht 40 Jahre, nachdem er von Shelby überarbeitet wurde, immer noch den Job, für den er konzipiert wurde. *Richard Owen*

Erstaunlicherweise ist auch der Toyota-Shelby von Teampartner Davey Jordan mit der Startnummer 23 immer noch bei historischen Rennen am Start. *Richard Owen*

Ein Wiedersehen bei den historischen Rennen in Monterey 2007. Unglaubliche 26 Toyota 2000GT kamen dort zusammen. Das ist die Hälfte aller jemals in den USA verkaufter Autos dieses Typs.
Richard Owen

NNL 869
G.T. 350

Abschnitt II
Ein Mann und sein Pferd
Die Shelby-Fords

Original und unrestauriert: 5S249 hat noch immer seine Lucas-Zusatzscheinwerfer vom Typ „Flame Thrower“ (Flammenwerfer), die 1965 für nächtliche Hochgeschwindigkeits-Rallye-Etappen montiert wurden. *David Newhardt*

14

RESTRICTED AREA POSITIVELY NO VISITORS
RESTRICTED AREA POSITIVELY NO VISITORS

1965: GT350 – Der Texaner macht das Pony zum Rennpferd

1964 stellt Ford der Welt eine neue Ponyrasse vor: die Pony-Cars. Basierend auf dem kompakten Falcon-Chassis wird der sportliche neue Ford Mustang über Nacht zum Sensationserfolg. Die Ford-Leute schätzen, dass sie im ersten Jahr kaum mehr als 100.000 Exemplare verkaufen werden. Doch die Kunden stehen vom ersten Tag an Schlange und kaufen alles, was Ford zu produzieren imstande ist. In den ersten 18 Produktionsmonaten verkauft Ford mehr als eine Million Mustangs. Aber Ford reicht das allein noch nicht. Immerhin nennt man sich das „Total Performance"-Unternehmen, doch in dieser Hinsicht ist der Mustang total danebengegangen. Er gilt als nettes Spielzeug, als das Auto für die Sekretärin, ein attraktives und originelles Ding für den täglichen Gebrauch – nichts, was die jungen Käufer starker und schneller Wagen lockt.

Bei den „Big Three", also Ford, General Motors und Chrysler, dreht sich Mitte der 1960er Jahre alles um Leistung und Tempo. Die Kundschaft ist jung, die Babyboomer sind in dem Alter, in dem sie flotte Autos wollen. Bei Ford ist man sich bewusst, dass der Anfangserfolg des Mustang nicht lange anhalten wird, wenn das Image des Wagens nicht bald ein anderes wird. Schon kommt Plymouth mit seinem eigenen Pony Car, dem Barracuda, auf den Markt, Pontiac verkauft seinen sensationellen GTO wie die sprichwörtlichen warmen Semmeln, und GM wird ganz sicher auch nicht lange auf sich warten lassen. Um zu überleben, muss der Mustang Biss bekommen. Das Pony muss zum Rennpferd werden, und jedermann muss sich eins kaufen können.

Ford versucht vergeblich, den Mustang für die SCCA-Rennen zu homologieren. Dort träte er in der gleichen Klasse an wie die Smallblock-Corvettes von Chevrolet. Ein Sieg wäre also eine bemerkenswerte Leistung und würde die Käufer schnell überzeugen. Es ist ein verlockender Gedanke: Gelänge es dem Mustang, den GM-Star zu schlagen, könnte Ford auch Käufer im hochinteressanten „Performance-Car"-Segment erreichen.

Es ist klar: Der Mustang muss ins Rennen. Wenn Ford das nicht alleine hinkriegt, muss jemand gefunden werden, der es schafft. Irgendwann wird den Ford-Leuten klar, dass sie den besten Mann für diese Aufgabe längst in ihren Reihen haben: Carroll Shelby. Mit Ford-Motoren haben Shelby und die Cobra die Rennsportwelt bereits aus den Angeln gehoben. Bei Ford sind sie mit einem Mal ganz aus dem Häuschen. Shelbys gute Beziehungen zur SCCA könnten ja auch bei der Zulassung helfen.

Zögerlich erklärt sich Shelby Ende Juli 1964 bereit, das Projekt zu übernehmen und Fords anmutiges kleines Sekretärinnen-Auto zum Rennwagen zu machen. Es ist eine große Aufgabe, aber große Sachen haben Shelby noch selten aus der Ruhe gebracht. Der Mann ist immerhin Texaner.

Um die Zulassung für den neuen Shelby-Mustang zur SCCA-Rennsaison 1965 zu bekommen, muss bis zum 1. Januar 1965 eine Serie von 100 Autos zur Inspektion bereitstehen. Alle Beteiligten müssen sich

„Fräulein, bitte notieren Sie: Ich nehme dann sowohl die 427er Cobra als auch den GT350."

jetzt also ganz schnell überlegen, wie der schnelle Mustang denn auszusehen habe. Die Regeln besagen, dass bei den für den Verkauf vorgesehenen Serienfahrzeugen entweder das Fahrwerk oder der Motor fürs Rennen überarbeitet werden darf, nicht jedoch beides. Shelby nimmt sich den neuen 2+2-Fastback mit dem exzellenten, 271 PS starken 289er-Motor vor. Er entscheidet sich dafür, das Fahrwerk zu verbessern, der Motor bleibt im Kern unangetastet. Damit wäre das Thema Straßenversion erledigt. Die echten Rennwagen bedürften also lediglich einiger Tuning-Maßnahmen für den Motor.

Der neue Shelby-Mustang braucht noch einen Namen. Die Taufe ist schwieriger als die Geburt, und Carroll Shelby hat die Geschichte oft erzählt: So gibt es eine ganze Menge Vorschläge, wie der Wagen denn nun heißen soll – man kann sich nur nicht einigen. Bei einem der zahllosen Meetings zu diesem Thema wendet sich Shelby, völlig genervt von dem endlosen firmeninternen Hin und Her, an Phil Remington und fragt ihn, wie weit bei Shelby American die Werkstätten für Renn- und Serienwagen voneinander entfernt seien. Remington antwortet: „Rund dreihundertfünfzig Fuß." Worauf Shelby verkündet: „Da haben wir unseren Namen, wir nennen das Auto GT350." Und wie lautet Shelbys Begründung für diese spontane Entscheidung? Der Name hat doch mit dem Auto so gar nichts zu tun. Nun, ganz einfach: „Wenn das Auto gut ist, tut der Name nichts zur Sache, und wenn das Auto schlecht ist, rettet der Name auch nichts mehr."

Nach Abschluss der Entwicklungsarbeiten und der Testfahrten ergeben sich die Spezifikationen für den GT350 bald ganz von selbst. Im serienmäßigen Zustand ist der Mustang als Rennwagen eher enttäuschend, aber nach bloß ein paar simplen Modifizierungen steht er schon ganz anders da. Zunächst lässt Shelby die Mustangs, die er überarbeiten soll, nach seinen Spezifikationen von Ford bauen. Diese leicht zerlegbaren vormontierten („knock-down") Autos entstehen im Ford-Werk in San Jose. Sie haben 289er K-Code-Motoren, Borg-Warner T-10M-Vierganggetriebe mit Aluminium-Gehäuse, die strapazierfähige 9-Zoll-Hinterachse von Ford mit 3,89:1-Endantrieb, vorn 11,3-Zoll-Vierkolben-Scheibenbremsen von Kelsey-Hayes mit halbmetallischen Belägen, hinten die riesigen 10x2,5-Zoll-Trommelbremsen des Galaxie mit speziellen gesinterten und segmentierten Belägen und 15x5,5 Zoll große Stahlfelgen von Kelsey-Hayes, auf denen auch die von Ford gebauten Polizeiwagen und Kombis rollen. Die Autos kommen ohne Motorhaube, ohne Rücksitzbank und ohne Radio, dessen Montageöffnung von einer Blende verdeckt wird. Was, bitteschön, soll ein Rennwagen auch mit einem Radio?

Sobald die Fahrzeuge bei Shelby American eintreffen, werden zunächst die oberen Querlenker der Vorderachse um einen Zoll tiefer angebracht, indem einfach zwei neue Montagelöcher gebohrt werden. Das ist vielleicht aufwändig, aber so lässt sich der absurde Radsturz der serienmäßigen Mustang-Konfiguration reduzieren. Gleichzeitig werden so die Federn vorgespannt, die Federrate erhöht und das Auto tiefergelegt. Als nächstes wird die Lenkung erheblich direkter übersetzt.

Na, wie wäre das: Nehmen Sie an, Sie hätten das Geld, das heute ein guter 1965er GT350 kostet. Sie könnten außerdem die Zeit auf das Datum zurückzudrehen, an dem dieses Foto aufgenommen wurde. Sie flögen dann nach Los Angeles und verhandelten mit dem guten alten Shelby über einen Großeinkauf. Nun, Sie bekämen für Ihr Geld 50 brandneue GT350 und hätten bereits die Anzahlung für alle Autos bis 2009 geleistet. Man beachte, dass nur eins der Autos auf dem Bild Le-Mans-Streifen trägt und gar keins über Cragar-Magnesiumfelgen verfügt.

Eine 427er-Rennsport-Cobra und reihenweise 1965er GT350 vor Shelbys LAX-Werk.

1965: Carroll Shelby führt Henry Ford II. und weitere Ford-Vorstandsmitglieder durch sein neues Werk am Flughafen von Los Angeles. Man beachte die „knock-down"-Mustangs, die auf ihren Umbau warten, und die Liste mit den Ford- und den Shelby-Seriennummern an der Windschutzscheibe des zweiten Wagens.

Vorn ersetzt ein Stabilisator mit einem Zoll Stärke das schwächere Originalteil. Im Motorraum wird knapp vor den Federbeindomen ein Stahlrohr namens „Monte-Carlo-Strebe" quer über dem Motor eingezogen, das die beiden Seitenwände fest miteinander verbindet. Es verstärkt das Fahrgestell massiv.

Eine grob V-förmige Domstrebe, die hinten unterm Windschutzscheiben-Rahmen verankert ist, ersetzt eine zweiteilige Konstruktion aus Pressblech und sorgt in diesem verwindungsfreudigen Bereich für zusätzliche Stabilität. Dieses Teil wurde bereits in die Export-Mustangs eingebaut, daher der Name „Exportstrebe" in den USA.

Als nächstes werden rundum einstellbare Koni-Stoßdämpfer eingebaut. Weil sie kürzer sind als die Original-Dämpfer, darf die Hinterachse nicht mehr so weit ausfedern. Die Lösung des Problems ist denkbar einfach: Auf beiden Seiten werden Stahlseile als Fangbänder um das Hinterachsrohr geschlungen und an der Karosserie darüber befestigt.

Um das Trampeln der Achsen, Verwindung und womöglich Versagen beim starken Beschleunigen und Bremsen zu verhindern, werden zudem Traction Bars von Traction Master installiert. Das bedeutet schon mehr Arbeit: Die Hinterachse muss ausgebaut und mit angeschweißten Halterungen versehen werden. Dann müssen Löcher für die Stützstreben in den Wagenboden geschnitten werden, deren andere Enden weitere Halterungen erfordern. Da die Hinterachse nun schon einmal ausgebaut ist, wird sie auch gleich mit einem Sperrdifferenzial versehen.

Die Batterie wird zugunsten besserer Gewichtsverteilung aus dem Motorraum an die rechte Seite des Kofferraums verlegt. Fehlt noch die Motorhaube, die Ford ja bekanntlich weggelassen hat. Bei Shelby kommt ein superleichter Fiberglasdeckel mit einer kleinen Hutze zum Einsatz, die den Motor mit Frischluft versorgt. Schnellverschlüsse halten die Haube geschlossen, und mit der serienmäßigen Hauben-Verriegelung verschwindet auch der „Corral", die „Koppel" für das Pony im Mustang-Kühlergrill.

Eine Fiberglas-Abdeckung ersetzt die Rücksitzbank und dient als Aufnahme für das Reserverad, das so direkt über der Hinterachse ebenfalls die Gewichtsverteilung verbessert. Zu den Änderungen im

G.T. 350

Precise control takes on a new meaning behind the wheel of Shelby American's new Mustang GT-350! The complete suspension system has been re-designed to comply with a computer plotted geometry that allows the GT-350 to stick like nothing you've ever driven. Reflex quick steering, Koni shocks, and Goodyear 130 mph "Blue Dots" let you pick your exact line... and stick to it! No use mentioning the GT-350's 306 hp Cobra hi-riser 289 or the competition proven disc brakes until you've actually sampled a few corners at speed. The most complex blind apex closing radius bend becomes the expert driver's challenge instead of an exercise in frustration. When you go down to test the GT-350, ask the salesman to bring your present car along for comparison...you won't believe it! Suggested list price $4547.00

for more information write Dept. H, Shelby American, 6501 W. Imperial Hwy., Los Angeles, California 90009

JUNE 1965 21

Dieser frühe Prototyp zeigt einen der vielen Schritte in der Entwicklung von einem schlichten weißen Mustang zum GT350. Erst soll Shelbys neues Auto „Mustang GT" heißen, wie sich am Kotflügel ablesen lässt. Das Auto trägt Felgen von American Torque-Thrust zu einem Raydot-Cobra-Spiegel und einer respektablen Lufthutze und verzichtet auf die markanten Seitenstreifen.

Oben: Die Anzeige sagt alles: Ein echter Sportwagen mit dem Besten, was einen Wagen schneller macht, für nur 4547 Dollar. Beim abgebildeten Auto handelt es sich um 5S003.

Rechts: Die Spezial-Ölwanne aus Aluminiumguss. Die Buddy Bar Casting Company stellt sie ebenso für Shelby her wie die speziellen „tri-Y"-Krümmer und das Borg-Warner-T-10M-Getriebegehäuse.

Rechte Seite: Dieser GT350, Seriennummer 5S007, wird 1965 von der Fachzeitschrift *Sports Car Graphic* von Petersen Publishing über 10.000 Meilen getestet. Das Foto entsteht während des Tests.

Die von Shelby eingebauten kurzen Koni-Dämpfer machen Stahldraht-Fangseile erforderlich; oben die linke Traction-Bar.

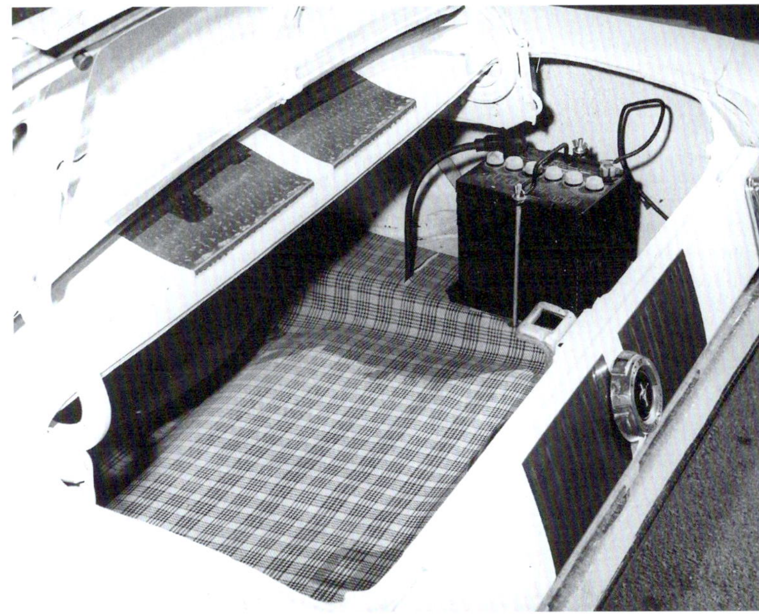

Das Werksfoto eines frühen GT350 zeigt die in den Kofferraum verlegte Batterie.

Das „Fließband“ bei Shelby American. In der Grube bauen die Mechaniker gerade die Shelby-Ölwannen ein, während oben Ansaugkrümmer und Ventildeckel aus Aluminium installiert werden. Links liegt ein Haufen nicht länger benötigter originaler Mustang-Stabilisatoren neben den „tri-Y“-Krümmern und den Auspuffanlagen, die auf den Einbau warten.

Wageninneren gehört eine Haube auf der Mitte des Armaturenbretts, unter der ein mit „CS“ markierter Drehzahlmesser, den Delco für Shelby baut, und ein passender „CS“-Öldruckmesser montiert werden.

Das serienmäßige Mustang-Lenkrad wird durch ein Drei-Speichen-Holzlenkrad mit polierten Aluminiumspeichen ersetzt. Zunächst werden die 16-Zoll-Lenkräder der Cobra eingebaut. Bald gewährt eine 15-Zoll-Version mehr Beinfreiheit. Auf der Nabe sitzt nun ein Cobra-Emblem, der Hupknopf wird durch einen simplen Kippschalter rechts von der Instrumententafel ersetzt.

Auf der Basis des Power Cushion HP produziert Goodyear exklusiv für den GT350 7,75x15-Zoll-Reifen mit Geschwindigkeitsindex. Sie sind leicht an dem erhaben eingeformten blauen Punkt auf der Flanke zu erkennen, dem sie ihren Namen verdanken: „Blue Dot“. Die Gummis werden auf schlichte silberfarben lackierte Kelsey-Hayes-Stahlfelgen

Extras

Die Zahl der Extras für den GT350 ist fast so begrenzt wie die der Farben. Dennoch gibt es für alle, die ihren schicken neuen Shelby etwas individueller haben wollen, zwei Optionen:

Die Le-Mans-Streifen gibt es nur in blau. Heute glauben die meisten, dass die Streifen serienmäßig waren, weil es kaum mehr einen 65er GT350 gibt, der sie nicht trägt. Mit der Realität von 1965 hat das überhaupt nichts zu tun – nur ganz wenige Autos werden mit Streifen ausgeliefert, und bei ihnen handelt es sich meist um Vorführwagen oder Autos für Pressetermine. So gut wie alle Le-Mans-Streifen von 1965 wurden beim Händler aufgebracht.

Praktisch das gleiche gilt für Extra Nummer zwei: Die speziellen Cragar-Leichtmetallfelgen gehören heute zur Shelby-Standardausstattung. 1965 waren sie an kaum einem Neuwagen zu sehen. Ford lieferte ausnahmslos alle Mustangs mit den bis auf die Chrom-Muttern schmucklosen Stahlfelgen von Kelsey-Hayes an Shelby.

Die optional erhältlichen Shelby-Cragar-Felgen bestehen aus geschmiedetem Aluminium. Der Felgenkranz aus verchromten Stahl ist aufgenietet.

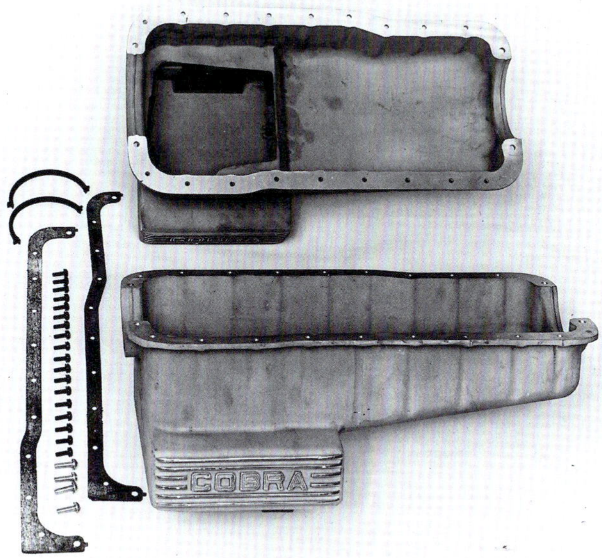

Die „Cobra"-Ölwanne von Buddy Bar, wie sie im GT350 verbaut wird. Schwallbleche sorgen dafür, dass in scharfen Kurven nicht das ganze Öl von der Pumpe weggedrückt wird, und die zusätzliche Menge Schmierstoffs in der größeren Wanne sorgt für einen besseren Temperatur-Haushalt.

Die großen hinteren Trommelbremsen mit halbmetallischen segmentierten Belägen.

montiert, die ohne Radkappen und Chromringe auskommen, lediglich die Muttern sind verchromt. So kommt der GT350 ohne Schnickschnack daher und wirkt sehr professionell. Immerhin gibt es als Alternative 15x6-Zoll-Fünfspeichenfelgen aus Leichtmetall, die Cragar exklusiv für den GT350 herstellt.

Unter der Haube muss Shelby am bereits ab Werk ziemlich potenten 289er nicht viel verändern. Die serienmäßige Ansaugbrücke und der Autolite-4100-Vierfachvergaser fliegen raus und werden durch einen aus Aluminium gefertigten High-Rise-Dual-Plane-Krümmer und einen unterdruckgesteuerten Holley-Registervergaser mit „Le Mans"-Schwimmerkammern ersetzt. Speziell angefertigte „tri-Y"-Krümmer ersetzen die serienmäßigen Sammler und leiten die Abgase über eine strömungsoptimierte Auspuffanlage mit Glasspack-Bullet-Töpfen und seitlich herausgeführten Endrohren ab.

Im Kellergeschoss montieren die Shelby-Leute eine großzügig verrippte Aluminium-Ölwanne mit größerem Fassungsvermögen und „Cobra"-Schriftzug. Passend dazu gibt es verrippte Ventildeckel aus Aluminium mit der Aufschrift „Cobra Powered by Ford". Shelby gibt die Leistung seiner Hot-Rod-Version des ursprünglich 271 PS starken Ford-Motors mit 306 Pferdestärken an. Ganz gleich, ob die Zahlen stimmen oder nicht – mit dem forsch grölenden, kaum legalen Auspuff gleich unter den Ohren der Insassen lässt der Wagen keinen Zweifel aufkommen, dass er ja eigentlich noch viel, viel mehr kann.

Alle GT350 werden weiß lackiert. Der Farbton: Fords „Wimbledon White". Vielleicht zu Ehren der wunderbaren Schöpfungen des berühmten amerikanischen „Gentleman-Racer" Briggs Swift Cunningham entscheidet Peter Brock, dass Shelbys neue weiße Autos blauer Streifen bedürfen. Ein dicker blauer Streifen zwischen den Radhäusern entlang des Schwellers wird von zwei schmaleren flankiert. Der mittlere Streifen ist vor dem vorderen Kotflügel unterbrochen, um dem „GT350"-Schriftzug Platz zu machen. Brock sorgt zudem für das möglicherweise populärste optische Signal aller Zeiten: Die breiten blauen „Le Mans"-Streifen verlaufen über die gesamte Fahrzeuglänge. Später werden die Le-Mans-Streifen nur noch als Sonderausstattung angeboten und meist erst beim Händler aufgebracht. Die seitlichen Streifen sind hingegen Standard. Die einzige weitere Verzierung ist ein kleines „GT350"-Logo rechts vom Tankdeckel, das aber erst nach den ersten Produktions-Chargen auftaucht.

Shelby American erhält dann auch endlich die ersehnte SCCA-Zulassung für den GT350 und baut 36 Rennausführungen des GT350, der jetzt „R-Modell" heißt, umgehend die Serienwagen-Klasse B dominiert und 1965 den Meistertitel holt. Diese Autos werden in den folgenden Kapiteln noch näher beschrieben.

Der 1965er GT350 ist ein einzigartiger handgefertigter Hochleistungs-Sportwagen, der nicht mehr viel mit dem aufgepeppten Ford Falcon von früher zu tun hat. Die Straßenversion ist ein kaum zivilisierter Rennwagen, rau, ursprünglich und laut – kurz gesagt: genau das, was man von ihm erwartet. Die Basisversion des GT350 ist so gut, dass Shelby

Als Shelby American 1965 in Le Mans an den Start geht, lässt Carroll Shelby sich diesen GT350 nach Europa schicken, um ihn dort zu fahren. Die Seriennummer des Wagens: 5S114.

5S249 ist Teil meiner Sammlung und eins von den Autos, die ich am liebsten fahre. Als der Wagen neu ist, dient er als Testwagen für Fachzeitschriften wie *Sports Car Graphic*, wird später in mexikanischen Langstrecken-Straßenrallyes eingesetzt, wo er von der Shelby-Vertretung High Performance Motors, dem Reifenbäcker Pirelli und der Felgenschmiede Cragar gesponsert wird. Nach all diesen Eskapaden verkauft HPM das Fahrzeug als Vorführwagen! *David Newhardt*

Irgendwann Ende der 1960er Jahre wird Nummer 249 mit einem Paxton-Kompressor nachgerüstet, den ein späterer Eigentümer ein paar Jahre darauf wieder ausbaut. Ich habe dann wieder einen Lader an den Originalmotor gebaut, flottes Fortkommen ist somit garantiert. Mit 0,42 bar Ladedruck bringt er es auf mehr als 440 PS, aber viel wichtiger ist das fast verdoppelte Drehmoment. *David Newhardt*

für die Wettbewerbsvariante lediglich den größten Teil der Inneneinrichtung rausschmeißen, hier und da noch etwas Gewicht beseitigen und den Motor auf möglichst zuverlässige 350 PS bringen muss.

Der GT350 ist in jeder Beziehung einzigartig – und er ist ein rauer Geselle. Die Lenkung verlangt viel Kraft, die umgebaute Hinterachse scheppert und ächzt, aus dem Sperrdifferenzial knallt und kracht es in jeder Kurve. Alles bemüht sich, den Eindruck zu erwecken, es gehe sofort oder doch in allernächster Zukunft kaputt. Wer auch nur eine kurze Weile etwas flotter mit dem GT350 unterwegs ist, leidet stundenlang unter Taubheit, dafür sorgen schon der ungedämpfte Auspuff und die 3,89er-Hinterachse. Die Bremsen sind im kalten Zustand so etwas wie bewusstseinserweiternd und immer noch erbarmungslos zäh, wenn sie Betriebstemperatur erreicht haben.

Das klingt ja alles gar nicht so toll, sagen Sie? Von wegen: Eine Spritztour in einem 1965er GT350 ist vielleicht eine Herausforderung, aber sie macht unendlich viel Spaß. Es ist die Quintessenz des Autofahrens, und das stellt den GT350 in eine Reihe mit den großen europäischen Exoten wie dem Ferrari 250 SWB. Detroit hat kaum je etwas ähnlich Pures produziert.

Obwohl Shelby noch viele weitere Mustang-Varianten produziert, ist der erste GT350 für die meisten mit Abstand der beste – schon weil er am ehesten dem gerecht wird, wofür er gebaut wurde. Shelbys waren in erster Linie Rennwagen und dann erst Autos für die Straße. Der 1965er GT350 verkörpert das mit jeder Faser, und deshalb ist er bis heute der begehrteste aller Shelby-Mustangs.

Am Ende werden nur 562 Exemplare des 1965er GT350 in all seinen Varianten gebaut. Die Zahl sagt wenig aus über die Bedeutung des Wagens – für Shelby wie für den Mustang. Der 1965er GT350 ist mehr als nur ein großartiges Auto. Er macht den Ruhm von Shelby American unvergänglich.

GT350-Produktionszahlen

Prototyp: 1
Serienwagen: 521
Werks-Drag-Cars: 4
Rennwagen-Prototypen (R-Modell): 2
Rennwagen (R-Modell): 34
Gesamtproduktion 1965: 562

Linke Seite: Ein neuer 1965er GT350 und eine „Narrow-Hip"-427er-Cobra treffen sich in Shelbys LAX-Werk auf einen schnellen Schluck Benzin. Beachten Sie im Hintergrund die Reihen der „knock-down"-Mustangs, die vom Ford-Werk San Jose geliefert wurden und auf ihre Konvertierung in GT350 warten. Ken Miles steht in der geöffneten Tür des GT350, die anderen sind wahrscheinlich Bodyguards oder Drogenfahnder.

Links: Die nicht originalen American Racing Torque-Thrust-Leichtmetallfelgen sind den originalen Magnesiumfelgen des R-Modells sehr ähnlich und bei GT350-Besitzern äußerst beliebt. Mit fetten Reifen und dieser klassischen geduckten Stellung sieht der GT350 genau richtig aus. Man sollte aber auf ausreichend große Radhäuser achten, sonst halten die Reifen nicht lang. *David Newhardt*

Unten: Meine persönliche Stuntfahrerin Cana prüft Nummer 5S249 in Road America auf Herz und Nieren. Mit dem Paxton-geladenen 289er dauert eine Runde auf dem vier Meilen langen Kurs nicht lange.

Die Innenausstattung von Nummer 5S301 entspricht dem originalen Auslieferungszustand aller 1965er GT350. Je nach Lieferbarkeit wurden allerdings unterschiedliche Lenkräder verbaut. *David Newhardt*

So muss ein vollständig originalgetreuer GT350-Motor aussehen. Hier stimmt alles, bis hin zu Luftfilter, Zündkabeln und Kühlerschläuchen. *David Newhardt*

Die Streifen sind auflackiert, der GT350-Schriftzug ist ein Aufkleber. Dazu gibt es die passenden Blue-Dot-Reifen und die originalen Stahlfelgen von Kelsey-Hayes, mit denen fast jeder GT350 ausgestattet ist, die man aber heute suchen muss wie die Nadel im Heuhaufen, denn die meisten Besitzer haben sie irgendwann gegen etwas Aufregenderes getauscht. Für einen guten Satz echter K-H-Stahlfelgen mit originalen (nicht reproduzierten) Blue-Dot-Reifen müssen Sie heute mehr als 25.000 Dollar auf den Tisch legen, falls Sie überhaupt einen auftreiben. *David Newhardt*

5S301 hat den originalen Shelby-Auspuff und zeigt uns die schlanken, schräg abgeschnittenen Endrohre, durch die der heisere Lärm des 289er-K-Code-Motors geleitet wird, den die Glasspack-Dämpfer kaum in den Griff bekommen. Im Gegensatz zu ihrer dezenten Erscheinung machen diese dünnen Rohre jede Menge Radau. *David Newhardt*

CALIFORNIA
EX 4191
G.T.350

CALIFORNIA
EX 4191
G.T.350

Rechts oben: Damit die Le-Mans-Streifen überall gleich breit aussehen, sind sie es nicht. An der Motorhauben-Vorderkante messen sie 9 1/4 Zoll, verbreitern sich oberhalb der Windschutzscheibe auf 10 1/2 Zoll und sind an der hinteren Kante des Kofferraumdeckels wieder auf eine Breite von 10 Zoll geschrumpft. Klingt merkwürdig, aber nur so erwecken sie für das Auge den Eindruck, schön gleichmäßig zu sein. Der Abstand der beiden Streifen voneinander beträgt übrigens konstant zwei Zoll. *Kevin May*

Rechts unten: So und nicht anders sieht für die allermeisten Menschen ein Shelby-Mustang aus. *Kevin May*

Linke Seite oben: Die Heckansicht von 5S301 zeigt das GT350-Logo, das die allerersten Fahrzeugen noch nicht haben, und den Standard-Tankdeckel des Mustang, der 1966 durch einen im Shelby-Design ausgetauscht wird. *Kevin May*

Linke Seite unten: 5S301 ist ein vollständig im Originalzustand erhaltener 1965er GT350 in der Straßenversion. Obwohl er nach fast fünf Jahrzehnten in Gebrauch sicherlich nicht perfekt ist, hat er eine wunderbare Patina und zeigt uns, wie diese Autos aussehen sollten. *Kevin May*

15

RESTRICTED AREA POSITIVELY NO VISITORS
RESTRICTED AREA POSITIVELY NO VISITORS
G.T. 350

Werksrenner: Die R-Modelle

Im Pferdesport heißt es, dass Rennen die Zucht verbesserten. Mag sein. Für den Shelby GT350 trifft es ganz offenbar zu.

Mit relativ einfachen Verbesserungen machen Shelbys fähige Ingenieure und Mechaniker aus dem Basis-GT350 einen Rennwagen. Die „R-Modelle" sind in ihrer Klasse fast unschlagbar. Zunächst geht es darum, das Gewicht zu verringern. Die Stoßstangen werden abgenommen und der Innenraum ausgeräumt. Plexiglasfenster, Frontschürze und Kühlerhaube aus Fiberglas ersetzen die Originalteile. So wird der GT350 ein leichter und starker Rennsportwagen. Dazu kommt der 289-cui-„K-Code"-Motor, mit dem Shelby bereits seit drei Jahren in der Cobra reichlich Erfahrung gesammelt hat. Alles zusammen ergibt eine Formel, auf die noch heute unzählige Fahrer im historischen Rennsport schwören.

Die Auflistung der Rennen, die der GT350 R gewinnt, füllte dieses Buch vollständig. Ich glaube nicht, dass es noch einen zweiten derart erfolgreichen Wagen gegeben hat, der auf einem ganz normalen Serienwagen basierte und in so kleiner Stückzahl gebaut wurde. Der Shelby GT350 R nimmt die Rennwelt buchstäblich im Sturm – genau, wie man es bei Ford gehofft und geplant hatte. 1965 gewinnen die GT350 R fünf von sechs regionalen SCCA-Meisterschaften. Im gleichen Jahr sind zehn der 14 in der Klasse B/Production des ARRC National Race startenden Autos R-Modelle. Jerry Titus siegt in der Klasse mit 5R001. Das Pony ist ein Rennpferd geworden – oder eigentlich ein Raubtier.

Ein R-Modell vor einem traumhaften Arrangement von GT350-Straßenwagen, die auf dem Vorfeld in LAX in der Sonne schmoren.

Linke Seite: Zwei Anzugträger schnallen sich vor einer Testfahrt in LAX in einem nagelneuen R an. Das Foto lässt sich dank des 1966er-GT350 auf Basis eines 65ers und dank des nicht weißlackierten GT350 ganz links auf Ende 1965 datieren.

Unvollendete R-Modelle vor dem LAX-Werk. Dahinter ebenso unfertige Cobras und GT350, soweit das Auge reicht.

Ein R- Prototyp mit einer frühen Frontschürzen-Version. Bei den serienmäßigen R-Modellen ist die mittlere Öffnung wesentlich größer, die seitlichen zur Bremsenkühlung sind kleiner.

Oben: Die Heckscheibe ist aus Plexiglas und lässt an der Oberkante einen Lüftungsschlitz frei. Die Stoßstange scheint ein leichtes Fiberglas-Teil zu sein. Unter der Heckschürze ragen die Enden der serienmäßigen Mustang-Auspuffanlage hervor.

Rechts: Derselbe R-Prototyp mit den hinteren Hutzen zur Bremsenkühlung und dem Schnellverschluss-Tankdeckel. Nur die Hutzen tauchen an Serienwagen auf: am 1966er-GT350-Straßenwagen.

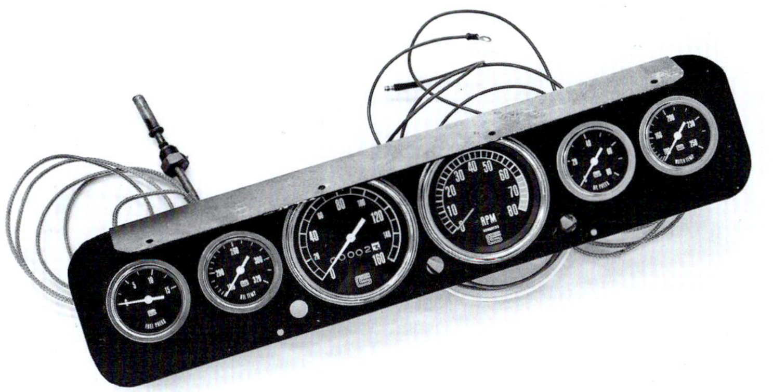

Das Werksfoto zeigt die vollständige R-Instrumenteneinheit. Sie wurde anstelle der Mustang-Einheit eingebaut und birgt eine komplette Auswahl von Stewart-Warner-Uhren mit „CS"-Logo.

In drei Chargen werden insgesamt 36 R-Modelle gebaut. Zwei Autos gelten als Prototypen und 34 als Serienwagen, die für Kunden gebaut werden. Die R-Modelle kosten 5995 Dollar, rund 1500 mehr als die GT350-Straßenversion. Eine kurze Lektion zur Identifizierung der Seriennummern: Das fünfte Zeichen der Fahrzeug-Identifikationsnummer (FIN) ist bei den normalen GT350 ein „S" für „street", bei den R-Modellen ein „R" für „race car". Dem „R" folgt die laufende Produktionsnummer. Es werden 562 Autos aller Varianten gebaut, also reichen die fortlaufenden Produktionsnummern von 001 bis 562.

Nummer eins der 15 ersten für Kunden gefertigten R-Modelle ist SFM5R094. Der Wagen wird am 10. April 1965 an Tom Yeager aus Marion, Ohio, ausgeliefert. Das letzte Auto der ersten Charge, SFM5R108, wird am 22. September 1965 an den texanischen Ford-Händler Gene Hammond geliefert und an Bill Steele verkauft.

Es folgt die zweite Charge der R-Modelle. Sie tragen die Fahrgestellnummern 5R209 bis 5R213, es sind also insgesamt fünf Autos. Die dritte und letzte Charge umfasst 14 Fahrzeuge, die bis auf eins alle nach Januar 1966 ausgeliefert werden. Da sie so spät im Modelljahr 1965 gebaut werden, haben die Autos der dritten Charge bereits den 1966er GT350-Kühlergrill und aufgeklebte Seitenstreifen. Zu diesem Zeitpunkt lässt das Interesse an dem Auto bereits nach, denn für 6000 Dollar gibt es mittlerweile auch moderneres Gerät. So kommt es, dass 5R533, das letzte R-Modell, das Shelby American verkauft, erst am 31. März 1967 ausgeliefert wird – als fast zwei Jahre alter „übriggebliebener" funkelnagelneuer Rennwagen.

Zweifellos verdankt Shelby seinen Erfolg zum großen Teil den 1965er R-Modellen. Obwohl es nur 36 Autos gibt, von denen die meisten von privaten Rennteams eingesetzt werden, sind die Autos so gut, so zuverlässig und genießen derart phänomenale Unterstützung von Shelby,

Verfolgungsfahrt mit Kamerawagen. Das Team in der Cobra hat offenbar gut zu tun, am schnellen R-Modell dranzubleiben.

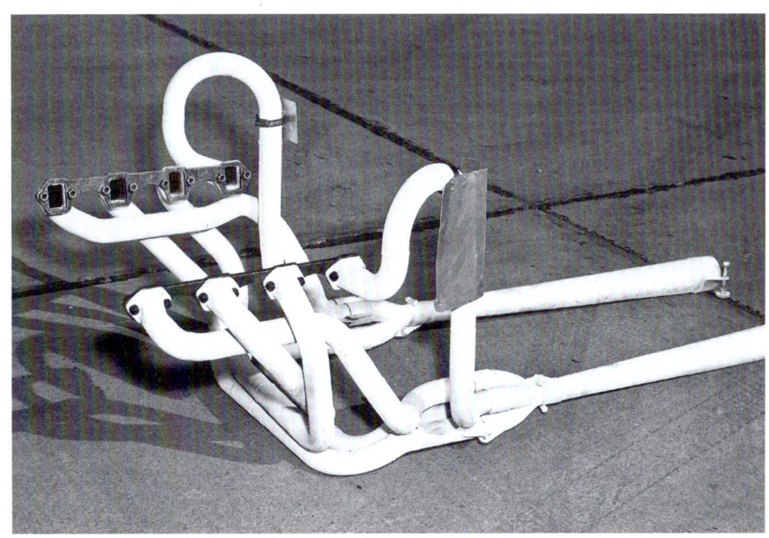

Angeblich wurden nur zwei Sätze dieser verrückten 180-Grad-Krümmer gefertigt, die für serienmäßige R-Modelle vorgesehen waren. Man beachte die Hitzeschilde und die Megaphone.

Oben: Das ist R533, das letzte je verkaufte R-Modell. Es wird erst Ende 1967 als fast zwei Jahre alter Neuwagen an den Mann gebracht. Der Wagen gehört der Ford-Vertretung Brown Brothers im kanadischen Vancouver. Gefahren wird er von „Terrible" Tommy Hamilton, der für den Autohändler ins Rennen geht. Hamilton ist sehr ehrgeizig und scharf auf die Preisgelder, also geht er mit R533 gleich in mehreren Klassen an den Start, oft an ein und demselben Wochenende, um so viele Rennen wie möglich zu gewinnen. Tommy tritt mit dem Mustang gegen alles an, vom Sportwagen bis zum Can-Am-Auto. Deshalb und wegen seines unglaublich talentierten Fahrers gewinnt R533 tatsächlich mehr Rennen als jedes andere R-Modell. *Scott Niedermaier*

Unten: Bob Johnson beim spektakulären Juni-Sprint 1965 in Road America. R102 ist ein „inoffizieller" Werkswagen, den Shelby Johnson ausleiht, während das Fahrzeug im Bestandsverzeichnis als „auf Kommission" geführt ist. Der aus Columbus stammende „Ohio" Bob Johnson lackiert R102 in den Farben seines Bundesstaates, Grau und Scharlachrot. Er hat sich mit „Gentleman" Tom Payne aus Michigan verabredet, dass der sein R-Modell R099 ebenfalls in den Staats-Farben, in seinem Falle Blau und Gelb, lackieren soll. Payne macht das nicht, und sobald Shelby von Johnsons eigenmächtig vorgenommenem Styling im „Ohio-Look" Wind bekommt, weist er ihn an, den Wagen sofort wieder weiß zu lackieren und mit blauen Streifen zu versehen! So kommt es, dass „Ohio" Bob nur sechsmal in Grau und Rot ins Rennen geht.

Oben links: Tom Yeager ist erster Besitzer des ersten serienmäßigen R-Modells. Hier sieht man ihn 1965 am Steuer von R094.

Oben rechts: Das Fahrzeug mit der Nummer 5R107 kann mit einer der beeindruckendsten Renngeschichten aller R-Modelle aufwarten. Das Auto wird am 7. September 1965 von Ford Advanced Vehicles (FAV) in England als Neuwagen gekauft und an seinen ersten Besitzer Jochen Neerpasch aus Deutschland verkauft. Neerpasch ist ehemaliger Fahrer des Cobra-Werksteams und jetzt im Team von Alan Mann. Mit R107 will er sein eigenes Rennteam gründen. Wie Bob Johnsons R102 ist R107 ein sehr bekannter Rennwagen, der von Shelby und von FAV unterstützt wird, obwohl es sich nicht um einen offiziellen Werkswagen handelt. Dieses unglaubliche Stück Shelby-Geschichte hat überlebt und wird in den 1980ern hinter einer Tankstelle in Deutschland wiederentdeckt. Der Wagen geht in die USA zurück und wird perfekt restauriert. *David Newhardt*

R106 ist 1969 immer noch konkurrenzfähig, hier in einem besonders heißen Rennen auf dem Blackhawk Farms Raceway in Illinois. Der vom Klimaanlagen-Hersteller Carrier gesponserte Dick Jordan behält einen kühlen Kopf, weil er seine eigene Klimaanlage hat: dicke Flexschläuche, mit Klebeband befestigt, leiten den Fahrtwind direkt auf den Fahrer.

Dick Jordan beim allerersten Rennen von R106 im September 1965 in Road America. Er wird von Jack Loftus Ford gesponsert und ist ein unerschütterlicher Fahrer, wie das Foto beweist. Trotz sintflutartigen Regens gibt Jordan Vollgas. Dass er wirklich schnell fährt, ist an der vom Auftrieb angehobenen Wagenschnauze und an der Motorhaube zu erkennen, die sich nach oben wölbt.

Dick Jordan fährt R106 viele Jahre lang. In diesem Rennen im August 1967 auf dem Wilmot Hills Raceway in Wilmot, Wisconsin, ist der Wagen blau lackiert, trägt Hutzen an den Flanken und kleine Plexiglas-Seitenfenster im 1966er Stil.

R106 gehört tatsächlich zu den bunteren R-Modellen. Die meisten Autos werden von Privatfahrern eingesetzt und tragen oft nicht mehr als Startnummern aus schwarzem Isolierband und ein paar Aufkleber von Öl- oder Zubehörfirmen. *Kevin May*

5R107 beim 1000-Kilometer-Rennen auf dem Nürburgring 1967 auf dem Weg zum GT-Klassensieg und zum 19. Platz in der Gesamtwertung. Neerpaschs Mannschaft hat die Frontschürze nach einem Unfall zu Anfang der Saison geflickt und die Le-Mans-Streifen weggelassen. Für derartigen Schnickschnack bleibt keine Zeit. *Ronald S. Krolick*

dass sie nachhaltig Eindruck machen. Es gibt nicht viele andere Autos, die ähnlich tiefe Spuren hinterlassen.

Schnell erkennen die Sammler die Bedeutung und den Wert der R-Modelle. Kaum dass die Autos Anfang der 1970er Jahre langsam ins Hintertreffen geraten, werden aus alten Rennwagen bereits begehrte Sammlerstücke. Heute gibt es noch immer 28 der 36 originalen R-Modelle. Natürlich gibt es gute und schlechter erhaltene, aber was bei einem Rennwagen zählt, sind Geschichte und Originalität. Nur wenige R-Modelle überstehen die Rennen ohne mehr oder weniger ernsthafte Blessuren. Ein Auto mit interessanter Renngeschichte zu finden, das noch den größten Teil seiner Originalteile hat, ist eine echte Herausforderung. Für gute R-Modelle werden mittlerweile astronomische Summen bezahlt, aber meines Erachtens sind sie es auch wert. Sie besitzen unumstritten einigen historischen Wert, es gibt nur sehr wenige und sie sind nicht nur für die Fans von Muscle-Cars, sondern auch für Sportwagenfans extrem attraktiv. Der GT350 R hat das Zeug, auch in Zukunft ebenso begehrt zu bleiben wie die berühmtesten Grand-Prix-Fahrzeuge aus der Vorkriegszeit.

Obwohl der linke vordere Stoßdämpfer durch den Dom gebrochen ist, bleibt Jochen Neerpasch 1967 in Hockenheim im Cockpit von R107 ruhig und konzentriert. Auch in diesem Rennen gewinnt er die GT-Klasse. *Ronald S. Krolick*

Spektakulär sieht es aus, wenn ein GT350 R am Limit gefahren wird. Man beachte die erstaunlich geringe Seitenneigung von R107 bei vollem Tempo – im gekonnten Drift über alle Viere, wie er für die Shelby-Mustangs im Rennen charakteristisch ist, geht es 1967 in Wunstorf einem weiteren Sieg entgegen. *Ronald S. Krolick*

Die Autos

Die Fahrgestellnummern, die Erstbesitzer und der aktuelle Status

5R001	Shelby Werkswagen – Jerry Titus	bekannt
5R002	Shelby Werkswagen – Jerry Titus/ Ken Miles	bekannt
5R094	Tom Yeager	bekannt
5R095	Ben Warren	bekannt
5R096	Kanada/Comstock Racing/ Eppie Wietzes	bekannt
5R097	Schweiz	Berichten zufolge zerstört
5R098	Ned Owen	bekannt
5R099	Edward Fuchs	zerstört
5R100	Martin Krinner	bekannt
5R101	Dean Gregson	bekannt
5R102	Bob Johnson	bekannt
5R103	Walt Hane	bekannt
5R104	Mack Yates	bekannt
5R105	Mark Donohue/Macomb Starr	bekannt
5R106	Richard Jordan	bekannt
5R107	Deutschland/Jochen Neerpasch	bekannt
5R108	Gene Hamon Ford/Bill Steele	bekannt
5R209	Schweiz/Peter Schetty	unbekannt
5R210	Brad Brooker	zerstört
5R211	Peru/Luis Alavarado	unbekannt
5R212	Michael Reina	bekannt
5R213	Peru/Julio Martinetti	bekannt
5R527	Richard Gamboni/Clint White	zerstört
5R528	Robert Acton	bekannt
5R529	Unbekannt	vermutlich verloren/ unbekannt
5R530	Peru/Antonio Musiris	bekannt
5R531	William Stroh	bekannt
5R532	James Sypherd	bekannt
5R533	Kanada/Brown Brothers Ford	bekannt
5R534	Jonathan Ponter	bekannt
5R535	Peru/Pity Block	bekannt
5R536	David Pabst	bekannt
5R537	1967er GT500-Prototyp	bekannt
5R538	Roger West	bekannt
5R539	Belgien/Claude DuBois	bekannt
5R540	Peru/unbekannt	vermutlich verloren/ unbekannt

Gesamt: 36
Stand 2008: 8 zerstört/unbekannt; 28 bekannt

Die phantastische Uhrensammlung in R107. Alle Instrumente tragen das CS-Logo. David *Newhardt*

Der „feuerfeste“ Innenraum, mit dem Shelby American in den Unterlagen für das R-Modell wirbt. Stimmt, da ist nicht viel drin, das brennen könnte. *David Newhardt*

Einen Langstrecken-Tank schaffen Shelbys Leute, indem sie die oberen Hälften zweier Mustang-Benzintanks abschneiden und die Unterteile miteinander verschweißen. Einen großen Schnellverschluss drauf und einen Alu-Trichter drumherum – fertig ist die ebenso simple wie effektive R-Lösung. *David Newhardt*

Der Motorraum von 5R533. Unter den ganzen R-Komponenten, etwa dem speziellen Press-blech-Ventildeckel mit langen Einfüllstutzen und Entlüfterdeckeln, dem aus Aluminium gedrehten Vergaser-„Hut“, der frische Luft aus der Haubenhutze bezieht, und dem großen Ölkühler, findet sich ein bestens beatmeter 289er-K-Code-Motor. *David Newhardt*

16

WELCOME TO THE STRIP AT LAS VEGAS MOTOR SPEEDWAY
HI-PERFORMANCE
MOTORS
LOS ANGELES, CALIF.
AHRA RECORD HOLDER
289
CU. IN.
Performer
G.T. 350

Werks-Drag-Cars (1965/1966)

Mit nur acht gebauten Autos sind die kaum bekannten 1965er und 1966er Shelby GT350 Drag-Cars die seltensten vom Werk gebauten Shelby-Mustang-Rennwagen.

Ähnlich wie bei der Cobra „Dragonsnake“ geht der Bau des GT350 Drag-Cars auf eine Initiative der Mitarbeiter von Shelby American zurück, die es zum Drag Racing drängt. Shelby American ist 1965 immer noch ein kleiner Autohersteller, und der Großteil seines talentierten Teams ist ein Haufen südkalifornischer Hot-Rodder. Diese Jungs sind damit großgeworden, an Hot-Rods und Dragstern herumzuschrauben, und nicht mit Rundstreckenrennen oder gar der Formel 1.

Don McCain, Drag-Racer und Shelby-Vertreter, glaubt, dass der GT350 ein konkurrenzfähiges Auto für die NHRA-Rennen abgebe. McCain erzählt Max Muhleman, Shelbys PR-Direktor, von dieser Idee, der ebenfalls glaubt, dass ein neuer, fürs Drag-Racing konzipierter GT350 gut für weitere Publicity wäre. Man stellt McCain einen GT350 fürs Drag-Racing zur Verfügung – mit der Bedingung, dass er den Wagen selbst präpariert und die Rennerei in seiner Freizeit stattfindet. Zwei Kollegen unterstützen McCain, es werden Sponsoren geworben, und dann geht es los.

Die NHRA fordert besondere Sicherheitsvorkehrungen und genehmigt die Veränderungen, die McCain und sein Team umsetzen möchten, um den GT350 konkurrenzfähig zu machen. Les Ritchey von Performance Associates, einem bekannten Rennwagenbauer aus Glendora, Kalifornien, wird ausgewählt, um den GT350 zu dem zu machen, was er später den GT350-„Performer“ nennt. Zahlreiche Verbesserungen werden vorgenommen. So wird der Motor zerlegt und alle beweglichen Teile feingewuchtet. Dazu kommen spezielle Auspuffkrümmer, und anstelle des Alu-Teils wird eine Grauguss-Getriebeglocke aus der Cobra eingebaut.

Die Mannschaft montiert vorne 90/10- und hinten 50/50-Cure-Ride-Spezialstoßdämpfer fürs Drag-Racing und installiert ein 4,86:1-Differenzial. Das originale Borg-Warner T-10-Getriebe erhält spezielle Drag-Racing-Synchronringe für schnelleres Schalten. Ein Hurst-Competition-Plus-Schalthebel wird eingebaut. Ein Satz 8x15x8-Zoll starke Casler-Spraling-Slicks soll die Kraft auf den Asphalt bringen. Weitere Änderungen sind ein eindrucksvoller angeschweißter Querträger im Heck mit einstellbaren Lift-Bars sowie ein Kardanwellen-Hoop – ein stählernes Fangband, dass die Kardanwelle davon abhalten soll, den Fahrer zu erschlagen,

Linke Seite: Ein glänzender Auftritt für 6S011.

Unten links: Mit 5S360 stellt das Team von Don McCain 1965 einen Rekord in der Klasse „B/Sports“ auf.

Unten rechts: Der erste von vier 1966er-Drag-Cars, 6S011.

Die „Drag-Units“

In den Jahren 1965 und 1966 werden jeweils vier GT350-Drag-Cars gebaut. Bei so wenigen Fahrzeugen lohnt es sich, sie einzeln aufzulisten und ihre Geschichte kurz zu erzählen. Den größten Teil der folgenden Informationen verdanken wir dem Register des Shelby American Automobile Club.

1965er

SFM5S207, ursprünglich am 25. August 1965 an Downtown Motors in Sacramento, Kalifornien, geliefert, kommt am 10. September zu Shelby zurück und geht am 17. September weiter zu Performance Associates, wo der Wagen nach den Wünschen des Händlers Webster Ford Sales umgebaut wird. Das Fahrzeug wird am 30. Dezember 1965 an Webster ausgeliefert. Nummer 207 wurde inzwischen restauriert und befindet sich heute in Washington.

SFM5S327 wird am 26. August 1965 für den Umbau an Performance Associates verschickt und geht am 14. Oktober an das Honolulu Auto Center auf Hawaii. Ein gewisser Harry Ludwig kauft das Fahrzeug, dessen Foto im September 2000 in der Zeitschrift *Mustang Illustrated* abgedruckt wird.

SFM5S351 geht am 17. Juni 1965 zu Performance Associates. Ursprünglich soll Don McCain den Wagen plus Werksunterstützung erhalten. Dann aber bekommt am 10. August George May Ford in Lorain, Ohio, das Auto. Es wird schwarz lackiert, mit weißen Streifen verziert und eingesetzt. 1998 soll es versteigert werden, kommt aber nicht unter den Hammer und bleibt in Ohio.

SFM5S360 trifft am 8. Juli 1965 bei Performance Associates ein. Am 31. August wird es an die Vertretung Mel Burns Ford in Long Beach, Kalifornien, geliefert, nachdem Don McCain damit am 1. August beim Rennen auf dem Lions Drag Strip in Long Beach angetreten ist. Am 5. September stellt McCain einen neuen Rekord in der Klasse B/Sports auf, als er auf dem San Fernando Raceway in Kalifornien die Viertelmeile in 12,93 Sekunden zurücklegt und auf ein Tempo von 172 Stundenkilometern kommt. Über den Verbleib des Autos ist schon seit vielen Jahren nichts mehr bekannt.

1966er

SFM6S011 wird am 28. Oktober 1965 an Hi-Performance Motors in El Segundo, Kalifornien, geliefert und am 1. April 1966 – umgebaut zum Drag-Car – an die Firma John Grappone in Concord, New Hampshire, verkauft. Der Wagen geht am 1. Mai ohne Le-Mans-Streifen an Fuller Ford in Cincinnati, Ohio. Fuller bringt die Streifen nachträglich an. Laut Ron Kaeser, 1966 Verkaufsleiter bei Fuller Ford, haben er und der Service-Leiter viel zu viel Spaß mit dem Auto, um es zu verkaufen. Nach erstaunlichen 16 Monaten kommt ihnen der Geschäftsführer auf die Schliche und ordnet an, dass Nummer 11 als unverkauftes Fahrzeug an Shelby zurückgeht. Shelby schickt den Wagen im August 1967 an Hi-Performance Motors zurück, wo er schließlich verkauft wird. Die damaligen Besitzer sind nicht bekannt. Das Fahrzeug wird 1990 restauriert, gelangt später in den Besitz von Jim Ferron und gewinnt im Juli 1996 die Competition Class beim SAAC-21-Treffen. Später geht das Auto an einen neuen Besitzer in Kalifornien, dem der Autor es 2004 abkauft. Noch später wird SFM6S011 an den Sammler Les Quam aus Las Vegas veräußert. Quam nutzt seine Beziehungen zu Shelby Automobiles in Las Vegas, um Nummer 11 im Jahr 2006 einen von Shelby gebauten frischen Motor einzubauen und das Fahrzeug exakt so präparieren zu lassen, wie es 1966 ausgesehen hat. 2007 verkauft Quam Nummer 11 an Richard Ellis aus Illinois, wo sie jetzt neben dessen 1967er GT500 Super Snake und dem 1965er GT350 R Nummer 533 steht.

SFM6S018 ist ein Werkswagen, den Performance Associates umbaut, und der dann am 21. Juni 1966 an City Motors nach National City, Kalifornien, geht. Der Verbleib ist unbekannt.

SFM6S021 geht am 25. Oktober 1965 zu Hi-Performance Motors, wird dort aber noch nicht zum Dragster umgebaut. Er wird nicht verkauft. Erst Performance Associates baut ihn zum Werks-Drag-Car um. Am 21. Juni 1966 geht er an die Marshall Motor Company in Mayfield Heights, Ohio. Am 31. August 1967 wird er an Al Grillo Ford in Lynn, Massachusetts, ausgeliefert. Irgendwann wird Nummer 21 zusammen mit dem 1965er R-Modell Nummer 5R096 gegen eine 289er Cobra eingetauscht. Das Auto steht heute in Texas.

SFM6S182 ist ein von Performance Associates vorbereiteter Werkswagen. Nachdem Arden „Biff“ Wood von Sullivan Ford Sales in Bangor, Maine, das Fahrzeug bestellt hat, wird es am 29. April 1966 ausgeliefert. Im September 1967 geht es weiter zu Whaling City Ford in New London, Connecticut. William Wadsworth aus New York kauft den Wagen am 11. September 1967. Zwei Tage später wird Nummer 182 in einen leichten Unfall verwickelt. Der Wagen fängt jedoch Feuer und wird total zerstört. Die Überreste landen noch im gleichen Jahr auf der Müllkippe. Wie Howard Pardee vom SAAC es ausdrückt, ist die aktuelle Besitzerin Mutter Erde.

Noch ein paar interessante Fakten

- Obwohl Shelby ein veritabler Marketing-Künstler ist und immer schnell einen griffigen Namen für seine Autos findet, bleiben die GT350-Drag-Cars namenlos. Die Cobra-Drag-Cars sind die „Dragonsnakes“ und der spätere 1967er GT500 mit GT40-Motor die „Super Snake“. Auch „Slalom Snake“ und „King Cobra“ sind bekannt. Man kann nur spekulieren, dass die Drag-Units, die ja auf Don McCains Mist gewachsen und nicht Shelbys Babies sind, eher als Nachmittagsbeschäftigung für Shelbys Zöglinge und nicht als offizielles Shelby-Projekt gelten.

- Um den Preis überschaubar zu halten, gehört zum Drag-Basispaket der GT350-Standardmotor. Natürlich sind Rennmotoren aller Leistungsstufen erhältlich, aber die Drag-Racer sind ein praktisch veranlagtes Völkchen, das seine Motoren gerne selbst aufbaut. So erfährt die Konkurrenz auch nichts von den individuellen „heißen Tricks“, von denen sie sich einen Vorteil versprechen.

- Im Kofferraum frisch ausgelieferter Drag-Mustangs liegen außerdem das besonders stabile Cobra-Getriebegehäuse sowie Drag-Racing-Kupplung und -Schwungrad. Man geht schließlich davon aus, dass der Besitzer den Motor ohnehin ausbaut, um ihn fit zu machen, bevor er auf die Viertelmeile geht. Es hat also wenig Sinn, Geld für den Einbau von Teilen zu verschwenden, die sowieso gleich wieder herausgenommen werden.

- Erster offizieller Werkswagen wird das zweite Fahrzeug der Mini-Serie. Das erste geht gleich nach der Fertigstellung an den Fordhändler George May in Ohio. Der hat offenbar derart laut gebettelt, dass man ihm so schnell wie möglich das erste Auto vor die Tür stellt.

- Der zweite Wagen, Nummer 5S360, wird der Werkswagen. Don McCain stellt damit im September 1965 einen Rekord in der Klasse B/Sports auf, als er auf der Viertelmeile mit 12,93 Sekunden gestoppt wird.

- Die Auswahl der Autos, die zu Drag-Units umgebaut werden, folgt keiner bestimmten Regel. Sie werden auf Bestellung gebaut. Bei Ordereingang wird willkürlich ein fertiger Wagen aus dem Bestand gezogen und für den Umbau an Performance Associates geschickt. Es gibt keine Hinweise in den Seriennummern, und sie werden auch nicht in speziellen Chargen gebaut. Diese acht Einheiten ließen sich nur ermitteln, weil man beim SAAC die originalen Bestell- und Verkaufsunterlagen durchgesehen hat.

wenn sie unter Volllast abscheren sollte. Die superleichte Fiberglas-Motorhaube trägt eine voluminöse Lufthutze mit dem Aussehen eines der in den ländlichen USA üblichen Briefkästen und wird von der Firma Berry Plastic Glass geliefert. Insgesamt stellt Performance Associates rund 1500 Dollar für diese Überarbeitung in Rechnung.

Von sechs der acht Drag-Werkswagen ist bekannt oder wird zumindest vermutet, dass es sie noch gibt. Es ist kein Geheimnis, dass die 1965er und 1966er GT350-Fahrzeuge eher Straßenrenn- und Sportwagen sind, ihre Qualitäten als Drag-Cars sind weniger berühmt. Obwohl Shelby versucht, in jedem Bereich des Motorsports aktiv zu sein, sind die Drag-Strips kaum der Ort, wo die frühen GT350 reüssieren. So ist die Erfolgsgeschichte des GT350-Dragsters eine kurze, auch wenn der Wagen nicht schlecht und sogar für Rekorde gut ist.

Dragster sind nie für dezente Hutzen berühmt geworden. Obwohl sie sehr zweckmäßig sind, entsprechen die Briefkasten-großen der acht GT350er-Drag-Units so gar nicht dem Bild, das Designer Peter Brock sich für die Shelby-mäßige Überarbeitung eines Mustangs vorgestellt hat.

17

GT350 (1966)

Ende 1965 hat Shelby American sich vom kleinen Autobauer, der Hochleistungsfahrzeuge in kleiner Stückzahl produziert, in rasanter Geschwindigkeit zum vollwertigen Hersteller entwickelt. Das hängt natürlich mit Shelbys Zusammenarbeit mit Ford zusammen sowie mit der weiteren Entwicklung des neuen GT350. Obwohl 1965 nur 562 dieser Fahrzeuge gebaut werden, verfolgen sowohl Ford als auch Shelby am Ende des Modelljahres ehrgeizige Pläne für 1966.

Die Nachfrage nach dem neuen Shelby GT350 ist groß, und das Image als leistungsstarkes Auto fördert ganz klar den Absatz. Natürlich muss Shelby zunächst einmal das eine oder andere Problem lösen, wenn er mehr Autos bauen und somit auch verkaufen will. Der Aufbau des 1965er GT350 ist sehr aufwändig. Die Modifikationen am Fahrwerk und an der Kraftübertragung sind äußerst zeitraubend.

Es zeigt sich zudem, dass sich viele Käufer vier Sitze wünschen und noch ein paar Dinge, die man in einem Personenwagen erwartet, dazu einen etwas weniger vernehmlichen Auspuff und ein Differenzial, das in den Kurven nicht so klingt, als schmettere eine Abrissbirne gegen die Hinterachse. Außerdem hätten sie es ganz gern, wenn ihr neuer teurer Sportwagen, nun, auch etwas teurer aussieht als ein ganz normaler weißer Mustang.

Shelby reagiert darauf und nimmt größere Änderungen am 1966er Jahrgang vor. Damit der GT350 ein einzigartiges Erscheinungsbild bekommt, lässt er anstelle der seitlichen Lüftungsschlitze Plexiglas-Fenster einsetzen. In den hinteren Seitenteilen werden vor den Radhäusern Hutzen installiert, die über drei Zoll starke Schläuche die Bremsen mit Kühlluft versorgen. Das Auto bekommt einen neuen querverrippten Kühlergrill. Die beim normalen Mustang schwarzlackierten Rippen sind beim Shelby poliert.

Erneut entfällt der mittige „Corral" um den galoppierenden Mustang. Statt mit dem Mustang-Logo wird der Tankdeckel mit dem Schriftzug „GT350" versehen. Und nach der ersten Charge von 252 Stück ist der Wagen in vier weiteren Farben erhältlich: Sapphire Blue, Ivy Green, Candy Apple Red und Raven Black. Wie beim 1965er Modell gehören die seitlichen Streifen (sie werden jetzt nicht mehr auflackiert, sondern aufgeklebt) zur Standardausstattung, obwohl sie im Modelljahr 1966 etwas kleiner sind. Die Le-Mans-Streifen gibt es weiter auf Wunsch. Bei den Fahrzeugen in Wimbledon White sind Seiten- und Le-Mans-Streifen blau, bei den übrigen glänzend weiß. Das 1966er-Standardrad ist eine grau lackierte 14x6-Zoll Magnum-500-Stahlfelge. Es gibt sie auf Wunsch auch verchromt. Dazu wird eine neue 14x6,75-Zoll Shelby-Leichtmetallfelge mit zehn Speichen angeboten.

Im Innenraum kommt der Neue weniger individuell daher. Die Instrumenteneinheit ist die des Mustang GT mit Ford-Anzeigen für Öldruck, Wassertemperatur und Benzinstand sowie einem Amperemeter. Shelbys Uhrenhutze auf der Mitte des Armaturenbrettes weicht einem Sockel mit einem „Cobra"-Drehzahlmesser, der bis 9000 Touren anzeigt. Die Firma Faria stellt ihn für Shelby her. Das alte Shelby-Holzlenkrad wird durch das tiefgeschüsselte Dreispeichen-Kunststofflenkrad des Mustang GT ersetzt. Auf der Nabenkappe, die jetzt wieder die Huptaste ist, prangt das „GT350"-Logo.

Die umlegbare Rücksitzbank kostet bei Shelby extra, aber weniger als 100 Autos werden ohne verkauft. Die wichtigen Veränderungen sind hingegen von außen nicht sichtbar. Manche werden nur vorgenommen, um Zeit und Geld bei der Produktion zu sparen, andere sollen den GT350 benutzerfreundlicher machen. Die Tieferlegung der Traghebel wird kurz nach Beginn der Produktion ausgemustert, fortan sind Bodenfreiheit und Geometrie die des normalen Mustang.

Etwa zur gleichen Zeit werden die an der Oberseite der Hinterachse angeschweißten Traction-Bars

6S2322 ist eins von nur 28 nicht für Hertz bestimmten Autos, die das Werk in der Lackierung „Raven Black" verlassen, und eins von nur ganz wenigen, die bereits im Werk mit Le-Mans-Streifen ausgestattet werden. Es ist verblüffend, wie finster das Auto in Schwarz aussieht, während die typischen hellen Farben es wesentlich sportlicher wirken lassen. *David Newhardt*

Diese Werbung von 1966 preist die Möglichkeit, mit dem neuen GT350 in 5,7 Sekunden von 0 auf 60 Meilen pro Stunde zu beschleunigen – oder es mit der neuen 427er Straßen-Cobra in 13,8 Sekunden von Null auf 100 Meilen pro Stunde und wieder auf Null zu schaffen.

durch unten angeschraubte ersetzt, was jede Menge Arbeit und außerdem den Einsatz der Fangseile überflüssig macht. Das Detroit-Locker-Differenzial wird zur Sonderausstattung, die der Händler einbaut. Standardausrüstung ist ein nettes leises Sperrdifferenzial von Ford namens Traction-Lok. Shelbys Motormodifizierungen bleiben dieselben wie 1965, aber die tri-Y-Auspuffkrümmer münden jetzt in die serienmäßige zweiflutige Anlage von Ford mit Endrohren am Heck. Standard bleibt das Borg-Warner-T-10-Vierganggetriebe, bei den frühen Autos hat es ein Aluminium-Gehäuse. Zur Freude vieler Fahrer, die nicht selbst im Getriebe rühren möchten, wird nun Fords C4-Automatik angeboten. Fahrzeuge mit Automatikgetriebe haben 3,5:1-Hinterachsen.

All diese Maßnahmen und die Vereinfachung der Produktion führen zu einem weiteren entscheidenden Vorteil: Der 1966er GT350 wird zu einem Basispreis von 4428 Dollar angeboten, er ist also um 119 Dollar günstiger als die 1965er Version.

Eine sehr selten georderte Option ist der Paxton-Kompressor. Er versorgt den Autolite-4100-Vierfachvergaser mit 0,35 bar Ladedruck und steigert die Leistung angeblich um 46 Prozent. Dieser Sonderwunsch ist mit fast 700 US-Dollar recht teuer, es werden nur elf mit Paxton-Kompressor ausgerüstete Fahrzeuge ausgeliefert. Der Kompressor lässt sich allerdings leicht nachrüsten, und so entscheiden sich im Nachhinein noch einige Besitzer für den Einbau. Immerhin erhält der ohnehin

Ein PR-Foto, das Shelbys 1966er „Straßenwagen" zeigt: den GT350, den GT40 und die 427er-Cobra.

Ein einsamer 1966er GT350 parkt vor dem LAX-Werk von Shelby American. Vielleicht benutzt Ol' Shel' ihn als Vorführwagen.

schon ziemlich potente 289er so noch ein beeindruckendes Leistungsplus im unteren Drehzahlbereich.

Zu den weiteren beim Händler einzubauenden Optionen gehören Klimaanlage, Radio, verschiedene Hinterachs-Übersetzungen, das Holzlenkrad des 1965er Jahrgangs (das 1967 in die Serie zurückkehrt), und alle übrigen Mustang-Ausstattungen, die der Shelby-Kunde sich wünschen mag.

1966 beginnt zudem die Verbindung mit der Autovermietung Hertz, die in den legendären 1001 Hochleistungs-Leihwagen gipfelt, den „GT350 Hertz" oder „GT350 H". Hertz betreibt seit Jahren den „Hertz Sports Car Club", der guten Kunden, die mindestens 25 Jahre alt sein müssen, eine Auswahl leistungsstarker Autos bietet. Die Mitglieder erhalten spezielle Hertz-Mitgliedskarten und müssen einen Fahrtest bestehen.

Bei Hertz werden offensichtlich die richtigen Leute auf Shelbys 1965er GT350 aufmerksam. Im September kommen die Verantwortlichen auf Shelby American zu und besprechen die Option eines speziell für Hertz präparierten GT350, natürlich in den Firmenfarben Schwarz und Gold. Shelby stimmt zu und liefert dem Mietauto-Riesen einen Testwagen. Der hat ein Vierganggetriebe, was Hertz nicht gefällt. Das

Oben: Ein Blick in die hintere Seitenpartie eines frühen 1966er GT350. Der Schlauch dient zur Kühlung der Bremsen, der Fiberglas-Kasten darunter birgt die nur in den frühen 1966er-Fahrzeugen oberhalb der Achse montierten Traction-Bars. Man beachte die Präzisionsarbeit, mit der die Lüftungsschlitze für den Einbau der hinteren Seitenfenster entfernt wurden. Na gut, sie wurden mit dem Meißel herausgeschlagen, aber das wird alles noch kaschiert.

Oben: Statt mit dem standardmäßigen Holley-„Le Mans"-Vergaser sind die Hertz-Autos und alle GT350 mit Automatikgetriebe mit diesem Autolite-4100-Vergaser ausgestattet, der Alltagstauglichkeit und Laufleistung verbessern soll. Außerdem erweist sich der Autolite-Vergaser als weniger anfällig für mechanische Probleme.

Oben: Ein großartiges Foto von den drei 14-Zoll-Felgen, die es 1966 ab Fahrgestell-Nummer 252 für den GT350 gibt. Von links nach rechts: die verchromte Magnum-500-Felge, die Zehn-Speichen-Alufelge und die lackierte Magnum-500-Standardfelge. Alle tragen den nur in jenem Jahr eingesetzten Goodyear-Blue-Streak-Reifen in der Größe 6,95x14 Zoll. Der ist ewig vergriffen, bis er 2008 als Reproduktion wieder auf den Markt kommt.

Oben: Ein Mechaniker legt von unten letzte Hand an einen GT350 mit Automatikgetriebe. Beachten Sie die tri-Y-Krümmer, die Shelby-Ölwanne und die Kühlerleitung des Automatikgetriebes. 1966 wird außerdem eine neue Kraftstoffpumpe ohne den direkt aufgeschraubten Kraftstofffilter verbaut. Der ist jetzt nah am Vergaser montiert, um den Service zu erleichtern.

Links: Ein 1966er mit werkseitig montiertem Paxton-Kompressor. Die Monte-Carlo-Strebe über dem Motor weist eine Biegung auf, um dem Gebläseausgang Platz zu machen.

Ganze vier von 2378 im Jahrgang 1966 gebauten GT350 sind Cabriolets.

So sieht Len Perhams GT350-Cabriolet aus, wenn er an regnerischen Tagen unterwegs ist. Nein das stimmt nicht ganz. So sieht der Wagen aus, wenn das Verdeck geschlossen ist. Es ist außerordentlich unwahrscheinlich, dass Nr. 2377 in den vergangenen Jahren irgendeiner Form von Feuchtigkeit ausgesetzt war.

6S2377 ist das dritte der vier 1966er GT350 Cabriolets. Bob Shane vom Kingston Trio kauft den Neuwagen, der vom Werk mit Vierganggetriebe und Klimaanlage ausgestattet wird. Nachdem dieses Auto sein ganzes Dasein in Kalifornien verbracht hat, wird es Ende der 1980er Jahre von Drew Alcazars Unternehmen „Concours Restorations" gründlich restauriert. Das rote Pony steht heute neben anderen automobilen Vollblütern im Stall von Shelby-Sammler Len Perham.

Unternehmen fordert und erhält einen Prototypen mit Automatik. Zwar bemängelt Hertz ein paar Dinge, vor allem die im kalten Zustand laschen Bremsen, die einen sehr beherzten Tritt aufs Pedal erfordern. Doch allgemein ist das Management der Meinung, dass der GT350 die Hertz-Flotte durchaus bereicherte. Ende Dezember 1965 bestellt Hertz die sensationelle Menge von 1000 GT350 H. Das verdoppelt praktisch die GT350-Produktion für 1965.

Etwa 85 Hertz-Fahrzeuge werden mit Vierganggetriebe geliefert, die restlichen Autos haben Automatik. Alle Fahrzeuge sind standardmäßig mit Mittelwellen-Radio und 14-Zoll-Magnum-500-Felgen ausgestattet. Nicht alle sind in der Farbe „Raven Black“ lackiert, denn Hertz nimmt auch Autos in den Farben Candyapple Red, Ivy Green, Wimbledon White und Sapphire Blue ab, alle mit goldenen Schweller- und Le-Mans-Streifen.

Im Verlauf der Produktion beseitigt Shelby die Probleme, die der Autovermieter bemängelt hat. Das größte stellen die Bremsen dar. Die wenigsten Fahrer sind mit Rennsport-Bremsen vertraut und haben gewisse Anpassungsschwierigkeiten. Im Klartext: Sie bauen vor allem Auffahrunfälle. Schließlich kommen Bremskraftverstärker zum Einsatz sowie für den Straßenverkehr besser geeignete Bremsbeläge. Aufs Armaturenbrett kommt ein Aufkleber, auf dem vor dem schwer zu bedienenden Bremspedal und der schwachen Anfangs-Bremsleistung gewarnt wird.

Wer sich nicht abschrecken lässt, muss auf jeden Fall tief in die Tasche greifen. Hertz verlangt für den GT350 pro Tag 17 Dollar und weitere 17 Cent pro Meile. Man sollte annehmen, dass die Mieter die GT350 nicht immer schonend behandeln – und die Hertz-Mechaniker vielleicht auch nicht –, aber die Autos schlagen sich bemerkenswert gut. Am Ende des Modelljahres 1966 nimmt Hertz sie wieder aus dem Angebot, und die meisten gehen an Shelby American und an Ford zurück, wo sie überholt und als Gebrauchtwagen zum Verkauf angeboten werden.

Und was ist nun die größte Rarität aus dem 1966er-Jahrgang? Der Titel geht an die vier GT350-Cabrios, die Shelby baut, um zu testen, ob sich die Produktion eines offenen Shelby-Mustangs für das Modelljahr 1967 lohnt. Die letzten vier 1966er GT350 sind Cabrios, sie tragen die Seriennummern SFM6S2375 bis SFM6S2378. Zwei haben Automatik-, zwei Vierganggetriebe und alle sind unterschiedlich lackiert: es gibt ein gelbes, ein blaues, ein grünes und ein rotes Cabrio. Ford liefert Standard-Mustang-K-Code-Cabriolets, die Shelby genau nach den Spezifikationen für den Fastback umbaut.

Insgesamt ist das Modelljahr 1966 ein sehr erfolgreiches für Shelby American. Am Ende sind 2378 GT350 produziert, gemessen an den Zahlen von 1965 ist das ein riesiger Sprung nach vorn. Die Produktion wird rationalisiert, und mehr Autos auf den Straßen sorgen dafür, dass potenzielle Käufer Shelby kennenlernen.

Ein Hertz-Auto in der schrillen Farbkombination Sapphire Blue mit goldfarbenen Streifen.

Obwohl 1966 kein Wettbewerbsauto produziert wird, bauen einige Leute ihren GT350 in einen Rennwagen um. 6S151 ist einer der „1965,5“ und hier auf dem Road-America-Kurs in Elkhart Lake, Wisconsin, zu sehen. *Charles Terry*

Die gängigste Farbkombination der GT350 für Hertz: Raven Black mit Hertz-Goldstreifen. So und nicht anders stellt man sich gemeinhin einen Hertz-Shelby vor.

Ein Grau fast wie Grundierung: Die lackierten Magnum-500-Standardfelgen tragen Shelby-Nabenkappen. Die schmalen Schwellerstreifen sind 1966 neu. *David Newhardt*

Die Seriennummern der 1965er und 1966er GT350

Als Hersteller muss Shelby American jedem produzierten Fahrzeug eine Seriennummer zuordnen. Die Cobras erhalten ihre Fahrzeug-Identifizierungsnummern (FIN), bevor sie das Werk in England verlassen. Beim GT350 geht das nicht so einfach. Ford liefert Shelby Mustangs, die bereits Ford-Seriennummern tragen. Shelby American kann die Fahrzeuge aber nicht mit Ford-Nummern verkaufen, und doppelte Nummern führten nur zu unnötiger Verwirrung.

Bei den Mustangs der Modelljahre 1965 und 1966 ist die Ford-FIN in beide Seitenwände im Motorraum eingeschlagen, aber nur auf der Fahrerseite sichtbar, weil sie rechts vom Kotflügel verdeckt wird. Außerdem nennt an der Hinterkante der Fahrertür ein Schild FIN, Produktionsdatum, Farbe, Motor-, Getriebe- und Hinterachs-Typ. Dazu kommt der Vermerk über die Niederlassung, die das Fahrzeug bestellt hat (DSO für „District Service Office"). Shelby entfernt die Türschilder.

Die eingeschlagenen Nummern werden nicht entfernt, sondern mit einem Shelby-FIN-Schild überdeckt. Die Ford-FIN helfen natürlich herauszufinden, ob man einen echten Shelby hat oder nicht. Die Ford-FIN sehen so aus:

5R09K123456 für 1965er-Autos
6R09K123456 für 1966er-Autos

Erklärung:
Erste Stelle: Modelljahr: 5 für 1965, 6 für 1966
Zweite Stelle: Ford-Montagewerk: R für San Jose, Kalifornien, wo alle 1965er und 1966er GT350-Chassis gefertigt werden
Stellen drei und vier: Karosserietyp: 09 für Fastback, 08 für die vier 1966 gebauten Cabriolets
Fünfte Stelle: Motor-Code: K für 289er Hi-Po mit 271 PS (daher „K-Code")
Stellen sechs bis elf: fortlaufende Ford-Produktionsnummer

Wird Ihnen ein 1965er- oder 1966er-GT350 mit einer Ford-FIN angeboten, der das Präfix R09K fehlt, lassen Sie die Finger davon!

Die Shelby-FIN, die auf ein Aluminiumschild gedruckt und mit 1/8-Zoll-Popnieten über der Ford-FIN befestigt ist, liest sich so:

SFM5S123 für 1965er-Modelle
SFM5R123 für 1965er-Rennwagen
SFM6S1234 für 1966er-Modelle

Erklärung:
SFM: steht für Shelby Ford Mustang
Vierte Stelle: 5 für das Modelljahr 1965, 6 für ... ja, Sie wissen schon Bescheid
Fünfte Stelle: S für „street", R für „race" (daher „R-Modell")
Stellen sechs bis acht oder neun: fortlaufende FIN beginnend mit 001 – bis 562 für 1965, bis 2378 für 1966

Rechte Seite oben: Ein Actionfoto von Kurve 3 in Road America 2007. Es beweist, dass die GT350 immer noch zum Rennen taugen. Startnummer 79 ist 5S079, heute im Besitz von Steve Hughes, Startnummer 94 klebt auf 6S094 von Brian Kennedy, der Mustang mit der 12 gehört John Safro, der mit der 51 (6S151) Colin Comer. *Charles Terry*

Dieses Werbefoto von Hertz aus dem Jahre 1966 zeigt eines der vielen schönen Dinge, die Sie mit Ihrem GT350-H-Mietwagen für 17 Dollar am Tag unternehmen können: zum Bootsverleih fahren! *Wieck Media/Ford Motor Company*

Sogar die Straßenversion des GT350 eignet sich gut für die Rennstrecke, was bis heute die Güte des Original-Entwurfs belegt. Hier sehen Sie Ihren ergebenen Autor und seine bessere Hälfte, Cana, mit 6S2322 im Jahr 2008 bei einer Sonderprüfung der Copperstate-1000-Straßenrallye. Man beachte das Lächeln der Beifahrerin. Schnelles Fahren im GT350 macht eindeutig Spaß. *Will Brewster*

Ein Shelby-Halbblut?

Wann ist ein 1966er GT350 in Wahrheit ein 1965er? Wenn es sich um einen der ersten 252 gebauten handelt. Diese erste Charge 1966er-Modelle wird „Changeover" (Umstellung), „Leftover" (Rest) oder „Carryover" (Übertrag) genannt oder auch „1965,5", je nachdem, wen Sie fragen. Auf alle Fälle handelt es sich um ziemlich einzigartige Autos.

Ebenso wie niemand sich auf eine Bezeichnung für diese Fahrzeuge einigen kann, streitet man sich auch über den Grund für ihre Existenz. Offiziell heißt es, dass man bei Shelby American Ende 1965 besorgt ist, dass nicht genug „Spender"-Mustangs kommen und sich die Produktion des neuen 1966er GT350 möglicherweise verzögert. Da das 1966er dem 1965er Modell sehr ähnlich ist, hat Shelby zum Ende des Modelljahres 1965 angeblich eine letzte Bestellung für 250 K-Code-Mustangs aufgegeben, um sie zu ersten 1966er-Modellen umzubauen. Andere behaupten, dass die letztendlich 252 Autos (nicht 250) einfach aus dem Modelljahr 1965 übriggeblieben sind, weil Shelby sie nicht verkaufen konnte oder sie nicht rechtzeitig fertig wurden.

Aber die Umstände von Produktion und Verkauf der Autos stehen hier gar nicht zur Debatte. Shelby nimmt die 1965er Mustangs samt 5R09K-Ford-Seriennummer und baut daraus 252 1966er GT350, die so zu einer interessanten Mischung aus beiden Jahrgängen werden. Mancher ist der Meinung, dass diese Fahrzeuge das Beste aus beiden Modelljahren in sich vereinen.

Vom 1965er GT350 haben die Autos die tiefergelegte Vorderachse, die alten Traction-Bars, silberfarben lackierte 15x6-Zoll-Kelsey-Hayes-Stahlfelgen respektive 15x6-Zoll Shelby-Cragar-Leichtmetallfelgen, Blue-Dot-Reifen sowie die übrige 1965er-Innenausstattung mit glatten Vinylsitzen, Armaturenbrett, rundem Handschuhfachdeckel und Türverkleidungen. Die Motoren sind glänzend schwarz lackiert, nicht in dem Blau, das Ford bei den Motoren der 1966er Fahrzeuge benutzt. Und wie alle 1965er können Sie Ihren GT350 in jeder Farbe haben, solange es Wimbledon White ist.

Dazu kommen die Neuheiten für 1966: Bremsenkühlhutzen in den Flanken, die neue Instrumenten-Einheit und der solo aufs Armaturenbrett montierte Drehzahlmesser, das Mustang-GT-Lenkrad und optionale Rücksitze (obwohl 78 der 252 Fahrzeuge anstelle des Rücksitzes die 1966 eingeführte Ablage haben). Außerdem ragen beim 66er die Endrohre der zweiflutigen Auspuffanlage unter der Heckschürze hervor, die alte Seitenauspuff-Anlage ist passé.

6S246 ist eins der letzten gebauten „Carryover-Cars". Es handelt sich um einen GT350 in der kompletten 1965er Aufmachung, einschließlich der 15-Zoll-Cragar-Felgen. Modelljahr 1966 sind die hinteren Seitenfenster aus Plexiglas, seitliche Bremsen-Kühlhutzen, schmalere aufgeklebte Schwellerstreifen, querverrippter Kühlergrill, Heckauspuff und, natürlich, die neue 1966er „6S"-FIN. *David Newhardt*

Ein weiteres Erkennungsmerkmal der „Carryover-Cars" ist die Farbe des Motors. Während bei der regulären Produktion der 1966er-GT350 in Ford-Blau lackierte Motoren verbaut werden, verlassen die auf 65er-Basis das Werk mit schwarzen Motoren. *David Newhardt*

Auch im Innenraum finden wir eine einzigartige Mischung aus 1965er- und 1966er-Teilen. *David Newhardt*

In der Heckansicht zeigt 6S2322 die Rückfahrscheinwerfer, die an den 1965er GT350 noch fehlen, den neuen Shelby-Tankdeckel und die „turn-down"-Endrohre der Auspuffanlage. *David Newhardt*

Produktionszahlen des 1966er GT350

1966er Prototypen: 2
GT350 Serienstraßenwagen: 1.365
GT350 Paxton-Kompressor-Prototyp: 1
GT350 Hertz-Prototypen: 2
GT350 Hertz-Serienwagen: 999
GT350 Werks-Drag-Cars: 4
GT350 Cabriolets: 4
1966 insgesamt: 2378

Links: Auf dem Armaturenbrett thront der bis 9000 Touren anzeigende Drehzahlmesser von Faria mit verstellbarer „Redline". *David Newhardt*

Gruppe-1- und Gruppe-2-Rennwagen

Wann ist ein Shelby kein Shelby? Wenn es sich um einen von Shelby gebauten Mustang handelt, der als Ford verkauft wird. Das klingt komisch, aber es gibt eine vernünftige Erklärung dafür.

1966 kündigt die SCCA eine nationale Meisterschaft für Limousinen an. Es gibt eine Profi- und eine Amateur-Serie. Tolle Sache. Stimmt, jedenfalls für die Profiserie. Sie heißt Trans-American Sedan Championship, kurz: „Trans-Am“. Diese Serie ist für die Hersteller recht attraktiv, weil das Unternehmen mit den meisten Punkten am Ende der Saison eine Trophäe erhält. Die Punkte werden verteilt, indem die von den einzelnen Herstellern erreichten Plätze aus allen sieben Rennen der Saison 1966 aufaddiert werden. Bei Ford, wo man sich gerade mitten in der „Total Performance“-Ära befindet, wittert man Erfolge.

Ford beauftragt Shelby American mit der Vorbereitung von 1966er Mustang-Coupés für die Trans-Am-Serie. Sie sollen als Fords und nicht als Shelbys gemeldet werden. Wieso Coupés und keine Fastbacks? Nun, die Regeln basieren auf denen der FIA, Anhang J, Gruppe 2, die Autos nach Hubraum einstufen. Die Klasse A/Sedan gilt für Fahrzeuge mit einem Hubraum bis 5 Liter (305 cui) und einem Radstand bis 116 Zoll. Mit seinem Radstand von 108 Zoll und seinem 4,7 Liter (289 cui) großen Motor passt der Mustang perfekt. Allerdings müssen die Autos vier Sitze, die serienmäßige Innenausstattung, Glasfenster und die serienmäßigen Karosseriebleche haben. Der GT350 (und somit die Fastback-Version des Mustangs) ist von der SCCA bereits für die Klasse B/Production homologiert, die die in der Klasse A/Sedan gesperrten Zweisitzer und diverse Modifizierungen zulässt. So wird das Coupé zur Basis für den Trans-Am-Rennwagen.

Shelby macht aus K-Code-Mustang-Coupés Gruppe-2-Rennwagen, indem er die Autos im Grunde zu GT350 R mit vier Sitzen und Stahlblech-Motorhaube macht. Mit rund 5500 Dollar kostet einer etwa das gleiche wie ein R-Modell. Aber letztendlich lohnt sich der Aufwand: Ford gewinnt die Herstellerwertung 1966. Es werden übrigens nur 16 dieser sehr potenten Autos gebaut.

Shelby präpariert auch vier ganz ähnliche Mustang-Coupés für die FIA-Rallyes und -Rennen in Europa. Bei diesen Gruppe-1-Fahrzeugen handelt es sich im Grunde

Le-Mans-Start: Nach dem Startschuss rennen die Fahrer zu ihren Wagen. Ganz links ein Shelby-Gruppe-2-Coupé. Offenbar sind Mustangs und weitere Fords hier die beliebtesten Autos.

James Bonds Nebelwerfer? Oder doch eher ein Problem mit der Technik?

Der zwölfte der 1966er Shelby-Gruppe-2-Wagen. Er wird für den großen Ken Miles gebaut, der tragischerweise bei einer Testfahrt im GT40 J ums Leben kommt, bevor er mit dem Mustang ins Rennen gehen kann. Nummer 12 schreibt bis zum Rückzug aus dem Renngeschäft 1973 eine unglaublich erfolgreiche Renngeschichte. Heute steht das Fahrzeug einwandfrei restauriert und mit den spezifischen 1966er Merkmalen ausgestattet in Texas.

um Straßenversionen des GT350, man nennt sie „Street Rallye Hardtops".

Obwohl diese 1966er Mustang-Coupés der Gruppen 1 und 2 offiziell keine Shelbys sind, stellen sie ein weiteres wichtiges Kapitel in der Unternehmensgeschichte dar.

Links: Unter der Haube finden sich jede Menge Shelby-Standardteile wie beim GT350. Kein Wunder: Die Fahrzeuge der Gruppen 1 und 2 kommen ebenfalls als K-Code-Autos auf die Welt und werden auf ziemlich ähnliche Art und Weise modifiziert.

Nummer 12 verrät hinter der Startnummer die Einstufung in die Klasse A/Sedan (AS). Obwohl es sich um ein Mustang-Coupé handelt, verbirgt sich unter der Karosserie die komplette GT350-Technik. Das Coupé ist aufgrund des vollständigen Interieurs und der kompletten „Straßen"-Ausstattung einschließlich Fensterglases und Karosserieblechen aus Stahl nur ein bisschen schwerer.

Warum etwas verändern, wenn es funktioniert? Der Spezialtank und der spezielle Einfüllstutzen aus dem R-Modell passen ganz wunderbar.

Anders als beim GT350 R-Modell, an dessen Plexiglas-Heckfenster der Lüftungsspalt den Druck vermindert, erhalten die steiler stehenden Rückfenster des Coupés Streben, damit das Plexiglas im Rennen nicht herausfliegt.

Die Regeln fordern für die Klasse A/Sedan die vollständige Innenausstattung, Glasfenster in den Türen, Armaturenbrett und vier Sitze. Mal abgesehen vom Überrollkäfig, den Instrumenten und dem Feuerlöscher sieht der Mustang doch genauso aus wie der, den man Mutter 1966 zum Schulabschluss geschenkt hat.

Im zweiten Produktionsjahr ist das Innere des GT350 mehr Mustang und weniger Shelby. Das teure importierte Echtholz-Lenkrad verschwindet, ebenso der aufwändig zu montierende zentrale Instrumententräger und die Fond-Ablage. *David Newhardt*

Nicht viel Neues gibt es unter der Haube zu sehen, abgesehen davon, dass der Motor nicht mehr schwarz, sondern blau lackiert ist. Kaum zu erkennen ist die zusätzliche Shelby-FIN auf dem Seitenteil zwischen dem Kotflügel auf der Beifahrerseite und dem Dämpferdom. *David Newhardt*

Links: Die optional erhältliche umklappbare Rücksitzbank, mit der fast alle 1966er GT350 ausgeliefert werden. *David Newhardt*

Unten: Ist das die Sorte gemein aussehender Typen, denen man auf einer Straße wie dieser nicht begegnen möchte? *David Newhardt*

18

GT350 und GT500 (1967)

Am Ende des zweiten Jahres, in dem Shelby American Mustangs baut, haben alle Beteiligten eins gelernt: Die Leute wollen keinen echten Rennwagen, der notdürftig für den Straßenbetrieb zivilisiert wird, sondern einen prima Alltagswagen, der als echter Rennwagen daherkommt. Den 1965er GT350 setzen die meisten der 562 Käufer auch in Rennen ein und verzichten gern auf Komfort. Der 1966 vorgestellte schickere und sanftere GT350 verkauft sich aber viel besser. Die Leute mögen den leiseren Auspuff, die Rücksitze und schicke Farben plus Shelby-Styling, und Shelby entscheidet sich dafür, 1967 die zahlungswillige Kundschaft mit dem zu bedienen, was sie sich wünschen: knallige Autos mit sportlichem Charakter – und keine Rennwagen mit Nummernschild, die ihnen die Füllungen aus den Zähnen schütteln.

Der 1967er Mustang ist ein komplett neues Auto. Er ist in jeder Hinsicht größer und leider auch schwerer – eher ein Luxus-Sportwagen als der knackige Flitzer der Jahrgänge 1965 und 1966. Shelby begreift das als Gelegenheit, um mehr zu tun als bloß ein paar Streifen auf ein Fastback zu kleben. Er geht es gründlich an und schafft eine ganz eigenständige Kreation.

In einer umfangreichen Restyling-Aktion erhält der neue Shelby-Mustang haufenweise Fiberglasteile: Motorhaube mit integrierter Hutze, Wagenschnauze, Kofferraumdeckel mit Entenbürzel-Spoiler und passender Kotflügelverlängerung sowie Hutzen neben der Heckscheibe und vor den hinteren Radhäusern. Besonders auffällig sind die beiden Fernscheinwerfer in der Mitte des Kühlergrills.

Mit Leistungssteigerung hat das alles noch nichts zu tun, aber der 1967er Shelby-Mustang sieht phantastisch aus. Zum Beweis, wieviel sich seit 1965 getan hat, gibt es ihn in gleich zehn Lackierungen sowie mit dreierlei Innenraumfarbe. „Le-Mans"-Streifen, wie sie heute praktisch jeden jemals gebauten Shelby zieren, gab es vom 67er-Modell überhaupt nicht mehr ab Werk. Sie sind fast alle nachträglich aufgebracht worden.

Die wirklich große Neuheit für 1967 aber ist Bigblock-Power. Der GT350 bleibt das Basismodell mit dem 271 PS starken 289er. Der neue Mustang-Jahrgang hat aber einen viel größeren Motorraum als der alte, und Shelby nutzt ihn voll aus. Er stopft den gewaltigen 428 cui (das sind sieben Liter) großen „Police Interceptor"-Motor hinein, und fertig ist der GT500. Wie schon in den Jahren 1965 und 1966 werden die Mustangs im Ford-Werk in San Jose als „knock-down"-Einheiten gebaut und an Shelby American auf dem Los Angeles International Airport geliefert, damit sie dort zu GT350 und GT500 werden.

Anders als die früheren Shelby-Mustangs ist der 1967er dennoch vor allem für den Gebrauch auf öffentlichen Straßen gedacht. Unter dem Blech respektive den Fiberglashauben wird herzlich wenig verändert, und die Modifikationen übernimmt Ford gleich mit. Es bleibt beim Mustang-GT-Fahrwerk, allerdings mit härteren Federn und einstellbaren Gabriel-Stoßdämpfern, die etwas günstiger als die Konis sind. Dazu kommt ein stärkerer Stabilisator an der Vorderachse. Servolenkung und Scheibenbremsen mit Bremskraftverstärker gehören zum Standard. Der Wagen rollt auf speziellen E70x15-Goodyear-Speedway-350-Reifen auf standardmäßigen 15x6-Zoll-Stahlfelgen mit Radkappen im Fünfspeichen-Design (vom aktuellen Thunderbird). Optional gibt es 15x7-Zoll-Kelsey-Hayes-„Magstar"-Alufelgen mit fünf Speichen oder gleich große Shelby-Zehnspeichen-Alus.

Das wunderbare PR-Foto eines frühen rotlackierten GT500 zeigt, wie herrlich das Leben sein kann, wenn man einen Shelby hat. Diese Werbung hat mit der früheren Shelby-Reklame nicht mehr viel zu tun: weniger Leistung, mehr Lifestyle.

Linke Seite: 1967 dreht sich alles um die Scheinwerfer. Die beiden mittig montierten Exemplare geben dem Wagen ein unverwechselbares Aussehen. Shelby muss das später ändern und die beiden Lampen an den Rand des Grills rücken. Wenn man heute über einen 1967er Shelby Mustang spricht, lautet gewöhnlich eine der ersten Fragen, ob es sich um einen Wagen mit innen- oder mit außenbords liegenden Scheinwerfern handelt.

Shelby stellt Ford-Managern am Flughafen von Los Angeles den 1967er-Jahrgang vor. Hinter der „Jet-Blast"-Schutzwand ist ein Demo-Parcours aufgebaut. Die ganze Palette ist dabei: Vorn der neue GT350, dahinter parkt eine 427er Cobra, während eine zweite vorbeiflitzt. Jerry Titus hält die Tafel auf dem Heuballen.

Der neue Mustang unterscheidet sich erheblich vom Vorgänger – auch wenn hier ausgerechnet ein Fastback neben ein Coupé gestellt wird.

Der K-Code-289 wird für den neuen Jahrgang nur geringfügig aufgerüstet. Eine Aluminium-Ansaugspinne, die im Wesentlichen der aus dem Vorjahr entspricht, trägt einen Holley-Vierfachvergaser. Die Auspuffanlage ist komplett serienmäßig. Für ein wenig Show-Effekt sorgen die vertrauten „Cobra Powered by Ford"-Ventildeckel aus Aluminum. Im Modelljahr 1967 tragen sie schwarzen Schrumpflack, Rippen und Lettern sind poliert. Die PS-Zahl wird mit 306 angegeben, aber ich würde meine Hand nicht dafür ins Feuer legen. Wer einen wirklich sehr schnellen GT350 haben will, kann auch 1967 noch auf den Paxton-Kompressor zurückgreifen. Diese Option verspricht eine 46-prozentige Steigerung der PS-Zahl und erleichtert die Brieftasche des Käufers um fast 800 Dollar. Weil das rund 500 Dollar mehr sind als für den GT500 fällig werden, verlassen nur 28 Fahrzeuge das Werk mit einem Paxton-Lader unter der Haube.

Dann wäre da also der GT500 mit seinem 428er-Police-Interceptor-Motor. Er wird von zwei fetten Holley-Vergasern über eine Aluminium-Ansaugbrücke von Ford versorgt, darüber thront ein langer ovaler Aluminium-Luftfilter. Dessen Zierrippen passen bestens zu denen der Aluminium-Ventildeckel mit der Aufschrift „Cobra Le Mans". Die 428er Maschine des GT500 bringt es auf 355 PS, und sie bläst die Abgase durch die gleiche stark gedämpfte Auspuffanlage, die auch der GT350 hat. Nur der Endschalldämpfer ist etwas größer.

Das ultimative Extra für den GT500 ist der 427-cui-Medium-Riser-Motor. Angesichts des Aufpreises von rund 2000 Dollar überrascht es kaum, dass nur zwei gebaut werden. Es entsteht allerdings noch ein dritter 427er. Die „Super Snake" hat den 427er des GT40.

Auch die Wahl des Getriebes geht 1967 in eine andere Richtung. Das Borg-Warner-T-10-Vierganggetriebe aus den Modelljahren 1965 und 1966 wird durch das Viergang-Toploader-Getriebe von Ford ersetzt – sowohl bei den GT350 als auch bei den GT500. Wer Automatik schätzt, bekommt im GT350 Fords C4-Getriebe, im GT500 das C6. Die Hinterachs-Übersetzung bleibt im GT350 bei 3,89:1 für Fahrzeuge mit Vierganggetriebe und bei 3,50:1 für Automatikfahrzeuge. Der neue GT500 hat mit Vierganggetriebe eine 3,50:1-Übersetzung, mit

Oben: Carroll Shelby erklärt die wichtigsten Veränderungen unter der Haube seines neuen Autos.

Links: Im Rücken des Fotografen passiert offenbar gerade etwas. Shelby sieht eher skeptisch drein, während sein PR-Manager George Merwin (3. von rechts) interessiert blickt. Diese Fotos sind in Shelbys 1967er Pressemappe und in den frühen Broschüren zu sehen.

Dieses alte, im LAX-Werk aufgenommene Werbefoto zeigt eins der Begrenzungslichter an der oberen Lufthutze eines frühen 1967er Shelby. Es stellt sich heraus, dass solche Leuchten gegen das Gesetz irgendeines Staates verstoßen. Nur die ersten rund 200 Autos werden damit ausgestattet.

Auf diesem PR-Foto eines frühen GT500 sieht man die nur 1967 erhältlichen Magstar-Felgen. Und ein Mädchen. Und ein Pferd. Denn wenn Sie einen neuen GT500 kaufen, gehört die Welt ihnen, und Sie bekommen Pferde und Mädchen, so viel Sie nur wollen. Klar?

Noch ein frühes Werbefoto, diesmal ist die Kulisse ein Hafen in Los Angeles mit farblich aufeinander abgestimmten Fotomodellen. Dieser sehr frühe GT350 ist mit den Standard-Radkappen (vom 1966er Thunderbird), seitlichen Positionslichtern und flachem Tankdeckel ausgestattet.

Automatik 3,25:1. Alle Shelby-GT sind ab Werk mit Fords Traction-Lok-Differenzialsperrre lieferbar. Beim Händler lässt sich das Detroit-Locker-Differenzial einbauen – und die nach wie vor erhältlichen verschiedenen Hinterachsen.

Innen ist der Shelby-Touch kaum zu übersehen. Alle Autos verfügen über die Ford-„Deluxe"-Innenausstattung, und Shelby verfeinert sie weiter. Hinter den Vordersitzen ist ein kernig aussehender, nicht vollständig nutzloser Überrollbügel angebracht, an dem Automatik-Hosenträgergurte befestigt sind. Dazu gibt es ein Holzlenkrad mit drei Aluminiumspeichen und der Shelby-Schlange auf der Nabenkappe, und unter der Mitte des Armaturenbretts finden sich zwei Stewart-Warner-„Green-Line"-Instrumente: Öldruckanzeige und Amperemeter sind in einem modifizierten Mustang-„Rally Pac" untergebracht.

Ford ergänzt die Instrumenten-Einheit des Mustangs, in der auch die unentbehrlichen Temperatur- und Kraftstoffanzeiger sitzen, um einen 140-Meilen-Tacho und einen 8000-Touren-Drehzahlmesser. Alle Fahrzeuge werden mit umklappbaren Rücksitzbänken geliefert. Werkseitig ist ein Mittelwellen-Radio installiert, gegen Aufpreis kann der Käufer sich vom Händler ein MW/UKW-Radio einbauen lassen. Zum ersten Mal ist eine Klimaanlage erhältlich.

Wie stets bei Shelby American erfahren auch die 1967er Modelle ständig Änderungen während der laufenden Produktion. Mittlerweile haben sich aber alle Verfahren gut eingespielt, so dass es nur kleinere Kinderkrankheiten zu kurieren gilt. Veränderungen bleiben marginal. Die größte und augenfälligste ist die Verlegung der vor dem Kühler montierten Fernlichtscheinwerfer. Bald nach Produktionsbeginn stellt sich heraus, dass die mittig montierten Scheinwerfer in einigen Staaten verboten sind. Ein neuer Grill muss her, die Scheinwerfer wandern an seine äußeren Ränder, und die Autos heißen fortan die „Outboard"-Modelle. Die meisten Modifikationen werden zu Beginn der Produktion an den ersten paar hundert Fahrzeugen vorgenommen.

Im dritten Jahr mit dem Mustang erweitert Shelby American die Produktion noch einmal erheblich: Im Modelljahr 1967 werden 3225 Autos verkauft. Die Dinge haben sich völlig umgekehrt: War es anfangs nur darum gegangen, eine Homologationsserie für die SCCA zusammenzubekommen, dreht sich nun alles um den Serienbau von Autos für zahlende Kundschaft. Und es ist ein Zeichen für das, was auf Shelby zukommt.

Die Werbeanzeige, mit der man heute nichts mehr reißen könnte, ist ein echter Shelby-Reklame-Klassiker. Als die Leistung abnimmt und der Shelby Mustang sich mehr und mehr zum Luxus-Sportwagen entwickelt, lockt Shelby außer mit Leistung auch mit Stil und Sicherheit.

Noch eine großartige Shelby-Werbung für die „Straßenwagen". Die seien mindestens genauso gut wie jeder GT aus Europa, kosteten aber derart wenig Geld, dass es noch zur Miete für ein Sommerhäuschen, zum Kauf eines Bootes oder zumindest zum zufriedenen Kichern reiche, wann immer man mal wieder zur Bank fährt.

Die 1967er Shelby-Seriennummern

Wie in den Vorjahren beliefert Ford Shelby American 1967 mit „knock-down"-Fastbacks. Und wieder muss Shelby als Hersteller die originalen Ford-Seriennummern mit den FIN seiner eigenen Firma überschreiben, um Verwechslungen zu vermeiden.
So lassen sich Shelby- wie Ford-Seriennummern entschlüsseln:

Die Shelby-FIN am Beispiel der Nummer 67200F5A01234:
Die ersten beiden Ziffern stehen für das Modelljahr 1967.
Die dritte Ziffer ist der Motor-Code: 2 = 289 (GT350); 4 = 428 (GT500).
Die vierte Ziffer kennzeichnet das Getriebe: 0 = Vierganggetriebe; 1 = Automatikgetriebe.
Die fünfte Ziffer beschreibt die Fahrzeugausführung: 0 = Basismodell; 1 = Ford-Klimaanlage; 2 = Thermactor-Auspuffanlage; 3 = Klimaanlage und Thermactor.
Die sechste Stelle ist die Karosserievariante: F = Fastback.
Die siebte Stelle identifiziert die Lackfarbe: 1 = Bronze Metallic; 2 = Dark Blue Metallic; 3 = Raven Black; 4 = Wimbledon White; 5 = Dark Moss Green; 6 = Medium Metallic Gray; 7 = Lime Green; 8 = Brittany Blue; 9 = Red; 0 = Medium Blue/Acapulco Blue; S = Yellow.
Die achte Stelle steht für die Innenraumfarbe: A = Black; U = Parchment (Pergamentfarben); U = White. Anmerkung: Die FIN früher Fahrzeuge enthält keinen Hinweis auf die Innenraumfarbe.
Die neunte bis letzte Stelle füllt die fortlaufende Shelby-Produktionsnummer von 0001 bis 03225.

Die Ford-FIN am Beispiel der Nummer 7R02Q123456:
Die erste Ziffer steht für das Modelljahr: 7 = 1967
Die zweite Stelle verrät das Montagewerk: R = San Jose. Alle 1967er Shelbys werden im Ford-Werk in San Jose montiert.
Dritte und vierte Ziffer: Karosserievariante: 02 = Fastback.
Die fünfte Stelle nennt die Motorisierung: K = 289 cui/271 PS (GT350), oder Q = 428 cui/355 PS-„Police Interceptor". Anmerkung: Weil dieser Motor nur in Shelby-Mustangs eingebaut wird, findet sich im Ford-Werkstatthandbuch kein „Q"-Code. Einige 1967er GT500s werden mit 390-cui-V8 ausgerüstet, weil der 428er PI vorübergehend vergriffen ist. Diese Fahrzeuge tragen noch den „Q"-Code, weil die ursprüngliche Seriennummer vor dem Einbau des Motors zugeteilt wird.
Die sechste bis elfte Stelle ist reserviert für die fortlaufende Ford-Produktionsnummer, die in den Ford-Montagewerken jeweils bei 100001 beginnt.

Stückzahlen 1967:
GT350 Fastback: 1175
GT500 Fastback: 2048
GT500 Coupé-Prototyp: 1
GT500 Cabriolet-Prototyp: 1

1967er Fahrzeuge insgesamt: 3225

Im wahren Leben sind es nicht immer kalifornische Strände mit Ferienhaus und Jet-Ski. Dieses alte Foto des 1967er GT350 mit der Seriennummer 3210 zeigt, was passiert, wenn Sie Ihren Shelby täglich fahren – und in Michigan wohnen.

1967 werden Shelby-Mustangs in einem hochmodernen, rauchfreien Werk mit Hilfe der allerneuesten vollautomatisierten Montagetechnik zusammengebaut.

Ein Prototyp namens „Little Red"

Einer der interessanteren von Shelby American gebauten Prototypen ist das 1967er Mustang-Stufenheck-Coupé. Mit „*Little Red*" wollen die Shelby-Leute herausfinden, ob sich der Bau eines Coupés lohnt. „*Little Red*" kommt als 390-cui-Mustang auf die Welt. Das schlichte rote Auto wird dann bei Shelby zahlreichen Veränderungen unterzogen. Es ist das Versuchskaninchen für eine Menge Ideen, die es nie in die Produktion schaffen werden, sich aber für Shelby und seine Jungs offenbar nach viel Spaß anhören. So ist der letzte Motor, der in „*Litte Red*" eingebaut wird, ein 428-cui-Police-Interceptor mit zwei Holley-Vierfachvergasern und gleich zwei Paxton-Kompressoren. Die Ausstattung umfasst Zehnspeichen-Leichtmetallräder, ein schwarzes Vinyldach, alle GT500-Karosserieteile inklusive der vielen Hutzen und luxuriöse Extras wie die Volllederausstattung.

„*Little Red*" wird der Presse vorgestellt und tritt regelmäßig in Werbeveranstaltungen auf, ausgewählte Motorjournalisten und Prominente wie Bill Cosby dürfen ihn sich ausleihen. Wenn „*Little Red*" dienstfrei hat, fährt Shelby-Ingenieur Fred Goodell den Wagen im Alltag. Das ist mal ein Dienstwagen.

Vor allem aber erinnert man sich an „*Little Red*", weil er das Vorbild für den 1968er Mustang GT California Special ist. Auf ihn werden wir später noch zurückkommen.

Obwohl „*Little Red*" ein echt cooles Konzeptauto ist, landet es Ende 1967 im Schlund des Ford-Schredders. Wer weiß, vielleicht ist heute irgendwo ein Toyota unterwegs, in dessen Kotflügel ein bisschen DNA von „*Little Red*" steckt.

GT500 Cabriolet (1967)

Kommen wir nun zu einem Auto, das über die Jahre immer wieder Gegenstand von Debatten ist. Ende 1967 bestellt Shelby American zusammen mit dem 390er-Coupé, das später „Little Red“ wird, den Prototypen eines 1967er GT500-Cabriolets. Während „Little Red“ ein bekanntes Auto wird, bleibt das Cabriolet immer so ein bisschen mysteriös. Berichten zufolge wird der neue Wagen gemäß den 1967er GT500-Spezifikationen nachgerüstet und führt anschließend ein ruhiges Leben als Vorführwagen oder als Leihauto für Freunde von Shelby und für Führungskräfte von Ford. Wir wissen, dass er während seiner Zeit bei Shelby mit Karosserie- und Zierteilen sowie dem Interieur des Prototyps für den 1968er GT500 ausgestattet wird. Sein Bild erscheint im Pressematerial und den frühen Prospekten für das 1968er Modelljahr.

Man geht davon aus, dass der Wagen unter den Händen einer Ford-Führungskraft verschwindet, deren Identität lange vergessen ist. Er wird sowohl bei der Ford Motor Company als auch bei der Polizei als gestohlen gemeldet. Obwohl er ein paar Wochen später schließlich wieder auftaucht, bleibt er lange genug verschwunden, um der Unternehmensorder zu entkommen, laut der alle Testwagen und Prototypen zerstört werden müssen. Wie auch immer sich die Dinge zugetragen haben mögen – das nackte 1967er Cabriolet, als das er wieder auftaucht, erhält erneut 1968er-Ausstattung und wird dann als gebrauchter 1968er Vorführwagen verkauft.

30 Jahre später, nachdem der Wagen fast sein gesamtes Dasein als 1968er GT500-Cabriolet verbracht hat, entdeckt ein neuer Besitzer bei der Restaurierung die Ford-FIN und erkennt, dass sein Schätzchen in Wahrheit ein umgebauter 1967er ist. Bald kommt dem Mann der Verdacht, dass es sich hier wohl wirklich um den vermissten Prototypen handelt. Daraufhin recherchiert er gründlich und dokumentiert minutiös die Geschichte des Autos. Beim Studium von Verkaufsmaterial aus dem Jahr 1968 erhält er den Beweis, dass es sich um den gleichen Wagen handelt, der dort als 1968er ausgegeben wird, aber immer noch 1967er Ausstattungsmerkmale aufweist: Sitzbezüge, Armaturenbrett, elektrische Verdeckbedienung und Fernlichtanzeige auf dem Instrumentenbrett. Darüber hinaus findet er Löcher im Armaturenbrett, die für ein 1967er Shelby-Logo vorgesehen waren, und Kabel für die 1967er Scheinwerfer, die sich von denen der echten 68er erheblich unterscheiden.

Man entschließt sich, das Fahrzeug wieder in die 1967er GT500-Konfiguration zurückzuversetzen, obwohl keine zeitgenössischen Fotos existieren, die den Wagen so zeigen. Es entbrennen hitzige Diskussionen darüber, ob das Auto je als 1967er Modell ausgestattet war, besonders, wenn man das originale Baujahr und das Datum der PR-Fotos berücksichtigt, die dieses Auto als 1968er Prototypen ausweisen. Das frisch restaurierte, als 1967er GT500 aufgemachte Cabriolet wird 2004 auf der Chicago Auto Show ausgestellt, wo Carroll Shelby darauf stößt. Er steuert einen wertvollen Beitrag zur Dokumentation in Form eines Briefes bei. In dem äußert er seine Überraschung darüber, dass der Wagen trotz der Ford-Politik, Experimental-Fahrzeuge zu zerstören, überlebt hat. In dem Brief heißt es unter anderem: „Ich habe keine Ahnung, wieso dieses GT500 Cabriolet nicht vernichtet wurde. Es kann sich nur so verhalten, dass der Diebstahl dieses Autos die betreffende Unternehmenspolitik von Ford Motor irgendwie unterbrochen hat.“

Zu den Begleitdokumenten für dieses Auto gehört ein detaillierter Bericht über die originalen Ford-Rechnungen, der bestätigt, dass das Auto im November 1966 als 1967er Shelby GT500 Cabriolet

Dieses alte PR-Foto zeigt den einzigartigen 1967er/1968er GT500 Cabriolet-Prototypen. Zum Zeitpunkt der Aufnahme hat der Wagen alle Merkmale des 1968er-Modells – und einige, die davon abweichen, etwa den Schriftzug auf dem Tankdeckel.

Diese Fotos belegen es: Das 1967er GT500-Cabriolet hat tatsächlich überlebt. Obwohl ich ein Coupé-Fan bin, kann ich den Reiz, der von diesem leuchtend roten Cabrio ausgeht, nicht verleugnen. *Sam Murtaugh*

Darf man das? Bei der Restaurierung des Fahrzeugs mit der FIN 0139 wurde streng nach dem 1967er-Teilekatalog verfahren, statt den Wagen im Stil eines 1968er Modells wiederherzustellen. 0139 ist nach wie vor Gegenstand heftiger Debatten. *Sam Murtaugh*

Das Interieur sieht genauso aus wie bei jedem anderen 1967er GT500, oder zumindest wie bei einem, dem man das Dach abgeschnitten hat. *Sam Murtaugh*

Unter der Haube sieht man die Standardtechnik des 1967er GT500, einschließlich des Thermactor-Systems zur Reinhaltung der Luft, mit dem alle Neuwagen in Kalifornien ausgeliefert wurden. *Sam Murtaugh*

gebaut und als „Firmenfahrzeug“ und „technischer Prototyp“ kodiert wurde. Das Fahrzeug hatte ursprünglich den 428er-Police-Interceptor, eine C6-Automatik sowie Klimaanlage, die für Kalifornien obligatorische Thermactor-Abgasregelung und eine „Black-Décor“-Innenausstattung.

Wir werden wohl nie erfahren, welche Rolle dieses Auto als Neuwagen gespielt hat und ob es jemals in der 1967er GT500-Karosserie daherkam, die es heute trägt. Jetzt jedenfalls gibt es dieses vollkommen einmalige 1967er GT500-Cabriolet, und für die Shelby-Fans auf der ganzen Welt ist das auch gut so.

Tolle Kombination: Nummer 888 trägt weiße Streifen zum seltenen Dark Blue. Feines Accessoire: die Magstar-Felgen. *David Newhardt*

Das hier im Rückspiegel ist auch heute noch ein Grund, rechts rüber zu ziehen. Richtig scharf sind die fetten Auspuffkrümmer des GT500 mit der Nummer 888. Dieser Motor leidet wohl kaum an Downsizing. *David Newhardt*

Nur ganz wenige Autos sind mit der seltenen pergamentfarbenen Innenausstattung ausstaffiert. Die Farbe bringt Licht in den Innenraum, der sonst recht dunkel sein kann. Das Holzlenkrad ist Standard, der Hurst-Shifter und die drei Green-Line-Uhren von Stewart-Warner unterm Armaturenbrett hat jemand nachgerüstet. *David Newhardt*

Selbst in der Muscle-Car-Ära sehen nur wenige Motorräume so beeindruckend aus. *David Newhardt*

Dieser GT350 in Brittany Blue trägt die Seriennummer 1692 und ist eins von nur 28 Autos, die im Werk mit Paxton-Kompressor ausgerüstet werden. Die Kompressor-350er sind mindestens so stark wie die GT500, aber teurer. Nummer 1692 gehört Steve Davis. Der Präsident des Sammlerauto-Auktionshauses Barrett-Jackson ist Shelby-Enthusiast mit Leib und Seele. 1977 nimmt er eine Hypothek auf sein Haus auf, um sich 1692 zu kaufen. *David Newhardt*

Das künstlich beatmete 289er-Kraftwerk des GT350 mit der Nummer 1692. Der Cobra-Motor plus Paxton-Kompressor bringt dem Auto bei den Bristol Nationals im Jahr 1970 in der AHRA-Pure-Stock-Klasse den Sieg. *David Newhardt*

Das Innere von Nummer 1692: Ray-Brown-Beckengurte im frühen Cobra-Stil, Hurst-Shifter sowie Kraftstoffdruck- und Ladedruckmesser. *David Newhardt*

GT500 Super Snake (1967)

Der berühmteste 1967er GT500 ist zweifellos eine Studie namens Super Snake. Im Februar 1967 bittet Carroll Shelby seinen Chefingenieur Fred Goodell, einen Hochleistungs-GT500 zu bauen, der für Hochgeschwindigkeitstests von Goodyear-Reifen eingesetzt werden soll. Goodell nimmt sich das Wort „Hochgeschwindigkeit" zu Herzen, schnappt sich einen weißen GT500 (Seriennummer 544) und baut das Allerfeinste ein: den 427er-Medium-Riser-Motor des GT40 Mk.II mit Solid-Lifter-Nockenwelle, leichten Aluminium-Zylinderköpfen, Alu-Wasserpumpe, „bundle-of-snakes"-Krümmern, einem großen einzelnen Holley-Vierfachvergaser und haufenweise weiteren edlen GT40-Goodies. Das alles sollte den Wagen ausreichend standfest machen.

Das Toploader-Vierganggetriebe ist GT500-Standard, aber die Hinterachse erhält ein spezielles 4,11:1-Detroit-Locker-Sperrdifferenzial. Äußerlich unterscheidet sich die Super Snake vom Standard-GT500 durch eine Variante der Le-Mans-Streifen in Guardsman Blue: Wie an den Seiten flankieren hier zwei schmale einen breiten Streifen, ein einmaliges Arrangement.

Am 17. März 1967 versendet Shelby-Ingenieur Brozek (dessen Vorname im Lauf der Geschichte irgendwo verloren ging) ein Memo, in dem es um die Erprobung der Super Snake in der Zeit vom 23. bis zum 27. März auf der Goodyear-Teststrecke in San Angelo, Texas, geht. Die Mitarbeiter von Shelby werden angewiesen, einen „427er-‚Lightweight' als Ersatz, fünf Shelby-American-Aluminum-Felgen (im Auto verstaut) und eine Mechaniker-Werkzeugkiste (im Auto verstaut)" mitzubringen.

Goodyear hat für den 500-Meilen-Hochgeschwindigkeits-Reifentest einen Werbedreh auf der Teststrecke in San Angelo arrangiert. So will das Unternehmen Strapazierfähigkeit und Sicherheit der Goodyear-Reifen bei hohen Geschwindigkeiten demonstrieren. Carroll Shelby trägt zu dieser Geschichte bei, indem er die Super Snake warmfährt und die versammelten Journalisten zu ein paar lässigen Runden mit 240 Stundenkilometern einlädt. Als Shelby fertig ist, übernimmt Fred Goodell für die eigentlichen Tests. Im Verlauf der 500-Meilen-Session wird die Super Snake mit 273 Stundenkilometern gestoppt und stellt einen Rekord mit einer Durchschnittsgeschwindigkeit von knapp 230 Sachen auf. Der große Motorölkühler und der sorgfältig nach GT40-Spezifikationen überarbeitete Motor leisten offensichtlich gute Arbeit.

Als die Super Snake mit den Reifentests durch ist, wird sie zurück ins Werk nach Los Angeles gebracht. Wie es bei nicht mehr benötigten Vorführwagen üblich ist, schaut man sich bei Shelby American nach einem Käufer für diesen gut eingefahrenen GT500 mit den lustigen Streifen um. Goodell wendet sich an Don McCain, den ehemaligen Vertreter des Unternehmens, der auch für die in Kapitel 16 dieses Buchs behandelten Drag Cars zuständig war. McCain ist zu dieser Zeit Verkaufsleiter im High-Performance-Bereich bei Mel Burns Ford in Long Beach, Kalifornien, einem der besten Shelby-Händler. McCain ist begeistert von der Idee eines veritablen Hemi-Killers in Form des 427er-GT500. Er regt an, eine limitierte Reihe von 50 GT500 mit 427er-Maschine zu bauen, die dann exklusiv von Mel Burns Ford verkauft werden.

Das Problem sind die hohen Kosten für die 427er-Motoren. Selbst wenn nur der Standardmotor verbaut würde, kostete ein solcher GT500 mehr als 7500 Dollar. 1967 kann man dafür auch eine 427er Cobra kaufen. Auf keinen Fall würde McCain 50 Super Snakes

Links: Heute muss die Super Snake nicht mehr für Hochgeschwindigkeits-Reifentests herhalten, ist aber gelegentlich noch auf der Piste zu sehen. Beeindruckende Fitness – ein paar Jahrzehnte nach der Pensionierung.

Rechte Seite: Schönes Wetter, freie Strecke und die Super Snake. Spielverderber denken jetzt an Radarfallen. Das Streifenmuster verrät, dass es sich nicht um einen gewöhnlichen 1967er GT500 handelt.

Im Stil der Zeit: Die Super Snake mit Goodyear-Weißwandreifen und verchromtem Kühlergrill. Der Fahrer trägt Helm und ist so ganz offensichtlich ganz besonders fortschrittlich.

Oben links: Innen weist wenig darauf hin, dass die Super Snake wesentlich potenter ist als ein ordinärer Serien-GT500. Ein Tritt auf das Gaspedal wird die stille Landschaft im Hintergrund jedoch schnell in rasende grüne Schemen verwandeln. *David Newhardt*

Oben rechts: Unter der Haube der Super Snake findet sich ein mit einem einzelnen Vierfachvergaser ausgestatteter GT40-Le-Mans-Motor mit allerhand ernstzunehmendem Rennzubehör. *David Newhardt*

verkaufen können. So werden nur zwei weitere 1967er GT500 mit einem Shelby-427er ausgerüstet. Sie tragen die Seriennummern 289 und 1947, sind aber keine echten Super Snakes.

Die echte wird schließlich an die Berufspiloten James Hadden und James Gorman aus Texas verkauft. Erstaunlicherweise überlebt die Super Snake. Sie befindet sich heute in der Obhut ihres siebten Besitzers, nachdem sie im Mai 2013 für 1,3 Millionen Dollar versteigert wird. Sie ist immer noch im ursprünglichen, nicht restaurierten Zustand und hat im Sommer 2013 erst 26.000 Meilen auf dem Zähler.

Als dieses Auto gebaut wird, setzen nur die Finanzen ein Limit, behördliche Behinderungen gibt es nicht. So entsteht eine Art idealer Mustang. Mit einem gewaltigen Werbeeffekt: Zu jener Zeit werden die Autos generell immer schneller, die Fahrer sorgen sich um die Zuverlässigkeit ihrer Reifen – und dann zeigt der Goodyear-Händler den Super-Snake-Werbefilm: 500 Meilen, das sind knapp über 800 Kilometer, bei Tempo 230 sprechen für sich.

Jeder einzelne Shelby-Mustang ist ein ganz spezielles Auto, aber die Super Snake ist sicherlich eines der außergewöhnlichsten Fahrzeuge, die Shelby American je gebaut hat.

1967 und 1968: Trans-Am-Rennwagen

1967 sind die SCCA-Profirennen und die Trans-Am-Serie ein ernstes Geschäft, es geht um viel Geld und um viel Renommee. Nachdem Ford die Serie und die Markenmeisterschaft 1966 mit von Shelby überarbeiteten Mustang-Coupés gewonnen hat, brennt das Unternehmen darauf, diesen Erfolg 1967 zu wiederholen. Ford hat bei der Präparierung von Mustangs für die SCCA-Trans-Am-Serie nicht nur auf Shelby gesetzt, sondern auch auf Privatfahrer. 1966 kostet diese Taktik Ford beinahe die Serie, aber Shelby greift in allerletzter Minute ein und überzeugt die Verantwortlichen, dass da Werksfahrer ranmüssen. Und wer wäre für die Aufstellung eines Werksteams wohl besser geeignet als Shelby? Also baut Shelby 1967 nicht nur die Gruppe-2-Mustangs für die SCCA-Rennserie, sondern betreut auch die beiden Werkswagen. Um in dieser ultimativen SCCA-Serie die starke Präsenz von Ford

zu gewährleisten, werden weitere Autos gebaut und an Privatfahrer verkauft. Diese Rennen locken Massen von Zuschauern an – und anschließend Käufer in die Autohäuser des Siegers.

Sowohl Shelby als auch Ford wissen, dass 1967 kein Zuckerschlecken wird. Keiner will verlieren. Namentlich GM und Chrysler sind Ford hart auf den Fersen. Der Wettkampf wird rau werden; Chevrolets neuer Camaro ist eine echte Bedrohung. Dazu kommt Mercury, die Ford-Tochter, mit den von Bud Moore getunten Cougars – es geht doch nichts über eine kleine Rivalität unter Verwandten. Für den Fall, dass Shelby versagt, hat Ford also noch einen Plan B in petto.

Die Tuning-Vorschriften für das Jahr 1967 sind im Wesentlichen die gleichen wie im Vorjahr: viersitzige „Limousinen", komplette Innenausstattung, werksmäßige Glasfenster, Karosseriebleche aus Stahl, keine Lufthutzen. Das Resultat ist ein 1967er Trans-Am-Mustang, der im Grunde eine Weiterentwicklung der 1966er Version ist, bei der es sich im Grunde um eine Weiterentwicklung des 1965er Shelby GT350 R handelt. Wie war das? Solange etwas nicht kaputtgeht, fummle auch nicht daran herum.

Unter der Haube findet sich auch 1967 der eigens für den Rennsport präparierte 289er-Shelby-Motor, allerdings mit zwei Holley-Vierfachvergasern auf einer neuen Dual-Quad-High-Rise-Alu-Ansaugbrücke und ein paar weiteren kleinen Änderungen. Beim Getriebe setzt man, genau wie beim GT350, nach wie vor auf ein eng abgestuftes T-10M. Im Kofferraum findet sich der modifizierte 32-Gallonen-Tank aus dem R-Modell, überaus wichtig für die langen Distanzen in der Trans-Am-Serie. Nach zwei Jahren Erfahrung mit diesem Basispaket weiß Shelby, dass es funktioniert.

Schließlich gewinnen die 1967er Gruppe-2-Mustangs tatsächlich die hart umkämpfte Markenmeisterschaft in der Trans-Am-Serie, indem sie die Cougars der Schwestermarke Mercury knapp besiegen. Chevrolet landet mit den neuen Camaro Z/28 weit abgeschlagen auf dem dritten Platz. Shelby baut für die 67er Saison 26 Mustang-Rennwagen der Gruppe 2. Vier gehen als Werkswagen ins Rennen, 22 an andere Teams.

Leider ist dies das letzte Jahr, in dem Shelby einen dominanten Wagen in die Trans-Am-Serie schickt, allerdings weiß das im Unternehmen zu diesem Zeitpunkt noch niemand.

Ford hofft für 1968 auf den Hattrick – und setzt erneut auf Shelby. Dort aber hat sich neuerdings allerhand geändert. Shelby American ist jetzt in neue Firmen aufgesplittet. In Kalifornien wird die Shelby Racing Company mit Sitz in Torrance gegründet. Shelby Racing wird mit dem Bau der 1968er Trans-Am-Mustangs beauftragt. Ford liefert Mustang-Coupés aus Dearborn nach Torrance, wo sie umgebaut werden.

Obwohl die neuen Trans-Am-Wagen den 1967er Gruppe-2-Rennwagen sehr ähnlich sehen, hat sich für 1968 allerhand getan. Die SCCA will die Rennen spannend und interessant halten und

Sebring: Ein 1967er Shelby-Werkswagen in Aktion.

Marlboro, August 1967: Carroll Shelby sieht genau hin, als seine Crew sich um den Trans-Am-Renner kümmert. Alle sind mit Feuereifer dabei, wenn es darum geht, das Rennen zu gewinnen.

Linke Seite: Die 1967er Trans-Am-Mustangs stellen sich in 1967 in Bridgehampton zum Start auf. Die Typen mit den Spraydosen sind übrigens keine Graffiti-Künstler. Lew Spencer, berühmter Fahrer des Shelby-Teams und Mitbesitzer von High Performance Motors, Verkaufsleiter im Wettkampfsegment von Shelby American und Trans-Am-Teamleiter, markiert die Startposition der Nummer 1 direkt vor dem Auto. Neben dem linken Vorderreifen assistiert ihm Chuck Cantwell, GT350-Projektmanager und zweiter Chef des Trans-Am-Teams. Bei Shelby dominieren nicht die Anzugträger. Jeder packt mit an und macht sich notfalls auch die Hände schmutzig, unabhängig von Titel und Rang.

Shelby macht aus bescheidenen Mustang-Coupés ernsthafte Rennwagen mit fetten Reifen in voluminösen Radhäusern, mit schwarzer Blendschutz-Motorhaube und mit diesem typischen schwer beschäftigten Eindruck, den Mustangs im Rennen vermitteln.

lockert daher die Regeln für die neue Saison. Solange das Mindestgewicht von 2800 Pfund (etwa 1270 Kilogramm) erreicht wird (was in der Regel nicht der Fall ist) und die Autos äußerlich noch halbwegs wie Serienfahrzeuge aussehen, sind gewisse Freiheiten erlaubt. Die vollständige Innenausstattung ist nicht mehr obligatorisch, Überroll-Käfige sind jetzt zulässig, ebenso acht Zoll breite Felgen und Kotflügelverbreiterungen. Scheibenbremsen rundum sind ebenfalls erlaubt, und weitere Lockerungen machen das Feld wesentlich schneller als zuvor.

Shelbys 1968er Gruppe-2-Autos sind angemessen aufgerüstet und verfügen nun über riesige Lincoln-Scheibenbremsen vorn. Hinten bremst das Auto mit den vorderen Kelsey-Hayes-Vierkolbenanlage der von 1965 bis 1967 gebauten Mustangs. Ein sorgfältig entwickelter Überrollkäfig verstärkt das Chassis beträchtlich. Die Fahrwerk wird gründlich überarbeitet, und schließlich fahren Shelby und Ford das ganz große Kaliber auf, als sie Fords neuen „Tunnel Port"-302-cui-Motor einsetzen. Dessen Zylinderköpfe stammen vom 427er-NASCAR-Motor, und der Name rührt von den fast geraden Ansaugkanälen her.

Außerdem verfügen die Motoren über große Ventile sowie über zwei Holley-Vierfachfachvergaser, die Hauptlagerdeckel sind vierfach verschraubt. Das ist nicht mehr irgendein frisierter Motor. Das ist eine echte Rennmaschine. Die Leistung bewegt sich angeblich im 450-PS-Bereich.

Dann trifft Ford die wohl schlechteste Entscheidung im Jahr 1968: Alle Trans-Am-Motoren werden bei Ford in Michigan gebaut und dann zum Einbau an Shelby versandt. Nach den Rennen gehen sie zur Inspektion an Ford zurück. Ein klassischer Fall, bei dem ein Hersteller eine Änderung nur um der Änderung willen vornimmt. Das soll sich als großer Fehler erweisen.

Die Ford-Motoren entpuppen sich als notorisch unzuverlässig, das Schmiersystem bereitet massive Probleme, ein Triebwerk nach dem anderen platzt. Nicht selten gehen bei ein und demselben Auto im Training zwei und im Rennen ein dritter Motor kaputt. Es ist eine Katastrophe. Man kann an einem Wochenende nur eine begrenzte Anzahl Motoren auswechseln, und Shelbys Team stößt sehr schnell an seine Grenzen.

Durch den großen Einfluss, den Ford auf das von der Shelby Racing Company ins Rennen geschickte Team ausübt, kommt es wie es kommen muss: die Saison 1968 endet im Desaster. Die neue Konkurrenz, die dem Unternehmen seit 1967 im Nacken sitzt, ist 1968 stärker als je zuvor. Die Camaro Z/28 von Penske/Sunoco mischen die Serie gründlich auf und zerstören alle Aussichten auf den 1968er Meisterschaftstitel. Chevrolet sichert sich die Trophäe mit 105 Punkten in der SCCA-Endwertung (gegenüber 63 für Ford).

Fünf 1968er Mustangs sind gebaut und ins Rennen geschickt worden, dazu zwei aufgerüstete 1967er-Rennwagen als Ersatzautos. Wer weiß, wie die Sache gelaufen wäre, wenn man Shelby den Bau seiner eigenen Motoren überlassen hätte. Was bleibt, ist die Feststellung, dass 1968 sowohl für Ford als auch für Shelby eine enttäuschende Trans-Am-Saison ist.

Ein Shelby-Coupé gibt sich alle Mühe, vor zwei hart attackierenden Cougars der Ford-Konzernschwester Mercury die Nase vorn zu behalten.

Vielleicht versetzen Dewars schottischer White-Label-Whisky und der Schenley-Lieferwagen „die Leute in Partylaune“, wie es auf dem Kofferaufbau heißt – so jedenfalls sieht Team-Betreuung aus, bevor Mega-Sponsoren Mega-Sattelzüge mit allem Komfort an die Rennstrecken karren. Das hier ist durch und durch ernsthaftes Rennsport-Engagement. Man beachte den beeindruckenden doppelten Schnelltankverschluss des Gruppe-2-Coupés. Schnelles Tanken heißt wertvolle Sekunden sparen.

Oben: Es gibt keinerlei Beleg darüber, dass irgendein 1967er Shelby das Werk mit den notorischen Le-Mans-Streifen verlassen hätte. In der Regel werden sie erst beim Händler oder von den Besitzern aufgebracht. Dieser weiße GT500 sieht auch ohne sie großartig aus. *David Newhardt*

Links: Da fehlt doch etwas. Der GT500 mit Automatik kommt naturgemäß ohne Kupplungspedal aus. Gebürstetes Aluminium auf Armaturenbrett und Türverkleidungen ist seiner Zeit weit voraus. Heute gibt es diesen Look in jedem Auto, das irgendwie sportlich aussehen soll. *David Newhardt*

Viele Menschen sind der Meinung, dass der 1967er unter den Shelby-Mustangs am allerbesten aussieht. Es fällt schwer, das Gegenteil zu behaupten, stimmt's? *David Newhardt*

19

GT350 und GT500 (1968)

Im Modelljahr 1968 öffnet sich für Shelby ein neues Kapitel. Ausnahmsweise werden die Autos einmal nur geringfügig verändert, während sich die Produktion – und das Unternehmen – drastisch verändern. Ende 1967 hat Shelby wesentlich mehr Autos gebaut als jemals erwartet. Die Fabrik am Internationalen Flughafen von Los Angeles ist nun einfach zu klein. Die Beteiligung Fords drängt Shelby mehr und mehr in Richtung Massenproduktion eines standardisierten Produktes. Vorbei die Zeiten der Spezialwerkstatt, die Autos auf Bestellung baut. Shelby American verlässt das LAX-Werk und spaltet sich auf. Nun gibt es drei separate Unternehmen, die sich jeweils auf einen Schwerpunkt konzentrieren. Ab dem Modelljahr 1968 steht die gesamte Produktion der Shelby-Mustangs unter der Aufsicht der neuen Firma Shelby Automotive, die etwa 2000 Meilen entfernt in Livonia, Michigan, residiert. Ford beauftragt Subunternehmer A. O. Smith in Ionia, Michigan, mit der eigentlichen Montage der Autos.

Im kalifornischen Torrance sitzt die neu gegründete Shelby Racing Company. Im gleichen Ort verwaltet die Shelby Parts Company das Zubehör-Geschäft. Der Vorteil dieses Hin und Hers besteht darin, dass die immer größeren Probleme mit den serienmäßigen Shelby-Mustangs bald vom Tisch sind – nicht zuletzt dank Fords Ressourcen und A. O. Smiths Erfahrungen mit Großserien-Fertigung. Probleme mit Zulieferern und räumliche Enge hatten zuvor immer wieder für aufwändige Änderungen in der laufenden Herstellung geführt. 1968 verläuft alles weitgehend reibungslos, und Shelby baut so viele Autos wie nie zuvor in einem Jahr: 4451.

Alle 1968er Shelbys werden im Fordwerk in Metuchen, New Jersey, als „knock-down"-Einheiten gebaut und dann mit dem Zug zu A. O. Smith nach Michigan zur Endmontage inklusive aller Shelby-Teile transportiert. Wenn Sie jemals einem 1968er Shelby in Originallackierung begegnen, werden Sie feststellen, dass die Farben der Shelby-Teile in der Regel von denen der übrigen Karosserieteile abweichen. Das liegt daran, dass die Karosserie bei Ford, die Fiberglas-Teile aber bei A. O. Smith lackiert werden.

Unten links: Ein frühes PR-Foto eines GT500 Cabriolet-Prototyps. Die Embleme auf den Nabenkappen, die flachen Tankdeckel und weitere Details schaffen es nicht in die Serienproduktion.

Unten rechts: Immer wieder wird mit dem Design der Schwellerstreifen gespielt. Dieser Prototyp trägt die ursprüngliche Version, allerdings mit einem ausgelagerten GT500-Schriftzug.

Linke Seite: 1968 wird erstmals ein serienmäßiges Shelby-Mustang-Cabriolet gebaut. Dieser Prototyp hat die frühen Schwellerstreifen ohne Modellschriftzug und Hauben-Schnellverschlüsse mit Drahtsicherung, die bei den Serienfahrzeugen durch Drehverschlüsse ersetzt werden.

Oben: Ein Fastback posiert für ein PR-Foto. Die junge Dame demonstriert eindeutig, dass sie viel interessierter am eindrucksvollen neuen GT500 ist als ihr männlicher Verehrer.

Links: Wir wissen nicht, ob dieses arme Fotomodell sich anlehnen muss, weil ihr Haarhelm so schwer ist oder weil sie den neuen GT500 KR in der Ford Performance-Ecke einfach so anschmiegsam findet.

Die Innenausstattung fällt 1968 etwas luxuriöser aus. Holzimitat ersetzt die Paneele aus gebürstetem Aluminium. Eine Mittelkonsole, die bis zum Armaturenbrett reicht und jetzt Amperemeter und Öldruckmesser von Stewart-Warner birgt, wird Standard. Fastbacks wie Cabriolets werden mit Überrollbügeln ausgestattet, an denen der offenen Autos sind oben Ösen zum Festschnallen von Surfbrettern angebracht. Das 1967er-Dreispeichen-Lenkrad weicht einem stark gepolsterten „Single-Spoke“ im T-Bird-Stil. Ein weiterer vom T-Bird entliehener Hauch von Luxus ist die Lenksäule, die zur Seite schwingt, wenn die Fahrertür geöffnet wird. Die Innenausstattung gibt es in zwei Farben: Black und Saddle, ein helles Braun.

Die 1968er Shelby-Seriennummern

1968 handelt es sich bei den ersten elf Stellen der Shelby-FIN um die Ford-Seriennummer. Shelby hängt einfach fünf Ziffern an, die fortlaufende Nummern ergeben.

Aufschlüsselung der Shelby-FIN am Beispiel von 8T02S123456-01234:
Die erste Ziffer steht für das Modelljahr: 8 = 1968.
Die zweite Stelle verrät das Montagewerk: T = Metuchen, NJ.
Dritte und vierte Stelle stehen für die Karosserie: 02 = Fastback; 03 = Cabriolet.
Die fünfte nennt den Motor-Code: J = 302 (GT350); S = 428 (GT500); R = 428 Cobra Jet (GT500 KR).
Die sechste bis elfte Stelle bilden die fortlaufende Ford-Produktionsnummer.
Fünfziffriger Anhang: Fortlaufende Shelby-Produktonsnummer. Sie beginnt mit 00001 und endet mit 04450.

1968 behält Shelby auch das Ford-Datenschild an der Fahrzeugtür bei. Es ist hinten am Rahmen befestigt und enthält zahlreiche Informationen:

Karosserie-Code:
63A = Fastback; 76A = Cabriolet

Farb-Code:
A = Black; L = Lime Green Metallic; M = White; D = Medium Blue Metallic; R = Dark Green Metallic; T = Red; Y = Gold Metallic; B = Maroon. Anmerkung: Spezialfarben (Gelb, Rot, Grün, Orange) sind nicht aufgeführt.

Code für die Innenausstattung:
6AA = Black Vinyl; 5AA = Black Comfort-Weave; 6FA = Saddle Vinyl.

Produktionsdatum:
Dem Datum folgt der Monats-Code. Anmerkung: Das Produktionsjahr umfasst neun Monate. L = November; M = Dezember; A = Januar; B = Februar; C = März ; D = April; E = Mai; F = Juni; G = Juli.

Bestellnummer:
Der DSO- oder District-Sales-Office-Code (Code des Bezirks-Verkaufsbüros), ein interner Ford-Vermerk zur Kennzeichnung von Spezialfahrzeugen. Der DSO-Code für alle 1968er Shelbys beginnt mit 8D.

Achsen-Code:
Ungesperrt: 1 = 2,75:1; 2 = 2,79:1; 4 = 2,83:1; 5 = 3,00:1; 6 = 3,20:1; 7 = 3,25:1; 8 = 3,50:1; 9 = 3,10:1. Achsen mit Sperrdifferenzial: E = 3,00:1; F = 3,20:1; G = 3,25:1; H = 3,50:1.

Getriebe-Code:
5 = Vierganggetriebe; W = C4-Automatikgetriebe; U = C6-Automatikgetriebe.

Die Produktionszahlen 1968:
GT500 Stufenheck-Prototyp: 1
GT350 Fastback: 803
GT350 Fastback für Hertz: etwa 226
GT350 Cabriolets: 404
GT500 Fastback: 1044
GT500 Fastback für Hertz: 2
GT500 Cabriolets: 402
GT500 KR Fastback: 1.053
GT500 KR Cabriolets: 517
CT500 KR Cabriolets für Hertz: 1
Gesamt 1968: 4451

Unter der Haube des GT350 arbeitet jetzt ein 302-cui-Motor mit 250 PS, während der GT500 mit einem 428er-Police-Interceptor mit 360 PS ausgestattet ist. Mitte des Jahres wird zudem der GT500 KR eingeführt – KR für „King of the Road". Shelby ist zu Ohren gekommen, dass Chevrolet diesen Namen benutzen will, also kommt er der Konkurrenz ganz frech zuvor.

Der KR ersetzt den Standard-GT500, in seiner Brust schlägt der neue 428er-Cobra-Jet. Der hat bessere Zylinderköpfe, eine gegossene Kurbelwelle, stärkere Stößelstangen und eine scharfe Nockenwelle. Der Holley-Vierfachvergaser erhält seine Frischluft mit Fahrtwinddruck direkt aus der Motorhaubenhutze. Der neue Motor des KR bringt es angeblich auf 335 PS. Die Zahl hat nicht viel mit der Realität zu tun, hilft aber bei der Einstufung sowohl bei der NHRA als auch bei den Versicherungen, die für Muscle-Cars immer höhere Prämien verlangen. Das Fahrwerk des GT500 KR ist verstärkt, der Auspuff größer, und die Fahrzeuge mit Vierganggetriebe verfügen außerdem über versetzt montierte Stoßdämpfer hinten, die das Trampeln der Achse unter Vollast verhindern sollen.

Ein Unternehmen, das den softeren Charakter des 1968er Shelby zu schätzen weiß, ist Hertz. Nach einjähriger Pause nimmt das Unternehmen wieder 224 GT350 in seine Sports-Car-Club-Flotte auf. Es handelt sich um schlichte standardmäßige GT350, und nicht mehr

Coupé-Studie „Green Hornet“ (1968)

Oben: Teil der minutiösen Restaurierung der *„Green Hornet“* ist die Wiederherstellung ihrer weiß-goldenen Schwellerstreifen mit dem „EXP500“-Schriftzug.

Ganz oben: *„Green Hornet“* entkommt auf wunderbare Weise der Schrottpresse und verbringt ihren Lebensabend als Rentnerin im sonnigen Scottsdale in Arizona.

Nach *„Little Red“* dient 1968 ein weiteres 390er-Coupé als Prototyp bei Shelby Automotive. Der Geschäftssitz des Unternehmens befindet sich jetzt in Michigan. Ursprünglich dient dieser Wagen als Prototyp für den Mustang GT/CS und später als Testwagen für ein paar sehr spezielle experimentelle mechanische Bauteile.

Das Auto hat Schnauze, Hauben, Hutzen, Entenschwanz-Spoiler und passende hintere Kotflügel-Verlängerungen aus Fiberglas. Das ursprüngliche Lime Gold weicht einer Custom-Lackierung in einer Art Candy-Apple-Grün mit goldfarbenen Metalflakes. Ein schwarzes Vinyldach und weiße und goldfarbene Schwellerstreifen mit dem Schriftzug „EXP500“ runden das Erscheinungsbild ab. Der Innenraum entspricht dem der 1968er Shelby-Mustangs. Derart zurechtgemacht, erhält der Mustang seinen Spitznamen *„The Green Hornet“* vermutlich nach der gleichnamigen Fernsehserie, die so ähnlich funktioniert und so populär ist wie *„Batman“*.

Aber kommen wir jetzt zu den Dingen, die richtig Spaß machen: Die Hornisse erhält einen experimentellen 428er Cobra Jet und eine eigens präparierte C6-Hochleistungs-Automatik. Außerdem wird ein elektronisches Einspritzsystem getestet. Nach Schätzungen bringt es der 428 CJ mit der Conelec-Einspritzung auf rund 475 PS.

Mindestens ebenso Revolutionäres findet im Heck statt. *„Green Hornet"* erhält dort Einzelradaufhängung. Weder die noch die Einspritzung kommen jemals in einem Serien-Shelby-Mustang zum Einsatz. Aber es zeigt, wie fortschrittlich man bei Shelby in den 1960ern ist.

Das Beste an der Geschichte um die Grüne Hornisse ist die Tatsache, dass das Auto noch immer existiert. Anders als *„Little Red"* entgeht sie dem Ford-Schredder und geht 1971 bei einer Unternehmensauktion an einen Ford-Mitarbeiter. Heute bereichert das Fahrzeug die Sammlung von Craig Jackson, einem Magnaten in der Sammlerauto-Auktionsszene. Es wurde restauriert und dabei in den „doppelten Prototypenstatus" von 1968 zurückversetzt.

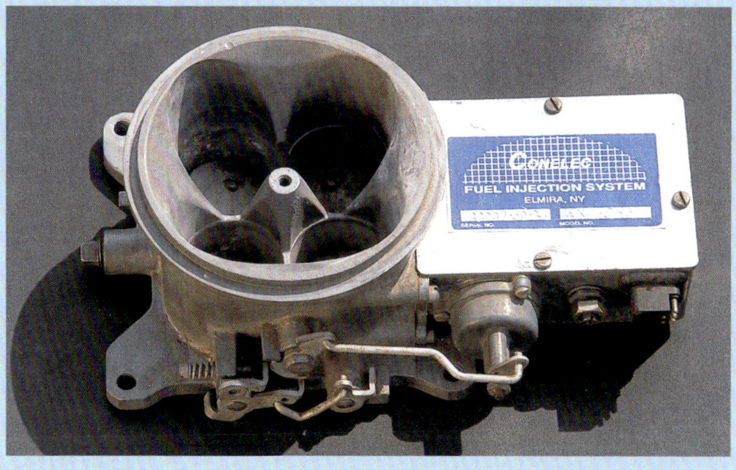

Oben links: Unter der Haube lauert der 428er Cobra-Jet, der im Rahmen der Überarbeitung durch Shelby den 390er ersetzt.

Oben rechts: Das ist wahrscheinlich der beste Platz für die originale Conelec-Einspritzung: die Werkbank. 1968 seiner Zeit weit voraus, handelt es sich um ein komplexes und äußerst anfälliges System. Die Zeit hat erwiesen, dass die Zukunft der elektronischen Einspritzung gehört, aber bei vielen Innovationen dauert es Jahre, bis sie reibungslos funktionieren. Erinnern Sie sich an Ihren ersten Commodore-Rechner? Dann wissen Sie, was ich meine.

Das historische Werksfoto von 1968 zeigt die hintere Einzelradaufhängung der *„Green Hornet"*. Genau wie die Einspritzung ist das 1968 echtes High-Tech-Zeugs. Beachten Sie die Federbeine, die denen des GT40 sehr ähnlich sind. Später wird wieder eine Starrachse eingebaut.

Die Einzelrad-Aufhängung wird originalgetreu restauriert. Da die Originalteile vor langer Zeit entfernt worden sind, muss vieles neu angefertigt und angepasst werden. Die Aufhängung entspricht nicht haargenau der von 1968, aber es hat ja damals wohl auch einen Grund dafür gegeben, sie wieder zu entfernen.

um Spezialmodelle wie 1966. Alle für Hertz bestimmten Autos werden mit Automatik, Servolenkung, Servo-Scheibenbremsen, Klimaanlage, Mittelwellenradio, umklappbaren Rücksitzen, getönten Scheiben und schwenkbarem Lenkrad ausgestattet.

Shelby Automotive hat nun nichts mehr zu tun mit der Werkstatt, in der eine kleine Gruppe enthusiastischer Hot Rodder Shelbys mit Mustang-Merkmalen baute. Jetzt werden unter der Ägide von Ford Mustangs mit Shelby-Merkmalen gebaut. Von Rennwagen keine Spur mehr. Vielleicht hätten Simon and Garfunkel sich im berühmten Song „Mrs. Robinson“ weniger um Joe DiMaggio kümmern und lieber danach fragen sollen, wohin Carroll Shelby gegangen war? Die „lonely eyes“ suchen nach dem Geist der originalen Shelby-Mustangs, und der ist 1968 unauffindbar. Es ist eine veränderte Welt mit sehr veränderten Autos. Es geht nicht mehr um „Leistung um jeden Preis“, sondern um Luxussportwagen, die vor allem nach viel Leistung aussehen.

Oben: Der Motorraum eines 1968er GT350 mit seinem herausgeputzten 302-cui-V8.

Unten: Auf dem Drag-Strip kann der 428er-Cobra-Jet zeigen, was in ihm steckt.

Ein „rabenschwarzer" GT350 zeigt der Kamera die Rücklichter, als er in Richtung Horizont verschwindet.

Die Mag-Style-Radkappen, wie sie Standard am 1968er Shelby sind, sehen wirklich echt aus.

Mit jedem neuen Modelljahr wird die Innenausstattung der Shelby-Autos komfortabler. Die Uhren in der Mittelkonsole gibt es ausschließlich in Shelby-Mustangs. Stewart-Warner produziert sie für Ford.

Mit offenem Verdeck und dem herrlichen Sound des Cobra-Jet-Motors in den Ohren gibt es kaum etwas Besseres, als an einem Tag wie diesem ein KR-Cabrio mal so richtig auszufahren. Es sei denn, Sie schnallen ihr Surfbrett an den eigens dafür vorgesehenen Ringen fest und fahren gleich zum Strand.

So ein schwarzer Shelby hat schon was. Die Farbe lässt den Mustang böse aussehen, während Hutzen und Luftschlitze subtiler erscheinen.

Aber auch ein weißer Shelby ist natürlich ganz und gar nicht ohne.

Mustang GT California Special (1968)

Obwohl Shelby American niemals eine Coupé-Version des GT350 oder des GT500 baut, führen die beiden Prototypen des Konzepts, *„Little Red"* und *„Green Hornet"*, zu einer von Shelby inspirierten Mustang-Sonderedition namens „California Special". Zu dieser Zeit ist die Region um Los Angeles der wichtigste Absatzmarkt für Ford, und man ist der Meinung, dass ein Fahrzeug mit dem Namen California in limitierter Auflage den Absatz noch fördern würde.

Ein halbes Jahr nach der Einführung der 1968er Mustangs wird das GT/CS-Coupé als „das Auto, das Kalifornien seine Existenz verdankt" und als „der aufregendste Mustang seit dem Mustang" angepriesen. Es handelt sich eigentlich nur um ein Mustang-Coupé mit einem Hauch von Shelby-Styling. Das GT/CS-Paket umfasst Nebelscheinwerfer in einem als „wild" gepriesenen schwarzen Kühlergrill, „sündhafte" seitliche Hutzen mit speziellen GT/CS-Streifen, eine mit Lüftungsschlitzen versehenen Haube mit Blinker-Indikatoren, Rennsport-Haubenverschlüsse und einen Fiberglas-Kofferraumdeckel mit Entenschwanz-Spoiler im Shelby-Stil, passende Kotflügel-Verlängerungen und die Thunderbird-Rücklichter, die auch die 1968er Shelby-Mustangs tragen.

Insgesamt werden im Ford-Werk in San Jose 4025 California Specials gebaut. Außerdem gibt es eine fast gleiche Sonderedition von 300 Mustangs für die Region Denver, Colorado. Diese Fahrzeuge tragen die Bezeichnung „High Country Special".

Die Mitglieder des kalifornischen Ford-Händlerverbands lernen den von Shelby inspirierten Mustang GT/CS kennen. Die Reklametafel zielt auf den kalifornischen Markt, dort verkauft Ford die meisten Mustangs. Es ist eine interessante Wendung, dass es 2007 die GT/CS-Option wieder für den aktuellen Mustang GT gibt, und gleichzeitig der Shelby-Mustang wieder im Ford-Sortiment auftaucht.

Neben den sieben serienmäßigen Farben, in denen der 1968er Shelby erhältlich ist, können die Kunden auch aus einem Spektrum von Speziallackierungen wählen. Insgesamt werden nur 159 Autos mit diesem Extra bestellt. Von diesen werden 43 GT500 KR im Farbcode WT6066 bestellt, der schlicht „Yellow" heißt. Die gelben Autos erhalten als einzige schwarze Schwellerstreifen. Hier sehen Sie ein originales KR-Cabriolet mit WT6066 und Vierganggetriebe, das vom Autor restauriert und 2006 für 302.400 Dollar bei Barrett-Jackson verkauft wurde. *Mit freundlicher Genehmigung von Barrett-Jackson Auction Co. LLC. ©2009 Barrett-Jackson*

Der Motorraum des gelben GT500 KR. Die Aufkleber auf Luftfilterdeckel und Lüftergehäuse fehlen. Dabei handelt es sich um nicht originale Komponenten, die gewöhnlich bei Restaurierungen aufgebracht werden. *Mit freundlicher Genehmigung von Barrett-Jackson Auction Co. LLC. ©2009 Barrett-Jackson*

20

GT350 und GT500 (1969/1970)

Als Ford die Entwicklung eines neuen Mustangs für das Modelljahr 1969 angeht, ist klar, dass die Shelby-Mustangs für 1969 ebenfalls völlig neu daherkommen werden. Der einst kleine Mustang von 1965 wird nun ein weiteres Mal größer, breiter und schwerer. Es geht ihm ein bisschen so wie Elvis Presley. Verschwunden ist die junge, energische, schlanke und markante Erscheinung, an ihre Stelle tritt eine gealterte, aufgedunsene und übergewichtige, die obendrein nach allen Regeln der Kunst vermarktet wird. Bei der kleinsten Anstrengung bricht ihr der Schweiß aus – und dann all diese Pailletten. Merkwürdigerweise scheint das aber niemanden zu stören.

Das Design des 1969er Shelby ist auffälliger als jede frühere Version, und es bietet eine Menge Möglichkeiten zur Kreation eines einzigartigen Looks für den neuen Shelby. Dessen vordere Kotflügel und die Motorhaube sind jetzt aus Fiberglas, und das Auto hat eine längere, individuell gestaltete Schnauze, die völlig anders aussieht als die des Mustang. Ein scharf gezeichneter Chromrahmen integriert Stoßstange, Kotflügel- und Motorhauben-Vorderkante und fasst den tief eingezogenen Grill mit den beiden großen Rundscheinwerfern ein. Unter der Stoßstange sind zwei rechteckige Lampen angebracht. Die neuerdings einzelnen Hauptscheinwerfer bergen jetzt Abblend- und Fernlicht.

Reden wir über Hutzen: Die neue Motorhaube hat gleich fünf: drei im NACA-Stil vorn und zwei passende „Ausgangskanäle" vor der Windschutzscheibe. Dazu kommen Öffnungen vor den vorderen Radhäusern. Die in den Flanken hinter den Türgriffen dienen der Bremsenkühlung. Das Fastback nennt Ford jetzt „Sportsroof". Beim Cabrio rutschen die Hutzen vor die Radläufe. Der Glasfiber-Kofferraumdeckel hat einen integrierten Spoiler, dazu gibt es passende Kotflügel-Verlängerungen. Zwischen denen dominieren die sequentiell aktivierten 1965er Thunderbird-Rückleuchten auf dem ebenfalls aus Fiberglas gefertigten Heckspiegel mit mittig montiertem Tankdeckel.

Unter dem Nummernschild mündet der Doppelauspuff in ein Endstück aus Aluminiumguss. Das sieht toll aus, aber schnell stellt sich heraus, dass der heiße Auspuff und der belüftete Tankdeckel unmittelbar darüber eine denkbar fatale Kombination bilden. Bei vierzehn Autos entzünden sich die Benzindämpfe, und Shelby ruft alle mit belüfteten Tankdeckeln zurück und tauscht diese gegen nicht belüftete aus. Der Tankstutzen erhält ein Lüftungsventil im Kofferraum, das die Dämpfe unter Umgehung weiterer Zündquellen aus dem Auto herauslenkt.

Die Seitenstreifen sind längst ein Shelby-Markenzeichen und gehören wieder zur Standardausstattung. 1969 sind es streng genommen fünf: vier schmale flankieren einen breiten, der die Radhäuser in Kniehöhe miteinander verbindet. Die GT350- und GT500-Schriftzüge finden sich innerhalb des Mittelstreifens direkt vor den Lufthutzen in den vorderen Kotflügeln. Die Streifen kommen von 3M und bestehen aus reflektierendem Material. Sie sind in weiß, blau, schwarz und goldfarben erhältlich, abhängig von der gewählten Lackfarbe.

Die Wahl der Felge erfordert 1969 keine lange Überlegung. Es gibt nur eine. Die neue 15x7-Zoll-Fünfspeichenfelge besteht aus einem Aluminiumträger und einem verchromten Felgenring. Standardbereifung ist der Goodyear E70-15 Wide Oval, F60-15-Reifen sind als Extra erhältlich.

Abgesehen von ein paar wenigen Ergänzungen entsprechen alle Shelby-Interieurs der Mustang-Deluxe-Innenausstattung. Es gibt eine spezielle Mittelkonsole mit einem verrippten Deckel für das Staufach, Scheinwerfer und Deckenleuchten werden mit schicken Kippschaltern bedient, spezielle Aussparungen sorgen

Die Shelby-Versionen unterscheiden sich erheblich von den Basis-Mustangs, schon wegen der vielen Hutzen. Die reflektierenden 3M-Streifen ändern je nach Blickwinkel und Lichteinfall die Farbe.

Oben: Dieses frühe Werksfoto zeigt einen der ersten 1969er Shelbys auf der Teststrecke des Werks in Michigan.

Rechts: Der Erstbesitzer dieses 1969er GT500 Cabriolets in Grabber Orange war höchstwahrscheinlich kein sehr auf Zurückhaltung bedachter Mensch.

Diese Werbung für das Modelljahr 1969 erklärt, wo die Shelby-Mustangs nur vier Jahre, nachdem der erste raubeinige 1965er GT350 entwickelt wurde, angekommen sind: Es sind jetzt sportliche Luxusautos mit Renn-Image und keine Rennwagen für die Straße mehr.

Der Shelby-Look: Glasfiber-Kotflügelverlängerungen und -Kofferraumdeckel und die vom Thunderbird übernommenen Einfassungen der Rücklichter.

dafür, dass die Schnallen der Sitzgurte da bleiben, wo sie hingehören, wenn sie nicht benutzt werden, und zwei Uhren vor dem Schalthebel informieren über Öldruck und Batteriezustand. Wieder verfügen sowohl die Sportsroof- als auch die Cabriolet-Version über Überrollbügel mit Hosenträgergurten. Shelby hinterlässt überall seine Spuren, etwa in Form des Logos am Lenkrad und an den Gurtschnallen.

290 PS leistet der neue 351-cui-„Windsor". Auf der Alu-Ansaugspinne thront ein Autolite-Vierfachvergaser mit Ram Air. Verrippte „Cobra"-Aluminiumventildeckel erfreuen vor allem das Auge. Der GT500 hat den 428er-CJ, der es genau wie der 1968er auf rund 335 PS bringen soll – allerdings entspricht neuerdings die Zahl wohl auch der Wahrheit. Die Grauguss-Ansaugbrücke kommt von Ford, der Vierfachvergaser von Holley, dazu gibt es Ram Air und Alu-Ventildeckel mit der Aufschrift „428 Cobra Jet".

Beide Shelby-Mustangs des Jahrgangs haben mehr als genug Power unter der Haube, doch der Unmut der amerikanischen Umweltbehörde EPA ist zu diesem Zeitpunkt längst branchenweit zu spüren. Die Schadstoffbegrenzungsvorschriften nehmen die Muscle-Cars in die Mangel, und die Motoren verschwinden unter einem Gewirr von Schläuchen und Geräten, die alle irgendwie der Luftreinhaltung dienen sollen.

Die Getriebe sind davon jedenfalls nicht betroffen. Es gibt zweierlei Automatik: Die der GT350 heißt FMX, die der GT500 C6. Je nach Motor und Endantrieb werden außerdem zwei unterschiedlich abgestufte Versionen des Top-Loader-Vierganggetriebes angeboten.

1970er Shelbys erkennt man leicht an den schwarzen Streifen auf der Kühlerhaube.

Die Hutzen in der Motorhaube sind kein Blendwerk: Sie versorgen das Ram-Air-Ansaugsystem mit Frischluft, das beim GT350 und beim GT500 zur Standardausstattung gehört. Das Foto zeigt den Luftfilter eines 351-cui-GT350.

Anders als in den vergangen Modelljahren werden die 1969er- und 1970er-Fahrzeuge nur mit einer Sorte Felgen ausgeliefert.

Wieder einmal fordert die Hertz-Autovermietung einige speziell aufgemachte GT350 an und ordert schließlich insgesamt 150 Autos, alle in der Sportsroof-Version, die fast genauso ausgestattet sind wie im Modelljahr 1968: Automatikgetriebe, Klimaanlage, umklappbare Rücksitzbank, schwenkbares Lenkrad, getönte Scheiben, Mittelwellen-Radio. Außerdem verfügen alle Fahrzeuge über eine 3:1-Hinterachse und E70-15-Reifen. Wie gehabt ergänzen die Autos die Flotte des „Hertz Sports Car Club".

So fabelhaft die neuen Shelbys auch aussehen mögen, die Verkaufszahlen sind enttäuschend. Das hat mehrere Gründe: Die Konkurrenz ist stärker geworden – auch im eigenen Hause. Boss 302-, Boss 429- und Mach-1-Mustangs haben die gleiche oder gar höhere Leistung und kosten weniger Geld. Möglicherweise ist der Markt für Shelby-Mustangs langsam gesättigt. Es kann natürlich auch sein, dass Leute, die früher Shelbys wegen ihrer brutalen Leistung gekauft haben, mit dem neuen „shelbysierten" Ford nichts anfangen können.

Woran auch immer es liegt – zum Ende des Modelljahres 1969 setzt Carroll Shelby dem Shelby-Mustang ein Ende. Shelby und Ford kommen überein, dass es im Modelljahr 1970 keinen neuen geben wird. So werden die verbleibenden 789 Stück, die noch nicht verkauft sind, geringfügig aktualisiert, mit neuen Seriennummern versehen und als 1970er Modelle verkauft.

Die 1969er und 1970er Shelby-Seriennummern

1969 und 1970 erhalten alle Shelbys eine stark vereinfachte FIN.

Aufschlüsselung der Shelby-FIN am Beispiel von 9F02M481234:
Die **erste Ziffer** nennt das Modelljahr: 9 = 1969, 0 = 1970,
die **zweite Stelle** verrät das Montagewerk: F = Metuchen, NJ,
die **dritte und die vierte** die Karosserieausführung: 02 = Fließheck; 3 = Cabriolet,
die **fünfte** den Motorcode: M = 351 (GT350); R = 428er Cobra Jet (GT500),
die **sechste und siebte** stehen für Shelby: 48,
die **achte bis elfte** sind die fortlaufende Shelby-Produktionsnummer. Die erste ist 0001, die letzte 3295.

Aufschlüsselung der 1969er und 1970er Türschilder:

Karosserie-Code:
63C = Fastback; 76B = Cabriolet

Farb-Code:
65 = Acapulco Blue, Fastback; 6 = Acapulco Blue, Cabriolet;
C5 = Black Jade, Fastback; C = Black Jade, Cabriolet;
45 = Silver Jade, Fastback; 4 = Silver Jade, Cabriolet;
F5 = Gulfstream Aqua, Fastback; F = Gulfstream Aqua, Cabriolet;
D5 = Pastel Gray, Fastback; D = Pastel Gray, Cabriolet;
T5 = Candy Apple Red, Fastback; T = Candy Apple Red, Cabriolet;
B5 = Royal Maroon, Fastback; B = Royal Maroon, Cabriolet;
M5 = White, Fastback; M = White, Cabriolet; *5 = „Grabber"-Töne, Fastback; ** = „Grabber"-Töne, Cabriolet
Anmerkung: Sonderfarben werden in den Produktionsunterlagen festgehalten. Auf dem Schild bleiben eine oder zwei Stellen frei (*).

Innenausstattung:
3W = weiß, Fastback (frühe Ausführung); 3WA = weiß, Fastback (spätere Ausführung); FW = weiß, Cabriolet (frühe Ausführung); FWA = weiß, Cabriolet (spätere Ausführung), 3A = schwarz, Fastback (frühe Ausführung); 3AA = schwarz, Fastback (spätere Ausführung); FA = schwarz, Cabriolet (frühe Ausführung); FAA = schwarz, Cabriolet (spätere Ausführung); 3DA = rot, Fastback

Produktionsdatum:
Das Datum steht vor dem Monats-Code. Das Produktionsjahr umfasst neun Monate: L = November; M = Dezember; A = Januar; B = Februar; C = März ; D = April; E = Mai; F = Juni; G = Juli

Bestellnummern:
Bei der internen Ford-DSO-Code-Nummer, an der sich die wichtigsten Merkmale des Auto ablesen lassen, werden ähnliche Fahrzeuge für die Produktion gruppiert; für Shelby vorgesehene Autos beginnen mit 84.

Achsen:
Ziffern stehen für ungesperrte Hinterachsen, Buchstaben für solche mit Sperrdifferenzial.
1 = 2,50:1 = J; 2 = 2,75:1 = K; 3 = 2,79:1 = L; 4 = 2,80:1 = M; 5 = 2,83:1 = N; 6 = 3,00:1 = O; 7 = 3,10:1 = P; 8 = 3,20:1 = Q; 9 = 3,25:1 = R; A = 3,50:1 = S; B = 3,01:1 = T; C = 3,08:1 = U; D = 3,91:1 = V; E = 4,30:1 = W

Getriebe:
5 = Vierganggetriebe; 6 = enggestuftes Vierganggetriebe; U = C6-Automatik; X = FMX-Automatik

Produktion:

1969: 2361
1970: 789

Prototypen: 3
GT350 Fastback: 935
GT350 Fastback für Hertz: 152
GT350 Cabriolets: 194
GT500 Fastback: 1534
GT500 Cabriolets: 335

Gesamt 1969/70: 3153

Deren Motorhauben werden mit zwei schwarzen Streifen versehen. Die Frontschürze erhält den Kinnspoiler des Mustang Boss 302. Unter den strengen Augen des FBI werden die 1969er FIN-Schilder entfernt und durch die neuen 1970er ersetzt. Anschließend zerstören die FBI-Leute die alten Schilder. Die versteckt angebrachten Nummern auf den vorderen Seitenteilen bleiben erhalten. Unterm Strich beläuft sich die Gesamtproduktion in den Jahren 1969 und 1970 auf 3153 Fahrzeuge. Das sind viel weniger als Shelby allein im Jahr 1968 verkauft hat. So verschwindet auch der Shelby-Mustang. Nun, zumindest für einige Jahrzehnte.

Obwohl sie nicht so sexy sind wie die GT500 der früheren Jahre, haben sie den Siebenliter-Bigblock mit Ram-Air. Wir danken der US-Regierung ganz herzlich für diesen vollgestopften Motorraum.

Das zentrale Endrohr aus Aluminiumguss ist seinerzeit etwas Extrafeines. Hinter der Schürze verbindet ein Sammler aus Aluminiumguss die beiden Rohre der serienmäßigen Mustang-Auspuffanlage und führt die Abgase zum Endrohr. Leider kostet das eine Menge PS, auch Korrosion ist ein Problem, und ein paar Fahrzeuge geraten wegen der engen Nachbarschaft des Rohrs zum Tankdeckel in Brand – aber das Ding klingt toll und sieht cool aus.

Oben und rechts: Beim Sportsroof-Shelby sind die Hutzen hinter den Türgriffen angebracht, die Cobra-Snake auf der Dachsäule. Die Cabriolets tragen eine etwas andere Hutze vor dem Radhaus, während die Schlange ans hintere Ende des Kotflügels versetzt wird.

Lauter Dinge, die einzeln ziemlich lächerlich aussähen, funktionieren hier im Zusammenspiel ganz hervorragend. Bei den Cabrios fällt der Überrollbügel viel mehr auf. Weil es dem freistehenden Bügel an struktureller Festigkeit mangelt, sind die Hosenträgergurte der Cabrios an den hinteren Seitenteilen befestigt.

Die Fußmatten stammen nicht aus dem Zubehörhandel. Es handelt sich um eingenähte Vinyl-Einsätze, die zur Standardausstattung gehören. Sie sind farblich abgestimmt und sehen in leuchtendem Rot großartig aus. Die Matten passen zu einem gleichfarbigen Streifen, der unter der integrierten Kopfstütze in den Sitzbezug eingearbeitet ist.

Luxus im Innenraum kennzeichnet die 1969er- und 1970er-Autos. Weil die Shelbys mit dem Besten konkurrieren müssen, was Vetter Lincoln zu bieten hat, ist das Interieur piekfein. Zu den Spezial-Features gehören integrierte Überrollbügel mit Automatik-Hosenträgergurten, Verkleidungen aus Holzimitat, schwenkbare Lenkräder, Spezialinstrumente und das ganze Spektrum von Cobra-Snake-Logos. Viele Autofahrer hatten früher Lenkradhüllen im California-Custom-Stil. Die waren im Shelby Standard, und viele Besitzer fanden sie ganz entsetzlich. Sie schnitten sie heraus und erhielten dann später die Quittung dafür.

Die von Shelby überarbeiteten 1969er Trans-Am-Mustangs

Bekanntlich hat Ford die 1968er Trans-Am-Meisterschaft verbockt, und begreiflicherweise will man nicht noch eine weitere Blamage riskieren. Das 1969er Programm muss anders aussehen. Ford verlässt sich für den Bau des 1969er Trans-Am-Mustangs nicht mehr auf eine einzige Werkstatt, sondern entscheidet sich, drei Tuner mit der Überarbeitung der Autos zu beauftragen.

Im Januar 1969 liefert das Werk sieben Mustang Sportsroof in Basisausführung mit 351er-Motoren und Vierganggetriebe. Einer geht an Kar Kraft in Michigan, drei zu Bud Moore Engineering in Spartanburg, South Carolina, und drei an Shelby Racing in Torrance, Kalifornien.

Wie stets baut Shelby die Autos unter Beachtung der Trans-Am-Vorschriften. Das soll nicht heißen, dass man nicht die eine oder andere Lücke nutzt oder ein paar der Regeln anders interpretiert, als es die Verfasser vorgesehen hatten, aber die Autos sind auf jeden Fall konform. Und leichter: 160 Kilogramm spart Shelby mit dünnem Fensterglas und Fensterhebern aus Aluminium sowie ein paar weiteren bewährten Tricks. Am Ende haben die Shelbys mit normalen Mustangs nur noch die äußere Erscheinung gemein. Unterm Blech ist alles Spezialanfertigung, vom Fahrwerk bis zum Überrollbügel.

Ford beliefert Shelby mit eigens für den Rennsport präparierten Versionen des Boss 302, die es auf fast 500 PS bringen. Die Shelby-Fahrzeuge sind in einem dunklen Marineblau lackiert und mit weißen Boss-302-Streifen verziert.

Am Ende der Saison sieht die Erfolgsbilanz der Konkurrenzprodukte von Bud Moore besser aus. Außerdem kündigt Ford an, das Rennbudget für 1970 auf ein Minimum zu kürzen. Moore wird das einzige Trans-Am-Werks-Team für 1970 stellen. Carroll Shelby hält das für einen guten Zeitpunkt, aus dem Renngeschäft auszusteigen.

Der vierte (von insgesamt fünf) 1969er Shelby-Trans-Am-Mustang. Er und Nummer fünf werden bei Kar Kraft Engineering in Dearborn, Michigan, gebaut und nicht bei Shelby in Torrance, Kalifornien. Fahrer sind Horst Kwech und Peter Revson. Am Ende der Saison 1969 geht der Wagen an Bud Moore Racing. In der SCCA-Trans-Am-Serie der Jahre 1971 und 1972 sitzt John Gimble im Cockpit, ab 1973 geht der Wagen unter einem neuen Besitzer in Mexiko ins Rennen. Ende 1970 kehrt er in die USA und in den Besitz von Bud Moore zurück. 1979 gewinnt er die SCCA-Meisterschaft in der Klasse A/Sedan, bevor er als Fahrzeug der GT-1-Klasse neu eingestuft wird und weiter bei SCCA-Ausscheidungen antritt.

Die Shelby-Trans-Am-Mustangs sind natürlich keine Boss 302, trotzdem werden sie so aufgemacht. Und niemand weiß besser als Ford, dass man mit Rennpräsenz (und einem Renn-Image) Autos verkauft. Die Boss-Anzeige aus dem Jahr 1969 zeigt die Nummer 1 der von Shelby gebauten Trans-Am-Mustangs. Die Botschaft: Der neue Boss 302 ist ein verkappter Rennwagen mit Nummernschild.

Mit diesem warmen Schimmer begrüßt das neue 1969er Armaturenbrett die Shelby-Fahrer. Beachten Sie den speziellen 140-mph-Tacho und den 8000-rpm-Drehzahlmesser.

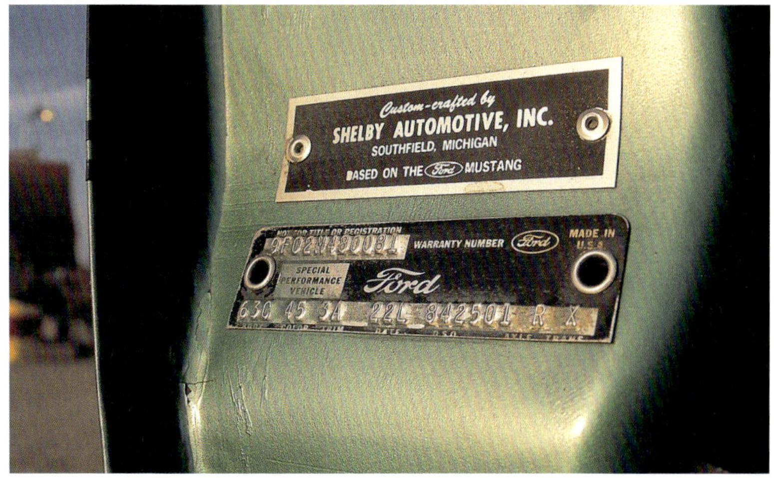

Vorbei sind die Zeiten der echten, von Shelby gebauten Mustangs aus Kalifornien, und auch die Tage der aktuellen Autos, „custom-crafted" von Shelby Automotive und gebaut von A. O. Smith in Michigan, sind bereits gezählt.

Ein 1969er GT500 macht sich bereit, die Reifen warmzudrehen und auf seine 1320 Fuß lange Reise zu gehen.

21

Shelby de Mexico (1967 bis 1971)

Wir alle haben schon einmal von Shelbys Chili gehört, aber kennen Sie auch seine Salsa? Shelby de Mexico S.A. gehört ganz sicher zu den größten Abenteuern, in die der große Texaner sich je gestürzt hat

Eduardo Velazquez ist ein Auto-Enthusiast erster Ordnung, und außerdem der Sohn eines betuchten mexikanischen Diplomaten. Nachdem er in Europa zur Schule gegangen ist und bereits Karriere als Jurist gemacht hat, sattelt er um und geht ins Autozubehör-Geschäft. Ford of Mexico baut seit der Einführung des Mustangs die Exemplare für den mittelamerikanischen Markt, und Velazquez bietet sich Shelby American als exklusiver mexikanischer Vertriebspartner an. Ende 1965 ist Velazquez der größte Abnehmer von Shelby-Teilen. Im Januar 1966 bestellt er bei Shelby einen eigenen Mustang, um damit in seiner Heimat an Rennen teilzunehmen. Das Auto ist wahrscheinlich eines der 1965er Mustang-Coupés, die bei Shelby American für die Entwicklung des GT350-Chassis verwendet wurden. Velazquez lässt es in Lew Spencers und Carroll Shelbys Vertretung „High-Performance Motors“ für den Rennsport präparieren.

Als er nach einem Monat zurückkehrt, um den Wagen abzuholen, lernt Velazquez Carroll Shelby kennen. Schnell werden die beiden Freunde und bald reift die Idee, die Firma Shelby de Mexico S.A. zu gründen. Dieses Unternehmen soll von Shelby und Velazquez partnerschaftlich geführt werden, und Shelby de Mexico wird im Land gebaute Mustangs mit Teilen und Zubehör von Shelby American verkaufen. 1967 soll es losgehen. Da in Mexiko nur das Coupé gefertigt wird, sind alle Autos von Shelby de Mexico automatisch Stufenheck-Autos.

Übrigens schreibt das mexikanische Recht vor, dass alle in Mexiko gebauten Autos auch zu mindestens 45 Prozent aus im Land gefertigten Komponenten bestehen müssen. So haben die mexikanischen Shelbys anstelle des 289ers den in Mexiko geschmiedeten 302-cui-Motor. Die Hinterachsen kommen von der mexikanischen Dana-Corporation-Niederlassung, und auch die Goodyear-Reifen sind „Hecho en Mexico“.

Die 1967er und 1968er Autos von Shelby de Mexico haben erstaunliche Ähnlichkeit mit dem Prototypen „Little Red“. Alle basieren auf dem GT-Coupé und haben das von Shelby modifizierte Export-Fahrwerk, Koni-Stoßdämpfer, 15-Zoll-Zehnspeichen-Alus, das vollständige Cobra-Kit für den Motor, Alu-Ansaugbrücke mit Holley-Vierfachvergasern, „tri-Y“-Auspuffkrümmer, Dreispeichen-Holzlenkrad, 1966er Tacho und Drehzahlmesser im GT350-Stil, 1967er GT350/GT500-Rücklichter, Fiberglas-Kotflügel sowie GT350-Logos und GT350-Schwellerstreifen, die das Auto dem 1968er California Special sehr ähnlich machen.

1967 werden 169 Autos gebaut, 1968 sind es 203. Die 1969er sind ihnen sehr ähnlich, obwohl sie diesmal auf dem neuen 1969er Coupé basieren. Auffälligster Unterschied sind die finnenartig weit nach hinten auslaufenden Dachsäulen, die dem Wagen ein einzigartiges Fastback-Aussehen geben. Das Dach ist mit Vinyl bezogen. Am Heck gibt es den bekannten Entenbürzel-Abschluss samt den breiten Rückleuchten, die ursprünglich vom 1965er Thunderbird stammen. Die Frontmaske entspricht der des 1969er Mustang Mach 1, und erneut werden Zehnspeichen-Alus montiert. Shelbys GT350-Streifen und -Logos runden das Paket ab. 1969 baut Shelby de Mexico 306 Autos.

Fast 20 Jahre, nachdem diese Shelby-de-Mexico-Autos in Mexiko als Neuwagen verkauft wurden, kommen einige von ihnen in die USA. Dieses originalgetreu restaurierte Exemplar ist eins davon.

Thunderbird-Rückleuchten, das Vinyl-bezogene Fastback-Dach und die spezielle, mit Lüftungsschlitzen versehene Motorhaube kennzeichnen den Mexiko-Shelby.

Unter der Haube leisten die Export- und die Le-Mans-Strebe dem „Dress-Up-Kit" für den Motor Gesellschaft. Abgaswerte sind in Mexiko 1969 kein Thema.

1969 lässt Velazquez auch einen Rennwagen bauen. Siege sollen den Absatz ankurbeln. Das Auto wird erheblich umgebaut. Fiberglas-Teile werden eingebaut, wo es nur geht: Türen, Kotflügel, Motorhaube, Kofferraumdeckel und Wagenschnauze. Der Rahmen wird verstärkt, unter anderem durch einen eigens entworfenen Überrollkäfig. Die Geheimwaffe aber ist der Motor. Mit Shelbys Hilfe wird ein auf 377 cui aufgebohrter experimenteller 302-Rennmotor mit vier Weber-Vergasern und Gurney-Weslake-Köpfen ausgestattet, der es bei 7000 Touren auf mehr als 450 PS bringt. Wie erhofft erweist sich das Auto als außerordentlich erfolgreich und gewinnt mehrere Meisterschaften.

1970 wird ein ähnlicher Rennwagen gebaut, diesmal mit einem präparierten 351er-Windsor. Auch dieses Auto ist nahezu unschlagbar. 1970 baut Shelby de Mexico übrigens keine Serienwagen.

1971 wird die Produktion wieder aufgenommen, diesmal auf der Basis des aktuellen Mustang. Das neue Auto heißt GT351, und anders als die früheren Shelby-de-Mexico wird es vor allem optisch aufgemotzt. Die Technik ist Ford-Serie, dazu gibt es Shelbys „Dress-up-Kit" für den Motor, Leichtmetallfelgen, Front- und Heckspoiler sowie „Strobe-Stripes" auf Seiten und Hauben. Es stammt auch nicht alles von Shelby, einiges wird vom Zubehör-Hersteller Superior Industries zugekauft. Die Stückzahlen sind unbekannt, aber Velazquez schätzt, dass rund 250 Exemplare gebaut wurden.

Die letzten Fahrzeuge, die Shelby de Mexico baut, sind modifizierte Ford Mavericks. Obwohl serienmäßige Ford-Technik verwendet wird, gerät die Umgestaltung ziemlich aufwändig. Es sind nicht mehr viele Details bekannt, aber alte Fotos zeigen den Maverick mit Mercury-Comet-Kühlergrill und Motorhauben mit Boss 429er-Hutzen sowie außen montiertem Disco-Drehzahlmesser, T-Bird-Heckleuchten, Heckspoiler, 15 Zoll großen Ansen-Sprint-Magnesiumfelgen und reflektierenden Seitenstreifen, die fast genauso aussehen wie die der in den USA verkauften Maverick Grabber. Fast 300 Autos werden gebaut.

Ende 1971 steigt Shelby aus dem Zubehör-Geschäft aus. Das bedeutet, dass seine Partnerschaft mit Eduardo Velazquez ebenfalls endet. Die Shelby-de-Mexico-Connection ist tatsächlich eine der außergewöhnlichsten Unternehmungen, die Carroll Shelby in der Blütezeit von Shelby American angeht.

Ein neuer 1971er GT351 wartet beim Händler auf einen Käufer.

Oben: Der Shelby-de-Mexico-GT350-Rennwagen dominiert 1969 und 1970 die Rennszene in Mexiko.

Unten: Dieses Werbefoto wird im November 1968 beim Händler aufgenommen. Der mexikanische GT350 ist ein anderes Kaliber als der, den Shelby im gleichen Jahr in den USA vermarktet.

22

Ferrari muss bezwungen werden: Der Ford GT40

Die ganze Geschichte des legendären Ford GT40 füllt mehrere Bände – und die gibt es ja längst. Da es hier aber um die Autos geht, die Shelby baute oder bei deren Entwicklung er eine entscheidende Rolle gespielt hat, wird hier auch vom GT40 zu reden sein: Der ist kein Shelby-Produkt, und er ist eigentlich ursprünglich noch nicht einmal ein Ford-Produkt. Dieses Kapitel schildert die Beteiligung von Shelby American am GT40-Projekt und gibt einen allgemeinen Überblick über einige der vielen Varianten dieses Autos.

Der Hintergrund: Henry Ford II. ist die treibende Kraft hinter dem „Total Performance“-Programm von Ford. Soll das Erfolg haben, müssen Fords in allen Bereichen des Motorsports gewinnen. Dazu gehören die wichtigen Sportwagenrennen in Europa – allen voran der Langstreckenklassiker, die 24 Stunden von Le Mans. Mehr Prestige als mit einem Sieg an der Sarthe lässt sich kaum gewinnen.

So sucht Ford 1963 nach einem Unternehmen, mit dem er sich zusammentun und eine Attacke auf die europäische Rennsportszene reiten kann. Als er hört, dass Enzo Ferrari möglicherweise nicht abgeneigt wäre, sein Unternehmen zu verkaufen, nimmt er sofort Verhandlungen auf. Aber es kommt anders: Nachdem Ford bereits Millionen Dollar und jede Menge Zeit in Geschäftsanalysen und Verhandlungen gesteckt hat, tritt Enzo Ferrari in letzter Minute von dem Deal zurück. Es heißt, dass er am Ende den Gedanken nicht ertragen hätte, von Ford vorgeschrieben zu bekommen, wann und wo er an den Start gehen darf.

HFII, Kopf eines der mächtigsten Autohersteller der Welt und ein durch und durch stolzer Mann, nimmt das persönlich, empfindet es als Beleidigung. Und so etwas mag Henry Ford II. ganz und gar. Er gibt umgehend Order: Man stelle ein Team auf, das einen Ford entwickeln soll, der Ferrari bezwingt. HFII will Blut sehen und er will Ferrari da treffen, wo es weh tut. Auch Carroll Shelby gehört zum Team.

Es gilt nun, ein Auto zu finden, das sich als Fundament für den von Ford geforderten neuen Rennwagen eignet. Nachdem man alle möglichen Fabrikate von Cooper bis Lotus in Erwägung gezogen hat, findet Ford einen weiteren in England produzierten Rennwagen, der das Management schließlich am meisten beeindruckt: Eric Broadleys Lola GT. Das ist ein innovativer Renner mit Monocoque und Mittelmotor – und nicht irgendeinem, sondern einem Ford-Smallblock. Die moderne und aerodynamisch hochwertige Coupé-Karosserie ist lediglich 42 Zoll hoch. Der Lola GT scheint ein ausreichend schnelles, leichtes und robustes Auto zu sein, um als Grundlage für Fords Ferrari-Killer zu taugen. Bald wird er der Ford GT sein.

Im Rahmen der Vereinbarung mit Lola besteht Ford darauf, dass Broadley an der Entwicklung des Projektes mitwirkt. Ford kauft zwei Lola GT, und die Dinge nehmen ihren Lauf. Eine Gruppe von Ingenieuren reist nach England, um Rahmen und Fahrwerk zu perfektionieren. Die Crew soll Hand in Hand mit Broadley und John Wyer arbeiten, den Ford als Leiter des europäischen Teams eingestellt hat. Schon bald wird eine schnittige, neu konstruierte Karosserie mit dem von Ford überarbeiteten Lola-Chassis vereint. Das Auto ist nun nur noch 40 Zoll hoch und wird ab sofort GT40 genannt.

Der Öffentlichkeit wird der neue Renner im April 1964 vorgestellt. Er hat den komplexen, 358 PS starken 255-cui-V8 aus dem Indianapolis-Programm von Ford sowie ein Viergang-Getriebe von Colotti.

Der erste GT40-Prototyp, Chassis-Nummer 101, hat einen 255er-Indy-Rennmotor. Er wird 1964 in Le Mans zerstört, als Jo Schlesser bei hoher Geschwindigkeit mit dem Wagen abhebt. Leider verschrottet Ford die Reste des Autos.

Can-Am (1967 und 1968)

1967 heißt die Rennserie, in der Shelby 1963 und 1964 mit seinen King Cobra Coopers an den Start gegangen ist, „Can-Am". Das ist Rennsport vom Feinsten, und es ist ungezähmter Rennsport. Die Motorleistung unterliegt keinem Limit, auch sonst gibt es kaum Einschränkungen, solange die Autos zwei Sitze haben und die Räder abgedeckt sind. Es ist eine Art Sportwagen-Rennsport im Wild-West-Stil, und die Fans können gar nicht genug davon kriegen. Shelby wird von diesem grenzenlosen Wettkampf magisch angezogen.

Der King Cobra Cooper Monaco war 1963/1964 alles andere als erfolgreich, also will Shelby für die Saison 1967 ein frisches Design, ein von Grund auf neu konstruiertes Auto. Das Ergebnis ist die neue „King Cobra", obwohl sich dieses Auto so sehr vom Original unterscheidet, dass viele es „Cougar Cobra" nennen, um Verwechslungen zu vermeiden.

Shelby beauftragt den ehemaligen Lotus-Ingenieur Len Terry, der sich mit Frank Nichols, dem Schöpfer der Elva-Sportwagen, zusammentut, mit der Entwicklung und dem Bau der Cougar Cobra. Die beiden gründen ein Unternehmen mit dem Namen „Transatlantic Automotive Consultants" (TAC). Das Ergebnis ist ein Mittelmotor-Wagen mit Monocoque-Chassis aus Aluminium mit einer äußerst unkonventionellen Radaufhängung mit einem querliegenden Stoßdämpfer für beide Räder einer Achse. Das 675 Kilogramm leichte Auto hat einen 351 cui großen Ford-Motor mit Gurney-Weslake-Zylinderköpfen und Weber-Vergasern, der es auf rund 500 PS bringt. Es ist ganz sicher schnell, aber auch noch völlig unausgereift und ohne echte Chance gegen Konkurrenten wie McLaren und Lola mit Chevy-Bigblocks mit 700 PS und mehr.

Drei Cougar-Cobra-Chassis gehen an Shelby American, nur ein Fahrzeug wird fertiggestellt und eingesetzt – zweimal. Im zweiten Rennen wird der Wagen bei einem Unfall beschädigt, die brauchbaren Teile werden ausgebaut, der Rest landet in der Schrottpresse.

Chassis Nummer zwei wird an einen Privatfahrer verkauft, der einen Chevy-Motor einbaut und ab 1968 an diversen Rennen teilnimmt. Diese Cougar Cobra existiert noch und ist, jetzt mit passendem Ford-Motor, in vielen Nostalgierennen zu sehen. Chassis Nummer drei wird nie fertiggestellt, existiert aber ebenfalls noch.

1968 unternimmt Shelby einen weiteren Versuch in der Can-Am mit einem Lola T-70, in den ein 351-cui-Ford-Motor eingebaut wird. Es folgt ein McLaren M6 mit einem vollständig aus Aluminium gebauten 427er-Ford-Motor. Beide Fahrzeuge bleiben erfolglos, die Werks-Lolas und -McLarens dominieren die Rennserie. Shelby American bekommt in der Can-Am keinen Fuß auf den Boden. Es fehlt die Magie, die das Team einst mit den Cobras und den GT40 erlebt hat. 1969 macht Shelby Schluss mit dem Rennsport. Die Zeiten haben sich geändert, und unglücklicherweise ist Shelby Racing ein Opfer dieser Entwicklung.

Eine der drei originalen „King Cobra" oder „Cougar Cobra" 1967 während des Aufbaus bei TAC.

„Cougar Cobra", Chassis-Nummer T-10/2, ist das zweite von drei Autos. Shelby verkauft es ohne Motor an einen Privatfahrer, der es komplettiert und mit ihm ins Rennen geht. Hier sieht man das Auto nach seiner Restaurierung Ende der 1980er Jahre in der Original-Konfiguration von 1967. Später wird es in einem Nostalgierennen beschädigt und erneut restauriert. Damit der sehr hoch aufgeschossene neue Besitzer besser Platz findet, wird unter anderem das Fahrwerk verlängert.

Der Shelby/McLaren M6B, Chassis-Nummer 50-12, setzt sich in einem Nostalgierennen an die Spitze.

Der „Le-Mans"-Start ist für GT40-Fahrer eine Herausforderung. Der Innenraum ist geradezu lächerlich eng. Ein geschickter und gewandter Fahrer vermag das rechte Bein hineinzubringen, ohne es sich gegen die Brust zu rammen und ohne dass der Schalthebel im Hosenbein hängenbleibt. Diesem GT40 fehlt die rechte Schwellerverkleidung. Die freiliegenden Rippen gehören zum Pressblechrahmen, der den Kraftstofftank birgt. Man stelle sich vor: Eingeklemmt zwischen zwei Tanks voller Rennsprit, und das bei Tempo 320.

Oben: Road America 1966: Die Zuschauermassen drängen sich an den Zäunen, um den GT40 zu sehen. Man beachte den speziellen Rückspiegel auf dem Kotflügel.

Unten: Ken Miles am Steuer des GT40-Prototypen Nummer 108, einem von fünf gebauten Roadstern. Sowohl Miles als auch Carroll Shelby haben dieses Fahrzeug als Vorführwagen für die Führungskräfte von Ford benutzt – für die Betroffenen sicherlich ein Erlebnis. Auf dem GT350-Prototyp im Hintergrund liegt die Ablage, die anstelle der Rücksitzbank eingebaut wird.

Mit seiner Fiberglaskarosserie auf dem Stahl-Monocoque sieht er schwer nach dem mindestens 200 Meilen (320 Stundenkilometer) schnellen Auto aus, das Ford sich wünscht.

Pech für Ford: Aussehen ist nicht alles, und dem neuen GT40 geht es nicht anders als den meisten neuen Rennwagen – er fängt sich alle Kinderkrankheiten, die gerade angesagt sind. Testfahrten und erste Renneinsätze machen schnell deutlich, dass noch allerhand zu tun ist. So ist der Wagen zwar aerodynamisch ausgefuchst konstruiert, aber die Ingenieure haben zu sehr auf den Luftwiderstand und zu wenig auf den Auftrieb geachtet – der GT40 hebt bei hohen Geschwindigkeiten ganz einfach ab.

Obwohl die neu gegründete Ford-Advanced-Vehicles-Abteilung in England, die das GT40-Projekt in Europa verwalten soll, das Auto nach jedem Rennen weiterentwickelt, bleibt es eine Enttäuschung. Das Team verbessert dies und das, aber das Auto bleibt gefährlich, und der exotische Indy-V8 ist auch nicht gerade ein Muster an Zuverlässigkeit. Am Ende der 1964er Rennsaison steht der erhoffte Ferrari-Killer, in den HFII utopische Summen und Ressourcen gesteckt hat, als Verlierer da. Der Ford-Boss ist alles andere als glücklich.

Da kommen Carroll Shelby und Shelby American ins Spiel. Ford weiß, dass Shelby weiß, wie man Rennen gewinnt. in den Händen der Shelby-Leute – allen voran der geniale Ingenieur Phil Remington – wird der GT40 bald ein brauchbares Auto. Die Liste der Verbesserungen ist endlos, sie umfasst den Austausch der filigranen Drahtspeichenräder von Borrani gegen Halibrand-Magnesiumfelgen, stärkere Bremsen und natürlich Änderungen an der Aerodynamik, die im Großen und Ganzen mit der guten alten Trial-and-Error-Methode entwickelt werden.

Der launische Indy-V8 weicht Shelbys bewährtem 289-cui-Rennmotor, der schon so viele Cobras zu Siegern gemacht hat. Er ist vielleicht nicht besonders ausgefallen, aber er funktioniert. Unermüdlich probiert das Team Neues aus, verbessert und forscht und unternimmt endlose Testfahrten, bei denen der Riverside-Raceway und die Unterhosen so manches Fahrers auf eine harte Probe gestellt werden.

Dank Shelbys Leistungen bei der Entwicklung ist der GT40 bald nicht mehr nur das Auto, das an einem guten Tag auch einmal durchs Ziel geht. Er ist jetzt auf dem besten Weg, der Weltklasse-Rennwagen zu werden, den Ford in Auftrag gegeben hat. Bei Ford hat man nun gelernt, dass es viel Zeit und viele Rennen kostet, ein Siegerauto auf die Räder zu stellen.

Es stellt sich heraus, dass die Smallblock-GT40 – trotz einiger Erfolge – aber immer noch nicht recht für die Hochgeschwindigkeits-Langstreckenrennen in Europa taugen. Die 289er brauchen hohe Drehzahlen, um die erforderliche Leistung zu bringen, und das geht zu Lasten der Zuverlässigkeit. So wird das nichts mit dem Plan, Ferrari zu besiegen. 1965 ist das zweite Jahr, in dem der GT40 in Le Mans ins Rennen geht, ohne sich die Trophäe zu holen.

1966 sieht das anders aus. HFII ist jetzt zu allem bereit. Der GT40 erhält den 427-cui-Motor und heißt ab sofort „Mark II". Die Smallblock-GT40 werden so nachträglich zu Mk.I.

Ford überlässt 1966 nichts dem Zufall, und so holt man die NASCAR-Spezialisten von Holman-Moody ins Boot. Man beliefert H-M mit Autos, die Shelby überarbeitet hat. Shelby modifiziert noch weitere Mk.II, die dann an Alan Mann Racing, einen Geschäftspartner von Ford UK, geschickt werden. Ford hat jetzt also mehrere Eisen im Feuer und erhöht so die Chancen auf den Sieg.

Oben: Hier wird gerade ein Mk.I-Renncoupé zusammengebaut, laut Vermerk am Regal im Hintergrund ist es P/1017. Ein Gewimmel von Mechanikern, Werkzeugen und Teilen, aber wer hat behauptet, dass man Ordnung halten muss, wenn man einen Weltklasse-Rennwagen montiert?

Rechts: In Le Mans hört sich Carroll Shelby an, was Ken Miles zu berichten hat. Vielleicht macht er aber auch ein Nickerchen. Der Herr im Hintergrund sieht aus, als gehöre er zum Ferrari-Team und erfahre gerade, warum der neuen GT40 plötzlich so gut ist.

In Le Mans stehen dann 1966 acht Mk.II am Start, drei von Shelby American, drei von Holman-Moody und zwei von Alan Mann Racing, alle werden von Ford unterstützt. Außerdem sind noch fünf Mk.I mit dabei, die von Privatfahrern gesteuert werden. Diesmal geht alles gut – sehr, sehr gut. Am Ende steht das berühmte Foto vom 1-2-3-Finish im Regen. Es ist eins der teuersten Fotos der Rennsportgeschichte. Angeblich sind 60 Millionen Dollar geflossenen, bis der GT40 endlich siegreich ist. Es lässt sich jedoch vermuten, dass das Henry Ford II. in diesem Moment völlig egal ist.

Henry Ford II. sieht sich 1966 in den Boxen in Le Mans an, was er da für Millionen von Dollars gekauft hat.

Talent und Können machen den GT40 zum Weltklasse-Renner – und nicht High-Tech-Ausstattung und geleckte Operationssäle, die Rennteams heute so gern als ihre Werkstätten vorzeigen.

Den Geschmack des Sieges noch auf der Zunge, treibt Ford die Entwicklung des GT40 schon weiter voran. HFII will den Le-Mans-Erfolg im nächsten wiederholen. Das Mittel dazu entsteht bei Kar Kraft in Detroit: das neue „J-Car" oder der GT40 Mk.IV. Der hat ein völlig neues Aluminium-Monocoque mit besonders stabiler Wabenstruktur.

1967 stehen dann zwölf GT40 in allen Varianten am Start. Vier sind die neuen Mk.IV, zwei von Shelby und zwei von Holman-Moody. Dazu drei von H-M gebaute Mk.IIB (umgebaute Mk.II), präpariert von Shelby, von Ford Frankreich und der dritte natürlich von H-M. Bei den übrigen Fahrzeugen handelt es sich um Mk.II, die John Wyers J. W. Automotive und Ford Frankreich ins Rennen schicken. Am Ende gewinnt ein Shelby-Mk.IV. Zur großen Freude von HFII sind die US-Amerikaner Dan Gurney und A.J. Foyt die Fahrer des Siegerfahrzeugs.

1967 ist das letzte Jahr, in dem Ford ein GT40-Werksteam unterhält. Das Unternehmen verkauft seine in Großbritannien beheimatete Abteilung Ford Advanced Vehicles an John Wyer, der den Bau des GT40 fortführt – mit großem Erfolg: GT40 haben in Le Mans auch 1968 und 1969 die Nase vorn.

Das war jetzt alles vielleicht ein wenig verwirrend, aber es kommt noch schlimmer: Hier nun der Versuch einer Zusammenfassung all dessen, was wir heute so locker „GT40" nennen. Gar nicht so einfach, weil wirklich kein GT40 wie der andere ist. Dazu kommt, dass auch innerhalb einzelner Serien das letzte gebaute Auto sich erheblich vom ersten unterscheiden kann. Das hier ist also bestenfalls ein Einführungskurs ins Thema GT40. Nach der Lektüre werden Sie kein Experte sein, aber Sie sollten es in einer Prüfung immerhin auf eine solide vier plus bringen. Ich gehe hier auch nur auf die GT40- und J-Car-Chassis ein, die von 1964 bis 1967 gebaut wurden. Seither sind weitere Autos gebaut worden, teils aus Originalteilen oder nach Lizenzen von John Wyer Automotive, Tennant Panels, Holman-Moody und anderen.

Also: Es werden 13 Mk.I-Rennwagen für die Prototypen-Kategorie gebaut. Es handelt sich um vier Coupés, fünf Roadster und vier besonders leichte Autos, bei denen dünneres Stahlblech für die Chassis verwendet wird. Zwei werden mit 427er-Motoren ausgestattet.

Außerdem werden 48 serienmäßige Renn-Coupés produziert, beginnend bei Chassis-Nummer P/1000. Viele Mk.I-Renn-Coupés werden im Verlauf ihrer Karriere immer wieder umgebaut, teils gravierend.

31 Mk.I-Straßen-Coupés werden produziert. Diese Straßenwagen-Versionen der GT40-Rennwagen werden individuell nach den Vorstellungen der Kunden gebaut, und sie bieten dem betuchten Sportwagenkäufer atemberaubende Leistung. Der Preis von fast 20.000 Dollar hält den Kundenkreis ebenso überschaubar wie die Tatsache, dass man eigentlich Kunstturner sein muss, um in den Wagen einsteigen zu können. Und so richtig gut geeignet für den Straßenverkehr sind die ultraflachen Autos ohnehin nicht.

Es werden außerdem acht Mk.II-Rennwagen gebaut. Sie werden zu Mk.IIB, als Anfang 1967 Holman-Moody sie umbaut.

Dazu kommen sieben Mk.III-Straßen-Coupés. Dabei handelt es sich um eine aktualisierte Version des Mk.I. Die Autos haben spezielle unverwechselbare Karosserien mit höher montierten Scheinwerfern, um die Beleuchtungsvorschriften zu erfüllen, und ein längeres Heck. Sie tragen Seriennummern, die bei M3/1101 beginnen.

Von den zwölf Mk.IV-Chassis sind vier Prototypen mit den Chassis-Nummern J-1 bis J-4. Bei vier weiteren Autos handelt es sich um Serienfahrzeuge, sie tragen die Nummern J-5 bis J-8. J-9 und J-10 werden als Can-Am-Rennwagen der Gruppe 7 mit offenem Cockpit

Was zischt und heult und darf gleich wieder umkehren? Das Indy-Turbinenauto

Für eine aufregende Geräuschkulisse sorgt 1967 Parnelli Jones in Indianapolis. Zum 500-Meilen-Rennen bringt er den turbinengetriebenen STP an den Start. Er hätte wahrscheinlich gewonnen, wenn ein Defekt ihn nicht gegen Ende des Rennens gestoppt hätte. Kurz darauf trennen sich Ken Wallis, der Schöpfer des Autos, und sein Sponsor, der Ölkonzern STP. Shelby stellt Wallis ein, weil er in der Saison 1968 ebenfalls mit einem Turbinenwagen in Indianapolis starten will. Zwei Fahrzeuge mit General-Electric-Turbinen werden gebaut. Sponsor ist Botany 500, ein Unternehmen, das mit Herrenkonfektion aus feinem Polyester (normalerweise in brauner Farbe) handelt.

Bereits bei Testfahrten in Indianapolis treten die ersten Probleme auf. Die Autos sind schwer und somit unhandlich, haben obendrein schwache Radaufhängungen.

Bald zieht Carroll Shelby seine turbinengetriebenen Fahrzeuge wieder zurück. Sie seien zu gefährlich und bedürften weiterer Entwicklung. Das entspricht zweifellos der Wahrheit. Dennoch halten sich Gerüchte, dass Shelby nicht ganz freiwillig aus Indy abzieht. Die Inspektoren des Veranstalters sollen einen vom Fahrer steuerbaren variablen Lufteinlass entdeckt haben, der die Turbine wesentlich freier atmen lässt als erlaubt. Vielleicht hat man Shelby also mit dem Bedarf an weiterer Entwicklung die Möglichkeit gegeben, ohne Gesichtsverlust abzuziehen.

Wie die Wahrheit auch aussehen mag – es endet damit, dass die Shelby-Botany-500-Indy-Renner niemals eingesetzt werden. Ein Auto landet in den Universal Studios in Kalifornien, wo es in diversen Filmen eingesetzt und während der Studio-Touren von vielen Besuchern bewundert wird. Das zweite Auto wird Berichten zufolge in der Zentrale von Botany 500 ausgestellt. Angeblich existieren beide Fahrzeuge noch heute.

Als feststeht, dass Shelbys Indy-Turbinen-Autos nie ins Rennen gehen werden, verschwinden sie im Kuriositäten-Kabinett. Eins landet bei den Universal-Studios in Kalifornien, wo es am Eingangstor ausgestellt wird. Wie viele Menschen werden wohl erkannt haben, um was es sich da handelte?

Dieser junge Mann hat sicherlich keinen Schimmer, dass das Auto, in dem er sitzt, einst in Indianapolis zur Qualifikation angetreten ist. Als Shelbys Chefingenieur Phil Remington entdeckt, dass es bei dem Auto nicht mit rechten Dingen zugeht, tritt er in den Streik.

gebaut, nachdem die FIA-Vorschriften den Hubraum auf fünf Liter begrenzen, was für die J-Fahrzeuge mit ihren 427ern für Le Mans das Aus bedeutet.

J-9 und J-10 werden nie von Ford ins Rennen gebracht und an die ehemaligen Shelby-Mechaniker Charlie und Kerry Agapiou verkauft. Die beiden letzten J-Car-Chassis dienen im Mk.IV-Projekt als Ersatzwagen, werden aber nicht eingesetzt und bleiben unvollendet. Beide werden als reine Chassis verkauft, nun mit den Nummern J-11 und J-12.

Ein J-Car bei Testfahrten. Man beachte den elektronischen Sensor vor dem linken Hinterrad. Ende 1960 stecken Datenerfassung und Computertechnik noch in den Kinderschuhen, doch Ford mobilisiert alle verfügbaren Ressourcen für die Entwicklung der GT40-Fahrzeuge.

Gespannte Erwartung an der Startaufstellung in Le Mans.

Bei Alan Mann werden auch zwei extraleichte Mk.I-Rennsport-Coupés gebaut, sie haben die Chassis-Nummern AM GT40/1 und AM GT40/2, drei „Lightweight"-Mk.II-Coupés erhalten die Nummern XGT-1 bis XGT-3.

Für die Gulf Oil Corporation baut J. W. Automotive drei „Lightweight"-Coupés auf Basis des GT40, die den Namen Mirage erhalten. Sie sind vor allem am niedrigeren und schmaleren Dachaufbau zu erkennen, weichen aber auch technisch vom GT40 ab. Die Chassis-Nummern laufen von M1/10001 bis M1/10003.

Egal, wie kompliziert die Ahnentafel des GT40 auch sein mag, eine Tatsache bleibt bestehen: Dank des Rachedursts und der dadurch weitgeöffneten Brieftasche von Henry Ford II., dank der Unterstützung des Automobilriesen und dank der Fähigkeiten und des Engagements von Shelby American ist der GT40 das meistgefeierte und erfolgreichste Rennwagenmodell, das je gebaut wurde.

Es ist „der Ford, der Ferrari bezwingt", und das ist er dank der Shelby-Magie, die Sie wahrscheinlich auch dazu gebracht hat, dieses Buch in die Hand zu nehmen. Faszinierender Stoff, wenn Sie mich fragen.

Oben: Hier wird ein Mk.II-GT40-Renncoupé gewartet. Der enorme „Bundle-of-Snakes“-Auspuff bietet einen imposanten Anblick. Er war nicht leicht unterzubringen, aber genau das Richtige für den Le-Mans-Siebenliter.

P/1046, Sieger des 24-Stunden-Rennens von Le Mans im Jahr 1966, kommt zur Le-Mans-Classic 2006 noch einmal an die Sarthe. Die da für den Fotografen winken, sind (von links) Lee Holman von Holman-Moody, Jean Luc Gerard, Chef von Ford Frankreich, John Fleming, Präsident von Ford Europa, Jim Wallace, 1966 Reifenspezialist im siegreichen Shelby-American-Team und nun Repräsentant von Carroll Shelby Enterprises, Phil Henny, Crew-Chef des 1966er Filipinetti-GT40, der an fünfter Stelle liegt, bevor er durch einen Unfall aus dem Rennen geworfen wird, Harry Calton, erster Pressesprecher von Ford UK beim Rennen in Le Mans 1966, Ian Slater, Vizepräsident der Abteilung Kommunikation und PR für Ford Europa, Sir John Whitmore, 1966 dritter am Start, aber wegen technischer Probleme ausgefallen, Alan Mann, Besitzer der berüchtigten Alan Mann Racing Company, und Brian Lewis, Mechaniker bei Alan Mann. Hinter dem Lenkrad sitzt und winkt der Besitzer des Autos, George Stauffer aus Blue Mounds, Wisconsin, der sonst nicht so kamerascheu ist. *Wieck Media*

Links: Der GT40 mit der Nummer P/1037 ist einer der wenigen originalen GT40-Rennwagen, die heute noch regelmäßig im Rennen zu sehen sind. Einst wird das Auto im März 1966 an Comstock Racing in Ontario, Kanada, ausgeliefert. Hier wird es in der Shelby-Restaurierungswerkstatt Cobra Automotive in Wallingford, Connecticut, gewartet.

Oben: Alle GT40 sind Rechtslenker, und die Insassen dürfen sich stets, sagen wir: geborgen fühlen. Hier das voll ausgestattete Innere von P/1043, das typisch für die 31 Straßen-Coupés ist, obwohl man so etwas beim GT40 eigentlich nie sagen kann. Dieses Auto wird als Neuwagen mit Klimaanlage ausgestattet – sinnvoll in diesem kleinen, engen Treibhaus ohne nennenswerte Belüftung. *Scott Nidermaier*

Oben links: Nur 31 „Straßen-Coupés" werden gebaut, sie gehören alle zur Mk.I-Serie. Wenn man sich vor Augen hält, wie phänomenal erfolgreich der GT40 damals im Rennsport ist, wird klar, welche Wirkung der kaum zivilisierte Rennwagen auf öffentlichen Straßen hat. P/1043 ist eins der wenigen noch existierenden Originale. *Scott Nidermaier*

Links: Man muss mit Kompromissen leben, wenn man einen Le-Mans-Sieger für den Privatgebrauch kauft. Zu den Einschränkungen, die der Kunde in Kauf nehmen muss, gehört die Belüftung. Sie ist hier im vollständig geöffneten Zustand zu sehen. Interessant wird es auch, wenn der Fahrer es an Mautstellen mit einem Münzeinwurf zu tun hat. Mit ein bisschen Glück ist die Schranke aber ja vielleicht in 41 Zoll Höhe angebracht. *Scott Nidermaier*

Unten: Auch von hinten ist der GT40 atemberaubend. Wer weiß, wie viele Menschen geschworen haben, sie hätten ein UFO gesehen, nachdem sie von dem einen Meter flachen Ding im Raketentempo überholt wurden. *Scott Nidermaier*

Was für eine Figur. Von oben sieht man die acht Ansaugtrichter auf den Weber-Vergasern, jede Menge Hutzen und Schlitze, die dazu dienen, den Wagen auf Temperatur und am Boden zu halten, Tankdeckel für zwei Kraftstofftanks, die berühmten GT40-Türen, die bis fast zur Mitte des Daches reichen, und die Kontur, die fast jeden Supersportwagen inspiriert hat, der nach dem GT40 gebaut wurde. *Scott Nidermaier*

Für Langstreckenrennen bedarf es guter Lampen. Die Cibié- und Marchal-Scheinwerfer des GT40 leuchten hinter bündig eingepassten Plexiglasabdeckungen. *Scott Nidermaier*

Ein Dreher in einem GT40 ist nicht immer lustig. Die Autos sind unglaublich leistungsfähig, aber man muss sie mit Respekt behandeln. *David Newhardt*

Rechts: Wer 1966 imstande ist, 20.000 Dollar für einen neuen Shelby auf den Tisch des Hauses zu legen, bekommt die Vorzugsbehandlung. Carroll Shelby überreicht David Heeresperger im Juni 1966 die Schlüssel zu Nummer 1043.

Ein Rudel J-Cars beim GT40-Treffen während der Monterey Historic Races 2003. Das rote Auto vorne links ist der Mk.IV mit der Chassis-Nummer J-11, das gelbe Fahrzeug vorn rechts der mit der Chassis-Nummer J-6. *David Newhardt*

Der Innenraum des Mk.IV, Chassis-Nummer J-6. Was hielten Sie davon, den größten Teil von 24 Stunden hier zu arbeiten? *David Newhardt*

Dieses Bild zeigt den Mk.IV mit der Chassis-Nummer J-8. Es ist das vierte und letzte Auto, das vor den Can-Am-J-Cars der Gruppe 7 gebaut wird, auf die wiederum die Mk.IV-„Ersatzwagen" J-11 und J-12 folgen, die seinerzeit niemals fertiggestellt werden. J-8 wird bei Holman-Moody fertiggebaut und geht 1967 in Le Mans an den Start. Lloyd Ruby und Denny Hulme erreichen das Ziel nicht, weil Ruby eine Kurve nicht kriegt und J-8 buchstäblich in den Sand setzt, wo das Auto bis zum Ende des Rennens steckenbleibt. Heute sieht J-8 wieder genauso aus wie im Rennen, inklusive der Startnummer 4. *David Newhardt*

VIPER GTS

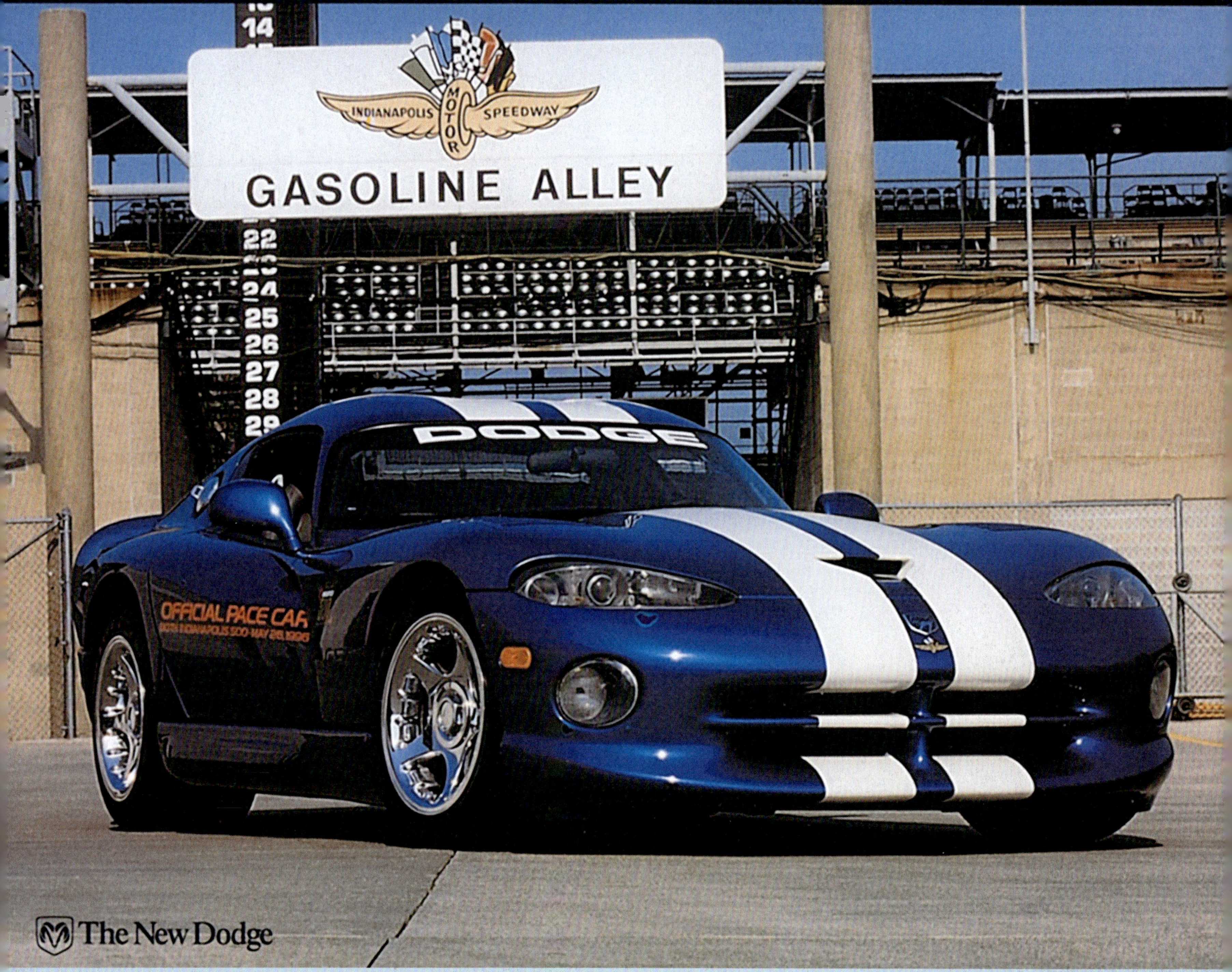

The New Dodge

Abschnitt III
Shelbys und Iacoccas faszinierendes Abenteuer

Ein Werbe-Flyer, den Dodge 1996 beim Indy-500 verteilt, zeigt die vom Cobra-Daytona-Coupé inspirierte Viper GTS. Das neue Auto dient bei diesem 80. Rennen als Pace Car.

23

Die Shelby-Dodges (1983 bis 1989)

Nachdem Lee Iacocca die Chrysler-Corporation in den frühen 1980er Jahren mit der berühmten (und berühmt langweiligen) K-Car-Plattform vor dem Bankrott gerettet hat, will er etwas gegen das schlechte Image des Konzerns unternehmen. Chrysler ist zum Synonym für langweilige Mistkarren geworden. Die einst stolze Tochter Dodge, die für ihre Performance-Cars bekannt war, steht jetzt für asthmatische Vierzylinder, die in Fahrschulen und Mietwagenflotten verschlissen werden. Iacocca fürchtet, dass man ohne ein Angebot im Performance-Car-Bereich viele Kunden an die Konkurrenz verlieren wird. Leistung verkauft Autos, selbst wenn es die Käufer nur zu den Händlern lockt, wo sie dann einen dieser mit Holzimitat ausstaffierten Pampers-Porsche kaufen.

Also ruft Iacocca seinen Freund Carroll Shelby an, der ihm einst geholfen hatte, dem Mustang ein Performance-Image zu verpassen. Das war 1965, als Iacocca Ford führte. Die beiden wollen sich auf Dodge konzentrieren. Shelby taxiert das Programm – und wir dürfen davon ausgehen, dass er dabei einen gewissen Brechreiz verspürt – und kommt zu dem Schluss, dass man mit dem Dodge Charger etwas anfangen könne. Shelbys Vorschlag für einen 1983er Shelby Charger ist brillant: Im Wesentlichen will er den 2,2 Liter großen Vergaser-Vierzylindern 13 PS mehr abringen, einen kürzer übersetzten Endantrieb einbauen, den Wagen härter federn und tieferlegen, eine direktere Lenkung und größere Bremsen verbauen und noch dies und das mit vorhandenen Teilen verbessern. Dazu kommt ein Karosseriepaket mit einem tief gezogenen Kinnspoiler, Schweller-Verkleidungen und einem der seinerzeit so beliebten Dachspoiler sowie 15-Zoll-Leichtmetallfelgen mit Niederquerschnitt-Reifen. Die Autos sind außerdem entweder silberfarben mit blauen Streifen lackiert oder umgekehrt.

Im Innern finden sich Sitzbezüge aus hellblauem Stoff mit silberfarbenen Säumen und gesticktem CS-Logo in Kopfhöhe. Das Paket verwandelt das kleine Sekretärinnenauto in ein potentes Performance-Car. Was, das kommt Ihnen bekannt vor? Der Shelby Charger kommt mitten im Modelljahr als 1983-1/2 auf den Markt. Die Werbung preist hohe Leistung zu niedrigen Preisen an, und im ersten Produktionsjahr werden 8251 Autos verkauft.

1984 bleibt der Shelby-Charger im Großen und Ganzen unverändert, abgesehen davon, dass die Farbauswahl größer ist und ein Automatikgetriebe angeboten wird. In diesem Jahr werden 7552 Exemplare verkauft.

1985 weicht der 2,2-Liter-Vergasermotor mit seinen 110 PS einem neuen 2,2-Liter-Turbo mit Kraftstoffeinspritzung, der es auf 146 PS und ein Drehmoment von 228 Nm bringt. Das reicht, um den wichtigen Referenzwert „von Null auf 60" – Meilen natürlich, das sind knapp 100 Stundenkilometer – um eine Sekunde zu verbessern. Eine Tatsache, die den Werbetextern von Chrysler nicht entgeht. Wieder gibt es neue Farben und einige kleine Detailänderungen, und 7709 aufgeblasene Charger werden verkauft. Der 1986er Charger ist praktisch eine Kopie des 85ers und verkauft sich 7669 Mal.

1987 lässt sich der wiederum kaum veränderte Charger nur 1011 Mal verkaufen, obwohl ein Posten von 1000 Autos zu Shelby geht, um dort in Charger GLHS verwandelt zu werden. Davon später.

Ein unglaublich gut erhaltener 1987er Charger GLHS. Die meisten haben weniger Glück und werden hart rangenommen, nass weggestellt und schließlich kaputtgefahren oder ausrangiert. Glücklicherweise haben diese Taschenraketen heute eine ziemlich große Anhängerschaft, viele Exemplare werden gerettet und als das Stück Shelby-Geschichte geliebt, das sie verkörpern. *Jerry Heasely*

Mancher mag ein solches Auto in Verbindung mit dem Namen Carroll Shelbys für einen Witz halten, eine Art Marketing-Schwindel. Aber diese Autos werden wirklich mit einem erheblichen Input von Shelby und unter akribischer Beachtung jener Prinzipien gebaut, mit denen das Unternehmen Shelby American in den 1960er Jahre begann, erschwingliche Leistung in ansonsten langweilige Serienfahrzeuge einzubauen. Die Shelby-Dodges haben eine ganze Generation mit der Shelby-Legende vertraut gemacht und nebenbei der Performance-Sparte von Chrysler das Image zurückgegeben, das die Firma in den dunklen Tagen der K-Cars so dringend benötigte.

An dieser Anzeige von 1983 lässt sich einiges über die Strategie von Shelby und Dodge ablesen: Wir bieten ein großartiges Performance-Paket, kombinieren es mit einem der berühmtesten Namen der Automobilgeschichte, um dem Ganzen Glaubwürdigkeit zu verleihen, wir werben damit, dass der Kunde ein echtes Schnäppchen macht, wir preisen die Wirtschaftlichkeit, die Garantie und den Preis. Heute klingt nicht gerade „hot-rod-mäßig", aber 1983, in den dunklen Tagen von Detroit, sind diese kleinen Flitzer für junge Dodge-Kunden ziemlich aufregend.

Dodge Omni GLH (1984 – 1986)

Unmittelbar nach der Einführung des Dodge Shelby Charger im Jahre 1983 fällt die Entscheidung, dass auch eine Performance-Version des „Econobox"-Viertürers Dodge Omni hermüsse, den die Europäer als Simca oder Talbot Horizon kennen. Gesucht wird ein Herausforderer für den Marktführer in der Klasse der kleinen Kompakten, den Golf GTI, der in den USA Rabbit heißt. Das Auto soll Omni GLH heißen, ein Name, den Carroll Shelby vorschlägt, weil der Flitzer abgeht wie die Hölle – in Shelbys Muttersprache: „Goes Like Hell".

Unter der Haube entspricht der GLH im Prinzip seinem Stallgefährten, dem Shelby Charger. Im GLH ist ein 2,2-Liter-Vergasermotor mit identischer Leistung verbaut. 15-Zoll-Alus, große Bremsen und Sport-Lenkung gehören zum Paket, dazu voluminöse Spoiler mit Bosch-Scheinwerfern und Schweller-Verkleidungen. Das Auto gibt es in Schwarz, Gold- oder Silberfarben sowie in Blau, alle haben schwarze Zierteile und dezente „GLH"-Schriftzüge. Das Interieur stammt aus dem Omni-Serienprogramm, es ist nicht „shelbysiert" wie das des Charger. 1984 werden insgesamt 3285 Autos gebaut.

Im Modelljahr 1985 implantiert man dem Omni GLH den gleichen 2,2-Liter-Turbo mit 146 PS wie dem Shelby Charger, hier aber als Extra. Dieser Motor macht den GLH Turbo mit weniger als 7,5 Sekunden von Null auf 60 zum Geheimtipp des Jahres. Das ist Corvette-Territorium – in einem Wagen, der Omas Auto sein könnte. Insgesamt werden 6513 Fahrzeuge hergestellt, fast zu gleichen Teilen Vergaser- (3004) und Turbo-Modelle (3509).

Der 1986er Omni GLH ist mit dem 1985er-Modell vollständig identisch, mit Ausnahme der Verkaufszahlen. 3129 werden verkauft, 882 mit Vergaser-, 2247 mit Turbomotor.

Der 1985er Shelby GLH auf einer Postkarte, die Dodge den Händlern schickte, um das neue Modell vorzustellen. So seltsam es klingen mag: Mit diesen rasenden Schachteln ließen sich Mitte der 1980er Kreise um so manches andere „Performance"-Car fahren.

Shelby Omni GLHS (1986 und 1987)

Als Carroll Shelby sieht, wie erfolgreich die Autos sind, bei deren Design er Dodge unterstützt hat, entschließt er sich, für das Modelljahr 1986 eine eigene limitierte Auflage von Shelby-Dodges zu bauen. Diese von Shelby gebauten Fahrzeuge sind die ersten echten Shelbys der 1980er Jahre.

Shelbys Plan sieht vor, dass er die Autos direkt bei Dodge erwirbt, sie bei Shelby Automotive in Kalifornien modifiziert und dann über ausgewählte Shelby/Dodge-Händler verkauft.

Die ersten Autos, die dieser Behandlung unterzogen werden, sind 500 Dodge Omnis, die Shelby „GLHS" nennt, „GLH" für „Goes Like Hell", ergänzt um ein „S" für „Some More" – noch eins drauf. Alle GLHS-Fahrzeuge sind schwarz lackiert und haben einen grau ausgestatteten Innenraum, Shelby-Centurion-Felgen mit größeren Goodyear-Gatorback-Reifen und den passenden „GLHS"-Schriftzügen, die verkünden, um was für ein spaßiges kleines Auto es sich hier handelt. Auf dem Armaturenbrett prangt nun ein Shelby- anstelle des Dodge-Abzeichens. Dazu gibt es ein Lederlenkrad, und unter Umgehung des von der Regierung vorgeschriebenen 85-Meilen-Tachos wird ein Aufkleber auf dem Glas platziert, der bei 85 mph beginnt und bis kurz unter die 5-mph-Markierung reicht, wo er dann „135 mph" anzeigt, immerhin 217 Stundenkilometer. Die Genauigkeit dieser zusätzlichen Zahlen ist zumindest fragwürdig, aber allein das Wissen, dass ihr kleiner GLHS diese Geschwindigkeiten erreichen könnte, ist 1986 eine aufregende Vorstellung für die Besitzer.

Der 2,2-Liter-Turbo hat einen größeren Lader, Ladeluftkühlung, einen größeren Kühler und eine bessere Bosch-Einspritzung. Das modifizierte Steuergerät gestattet einen Ladedruck von 0,85 bar. Das Ergebnis sind 175 PS und ein Drehmoment von 237 Nm. Das reicht,

Lee Iacoccas Erfolg bei Chrysler ist größtenteils darauf zurückzuführen, dass er die Modell weitgehend vereinheitlicht und auf so viele Gleichteile zurückgreift wie möglich. So ist der Innenraum des 1987er Charger GLHS fast identisch mit dem, den alle Omnis und Charger haben, die von 1983 bis 1987 gebaut werden – einschließlich des Omni, den ich in der Fahrschule fuhr. *Jerry Heasely*

Oben: Der von Shelby modifizierte 2,2-Liter Turbo-I-Motor. Der hier steckt in einem 1987er GLHS Charger, so sieht es aber in den Motorräumen vieler Shelby-Dodge-Kreationen aus. *Jerry Heasely*

Unten: Carroll Shelbys persönlicher 1986er Omni GLHS. Ich hatte mal einen von diesen kleinen Flitzern, die Leistung würde Sie umhauen. Klar, er hat seine Ecken und Kanten, aber deshalb hat man ja gerade so viel Spaß damit. Enthusiasten ziehen den Omni GLHS dem schwereren Charger GLHS vor, der ihn 1987 ersetzt.

um den kleinen Omni GLHS in 6,5 Sekunden von 0 auf 60 Meilen zu bringen.

Die Fahrwerks-Modifizierungen umfassen den Einbau von verstellbaren Koni-Federbeinen. Alles in allem ein beeindruckendes Leistungs-Paket und mit 10.995 Dollar sein Geld wert.

1987 gibt es keinen Omni GLHS mehr, dafür einen von Shelby gebauten GLHS Charger, von dem 1000 Exemplare produziert werden. Die Technik ist mit der des 1986er Omni GLHS identisch, aber aufgrund des etwas höheren Gewichtes verschlechtert sich die Beschleunigung auf 6,7 Sekunden. Für 12.995 Dollar bekommt der Käufer aber immer noch eine Menge Leistung für sein Geld.

Shelby-Lancer (1987)

Neben dem Omni baut Shelby auch eine Sportlimousine, die eine andere Zielgruppe ansprechen soll: Yuppies – Young Urban Professionals – sind junge Leute mit Geld, die sportliche europäische Limousinen wie die von BMW kaufen. Der Shelby Lancer, der auf dem Dodge Lancer basiert, ist Shelbys Beitrag zu dieser GT-Klasse.

Alle Shelby Lancer werden in „Graphic Red" lackiert und haben schwarze Zierteile, schwarze Shelby-Felgen im BBS-Stil mit fetten Goodyear-Gatorback-Reifen und Shelby-Schriftzug. Das Interieur ist so feudal, wie es bei einem K-Car möglich ist, mit einem 120 Watt starken Pioneer-Soundsystem mit zehn Lautsprechern und allen Schikanen.

Es werden die von Shelby modifizierten 2,2-Liter-Turbomotoren mit 175 PS installiert. Sie sind mit einem manuellen Fünfgang- oder mit Viergang-Automatikgetriebe erhältlich. Die Shelby Lancer haben Monroe-Formula-GP-Stoßdämpfer und -Federbeine und rundum größere Scheibenbremsen.

Das Gewicht des Lancer beeinträchtigt im Vergleich zu den leichteren GLHS-Modellen natürlich die Leistung, aber gegenüber anderen Limousinen seiner Klasse schneidet er immer noch günstig ab. Auch wenn das an heutigen Standards gemessen zahm wirkt: 175 PS sind 1987 eine ganze Menge. Der Shelby Lancer wird nur 1987 in 800 Exemplaren gebaut.

Shadow CSX, CSX-T und CSX-VNT (1987 – 1989)

Shelby verschwendet keine Zeit und entwickelt seine eigene Version des für 1987 angekündigten Dodge Shadow Turbo. 1987 werden in Kalifornien 750 Shadows zu CSX-Modellen umgebaut. Erneut wird aus dem 2,2-Liter-Turbo I von Chrysler der 175 PS starke 2,2-Liter Turbo II. Monroe-Formula-GP-Federbeine und härtere Federn straffen das tiefergelegte Fahrwerk. Dazu kommen stärkere Stabilisatoren und Shelby-Centurion-Felgen mit Goodyear-Gatorback-Niederquerschnitt-reifen. Die Scheibenbremsen stammen vom Dodge Daytona Z.

Der Shelby Lancer, wie er 1987 in den Prospekten bei den Dodge-Händlern beworben wird.

Die perfekte Mischung aus roher Kraft und exzellentem Fahrverhalten verspricht die Dodge-Werbung für den Shelby CSX.

Die einzigen Veränderungen im Inneren sind ein Vierspeichen-Lederlenkrad, eine Ladedruckanzeige und das Shelby-Emblem. Die Sitze sind mit grauem Stoff bezogen. Die 1987er Shelby CSX sind zweifarbig lackiert, schwarz über silber, und mit speziellen Shelby-Spoilern und Schwellern mit Shelby-Schriftzug ausstaffiert. 750 Autos zum Preis von 13.495 Dollar werden verkauft.

1988 kommt zum CSX ein „T" für „Thrifty". So heißt der Billig-Autovermieter, der gleichsam in die Fußstapfen von Hertz tritt. Der CSX-T ist fast identisch mit dem 1987er CSX, nur findet sich unter seiner Haube ein serienmäßiger 2,2-Liter-Turbo-I ohne Shelby-Gimmicks. Alle CSX-T sind zweifarbig weiß und silberfarben lackiert und tragen CSX-T-Aufkleber. Keiner der 1000 CSX-T kommt in den freien Handel, aber wer 34,95 US-Dollar pro Tag berappt, kann einen mieten. Das gilt natürlich nur so lange, bis Thrifty mit den Autos fertig ist und sie an Großhändler versteigert, die sie als Gebrauchtwagen verkaufen.

Nachdem Shelby ein Jahr lang Mietwagen gebaut hat, wendet er sich 1989 mit dem technologisch bahnbrechenden Shelby CSX-VNT wieder dem Einzelhandel zu. Es ist sein letztes Chrysler-Projekt mit Vorderradantrieb, und es ist mit Abstand das speziellste.

Die Turbotechnologie entwickelt sich 1989 mit rasender Geschwindigkeit, und Shelby war schon immer ganz vorn mit dabei, wenn es darum geht, neue Leistungsquellen anzuzapfen. So ist Shelby der erste Hersteller, der ein Serienfahrzeug mit einem Turbolader mit variabler Turbinengeometrie (Variable-Nozzle Turbocharger – VNT) ausrüstet. Die Idee ist einfach: der VNT-Turbo besitzt auf der Abgasseite verstellbare Leitschaufeln. Die sorgen für konstanten Ladedruck, verhindern weitgehend das gefürchtete Turboloch und liefern fast über den gesamten Drehzahlbereich gleichmäßig hohes Drehmoment.

Shelby baut diese Garrett-Lader in den neuen 2,2-Liter Turbo-II von Chrysler ein und schafft so und mit ein paar weiteren Modifikationen den Turbo IV. Mit 175 Pferdestärken bleibt die Leistung unverändert, das Drehmoment aber steigt um 47 auf 284 Nm. Dazu kommen ein Edelstahlauspuff und ein neues Fünfganggetriebe von Getrag.

Höchstleistung zum kleinen Preis verspricht die Anzeige: Der ein wenig behäbig aussehende, aber verführerisch leistungsstarke 1987er Shelby CSX.

Ein weiteres technologisches Novum ist der Einsatz spezieller Shelby-Kunststofffelgen. „Fiberide" ist ein glasfaserverstärkter Verbundstoff. Die Felgen im Fünfspeichen-Design sind goldfarben lackiert. Schon bald müssen etliche Kunden feststellen, dass die Fiberide-Felgen kaputtgehen, wenn sie damit gegen einen Bordstein fahren, und Ersatz ist nicht billig. Die meisten werden schnell gegen herkömmliche Leichtmetallfelgen getauscht.

Das Fahrwerk wird wieder mit Monroe-Formula-GP-Komponenten, Spezialfedern und größeren Stabilisatoren verstärkt. Standardreifen ist der Goodyear Eagle GT+4, ein Ganzjahresreifen in der Größe 195/60/VR15, als Sonderausstattung ist der Gatorback in der Größe 225/50/VR15 erhältlich.

Auch beim Interieur macht der CSX-VNT im Vergleich zum alten CSX einen Schritt nach vorn. Stoff-Sitzbezüge, Türverkleidungen und Fußmatten tragen geprägte Shelby-Logos. Recaro-Sitze sind als Extra im Angebot, auch diese mit Shelby-Logos, auf dass der Fahrer nicht vergesse, welches Auto er gekauft hat.

Alle CSX-VNT sind, abgestimmt auf die goldfarbenen Fiberides, leuchtend rot lackiert. Noch größere Spoiler und Schweller-Verbreiterungen gehören zum Paket. Es werden nur 500 CSX-VNT produziert, und es sind die letzten echten Shelby-Chrysler mit Frontantrieb.

Dodge Dakota (1989)

So traurig es klingen mag: Lange Zeit besteht die einzige Möglichkeit, einen einigermaßen leichten, mit V8-Motor ausgerüsteten Wagen mit Hinterradantrieb aus Detroit zu ergattern, der zumindest den Anschein von Leistungsfähigkeit erweckt, darin, sich einen „Shortbed"-Pickup ohne Allrad zu kaufen. Das liegt unter anderem daran, dass die Abgas-Vorschriften für Laster weniger streng sind als für Personenwagen.

Dodge vermarktet das in den Jahren 1978 und 1979 in Form des Little-Red-Express-Trucks, der einen 360-cui-V8 unter der Haube hat, der normalerweise in Polizeiwagen eingebaut wird. 1989 kehrt Shelby dann in den Club der V8-Hecktriebler zurück. Er nimmt sich den Dakota Sport vor und lässt Dodge einen 5,2-Liter-V8 anstelle des 3,9-Liter-V6 einbauen, der bis dahin die Spitze des Angebots darstellt. Jetzt hat Shelby die Basis für seinen Hot-Rod-Pickup. Obwohl es der 5,2-Liter nur auf 175 PS bringt, liefert er ein Drehmoment von 366 Nm und den echten V8-Sound. Über eine Viergang-Automatik geht die Kraft an eine 3,91:1-Sure-Grip-Hinterachse.

Autos, die nur „Shelby" heißen

Intime Kenner fragen sich jetzt womöglich, wo denn da die vielen anderen Dodges mit dem Shelby-Schriftzug bleiben. Ganz einfach: Der Name Shelby wird im Laufe der Partnerschaft mit Dodge einigen Autos angehängt. Hier sollen aber nur jene erwähnt werden, die Dodge mit direkter Beteiligung Shelbys gebaut hat sowie jene Shelby-Dodges, die Shelby tatsächlich selbst in Kalifornien herstellte.

Folgende Autos tragen den Namen Shelby, aber keine Shelby-DNA:

- Dodge Daytona Shelby Z und Dodge Daytona Shelby (1987 – 1991)
- Dodge Daytona „CS"-Modelle (1986 – 1991)
- Dodge Lancer Shelby (1988, 1989)

Das soll nicht bedeuten, dass es sich um minderwertige Produkte handelte. Es sind nur eben Lizenz-Fahrzeuge, die nur dem Namen nach Shelbys sind.

Diese Broschüre von 1989 preist ausgesprochen bildhaft die Tugenden des neuen Shelby-Dakota-Sporttrucks. Ich weiß nicht ob 175 PS ausreichen, den Asphalt Blasen werfen zu lassen, aber schließlich müssen auch die Autoren von Werbetexten essen.

Das Auto ist nur in zwei Farben lieferbar: weiß und rot. Die Zierteile sind schwarz, der Frontspoiler birgt Bosch-Fahrlichter, die Shelby-Fünfspeichen-Alus tragen fette Goodyear-Eagle-GT+4, ein „Sport-Überrollbügel“ aus Fiberglas ist direkt hinter der Kabine auf der Ladefläche angebracht und in Karosseriefarbe lackiert, und „Shelby“-Streifen mit „V8“-Schriftzug auf den Vorderkotflügeln schmücken das Ganze.

Im Innern dominiert Rot, Sitzbezüge und Türverkleidungen sind aus Stoff mit geprägten „Shelby“-Logos, dazu gibt es ein Dreispeichen-Lederlenkrad.

Insgesamt werden 1500 dieser 15.813 Dollar teuren Sport-Trucks gebaut, 1989 bleibt das einzige Produktionsjahr.

24

CARROL SHELBY is this year's Pace Car driver in a Dodge Viper prototype. Shelby is a member of Chrysler's Executive Committee for Viper, a group that oversees the development of the vehicle.

Dodge Public Relations (313) 956-3640 *(18891V-S)*

Die Shelby-Viper-Connection

Carroll Shelbys Cobra ist zweifellos das Performance-Car, an dem sich seither alle anderen messen lassen müssen. Immer wieder hat die Konkurrenz versucht, etwas auf die Räder zu stellen, das wenigstens ein bisschen von der Cobra-Magie besitzt – und das sich entsprechend gut verkaufen ließe.

Wir schreiben das Jahr 1988: Mitten in der finsteren Ära von Chryslers K-Cars und Minivans ersinnt irgendein schlimmer Finger in einem verborgenen Winkel der Firma einen unmöglichen und unglaublichen Sportwagen: die Viper. Wo, um Himmels Willen, kommt die denn bloß her? Nun, der damalige Chrysler-Chef Robert Lutz hat sich dieses Auto zurechtfantasiert. Lutz, der 1986 von Ford zu Chrysler „übertragen" wird, fährt nach wie vor mit seiner Autocraft-Cobra Mk IV von 1985 zur Arbeit. Zweifellos ist er irritiert, dass Chrysler nichts annähernd so Aufregendes wie seine Cobra vorzuweisen hat. Lutz ist mit Carroll Shelby befreundet und möchte schlichtweg eine moderne Cobra bauen: zwei Sitze, ein großer Motor, Heckantrieb – keine Becherhalter, keine Klimaanlage, kein Tempomat.

Lutz erzählt Design-Chef Tom Gale und Chefingenieur Francois Castaing von seinem Traum. Man kommt überein, bei der Detroit Auto Show 1989 eine Studie zu präsentieren, um zu sehen, ob jemand eine moderne Cobra von Dodge kaufen würde. Um ein klein wenig vom Schlangen-Erbe zu bewahren, nennt Gale den neuen Wagen Viper. Die Reaktion des Publikums ist überwältigend.

Das Problem besteht nun darin, der Chrysler-Führung, etwa dem Vorstandsvorsitzenden Lee Iacocca, diesen Wagen schmackhaft zu machen. Immerhin liegt die Krise noch nicht lange zurück, und Chryslers Finanzen werden nach wie vor von Banken kontrolliert. Wer wäre nun besser geeignet, Lee Iacocca eine neue Cobra zu verkaufen, wenn nicht Carroll Shelby? Der steht ohnehin schon als Performance-Berater auf der Gehaltsliste von Chrysler. Obendrein vertraut Iacocca Shelby, immerhin hat er ihn 1965, als er Ford leitete, geholt, um den Mustang bissig zu machen. So vereinbart Lutz ein Meeting mit Iacocca und nimmt Carroll Shelby mit. Es heißt, Shelby habe Iacocca überzeugt, indem er laut und energisch verkündet: „Du musst das tun, vertrau mir, das wird fantastisch!"

Carroll Shelby wird nun gemeinsam mit Roy H. Sjoberg, Gale und Lutz einer der „vier Väter" der Viper. Shelby nimmt in den ersten 18 Monaten an den Meetings zur Entwicklung der Viper teil, sofern sein Gesundheitszustand es erlaubt, während er auf eine Herztransplantation wartet. Er trägt dazu bei, dass die Viper dem Cobra-Erbe gerecht wird, indem er alle Beteiligten daran erinnert, wie entscheidend es ist, der Viper wenig Gewicht und jede Menge PS zu verpassen. Und was noch wichtiger ist: Shelby trifft sich regelmäßig mit seinem alten Kumpel Iacocca, um den Finanzfluss zu sichern und das Projekt an den Erbsenzählern vorbei zu jonglieren.

Lutz und Shelby bestehen hartnäckig darauf, dass der Motor der Viper größer sein müsse als alles, was der Markt sonst so hergibt. Dodge staffiert seine Pickups mit einem neuen gusseisernen 488 cui (acht Liter) großen V10 aus, und der kommt samt einem Sechsgang-Getriebe in den zweiten Viper-Prototyp. Lamborghini, damals im Besitz von Chrysler, kümmert sich um die Entwicklung einer Aluminiumversion des V10 für die serienmäßige Viper. Shelby steht neben dem Auto, als es 1989 auf der North American International

Carroll Shelby allerhöchstpersönlichst fährt 1991 das Pace Car in Indianapolis, und zwar im Viper-Prototyp. Das Foto steckt in der Dodge-Pressemappe für das 500-Meilen-Rennen und illustriert gut die Shelby-Viper-Connection.

A DODGE VIPER PROTOTYPE (top) was recently tested at the Indianapolis Motor Speedway for USAC tire and performance requirements. Racing legend Carroll Shelby, this year's Pace Car driver, is behind the wheel, with USAC official Roger McCloskey in the passenger seat. The Viper has been chosen as the Official Pace Car for this year's 75th Anniversary of the Indianapolis 500.

VIPER FEATURES A V-10, (bottom) aluminum block engine that produces more than 400 bhp and 450lb. ft. of torque. The engine was fully developed by Chrysler engineers, with Lamborghini supplying the initial aluminum casting design.

Dodge Public Relations, Telephone (313) 956-3640 *(18891U-S)*

Auto Show vorgestellt wird, und das Publikum kriegt sich gar nicht wieder ein. Da ist sie: die moderne Cobra.

1992 kommt der Viper RT/10 Roadster für 52.000 Dollar auf den Markt, im Gepäck hat er 400 PS. Wie einst die Cobra setzt die Viper in den frühen 1990er Jahren einen neuen Maßstab für heimische Performance-Cars. 1996 bringt Dodge das Viper-GTS-Coupé heraus, dessen Styling entfernt an das Cobra-Daytona-Coupé erinnert. Es gibt wieder Leistung satt: 450 PS.

Die Viper liefert schiere Pferdestärken ohne Schnickschnack. Kaum zu glauben: Obwohl es sich nicht um ein offizielles Shelby-Produkt handelt, gelingt es Chrysler mit Carroll Shelbys Unterstützung, einen Hauch der Magie einzufangen, die einst die originale Cobra brachte.

Diese Seite aus der Dodge-Pressemappe zeigt Carroll Shelby im Regen bei hohem Tempo am Steuer des Viper-Prototyps, ganz schön beeindruckend! 1991 ist die Viper für die Motorpresse eine große Neuigkeit, und das zu Recht. Mit ihr beginnt eine neue Performance-Ära.

Eine weitere eher unbekannte Fußnote in Shelbys Geschichte 1989 ist die Can-Am-Spec-Rennserie. SCCA und Shelby tun sich für zwei Klassen zusammen, eine Art Markenpokal für einen neuen Rennwagen von Shelby. Geplant sind eine Clubsport-Version mit einem 3,3-Liter-Dodge-Motor mit 255 PS für Amateur-Teams und eine Profi-Version mit dem gleichen Auto, allerdings mit einem 500 PS starken 3,3-Liter. Die Fahrzeuge haben stabile und sichere Chassis, die Karosserie entwickelt Peter Brock. Alle Motoren werden noch im Werk versiegelt, um zu gewährleisten, dass alle Autos gleich stark sind und nur das Talent des Fahrers entscheidet. Es sind 200 Serienfahrzeuge geplant. Leider werden nur 76 verkauft, und das liegt wahrscheinlich vor allem am Preis von schlanken 35.000 Dollar. Welcher Amateur hat so viel Geld für ein Auto parat, das er obendrein erst noch zusammenbauen muss?

Die Serie erlebt 1990 einen unsanften Start, floppt eigentlich umgehend und ist 1995 so gut wie erledigt. Aber die Autos leben weiter, einige von ihnen starten heute in der SCCA-Klasse C/Sports Racer (CSR), von anderen ist zu hören, dass sie in Südafrika als Sport-Protoypen eingesetzt werden.

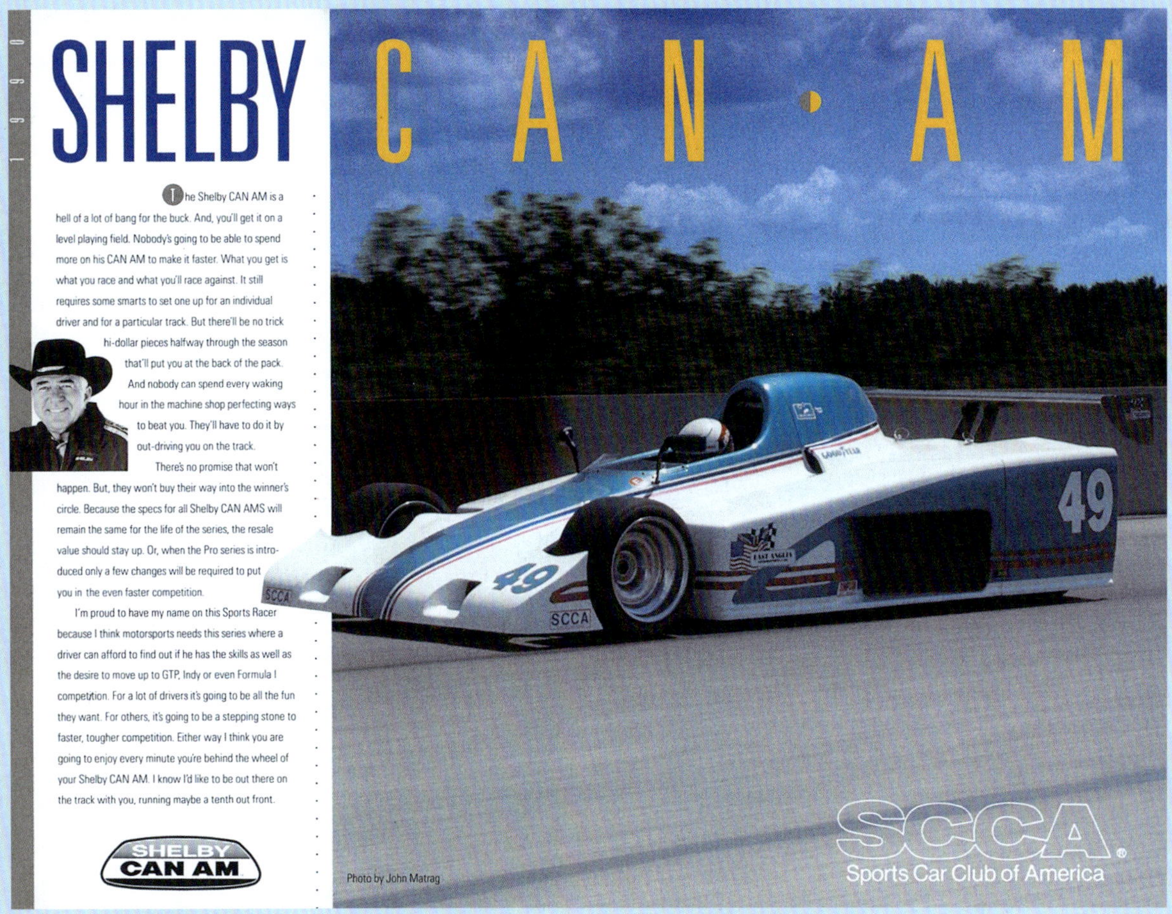

The Shelby CAN AM is a hell of a lot of bang for the buck. And, you'll get it on a level playing field. Nobody's going to be able to spend more on his CAN AM to make it faster. What you get is what you race and what you'll race against. It still requires some smarts to set one up for an individual driver and for a particular track. But there'll be no trick hi-dollar pieces halfway through the season that'll put you at the back of the pack. And nobody can spend every waking hour in the machine shop perfecting ways to beat you. They'll have to do it by out-driving you on the track.

There's no promise that won't happen. But, they won't buy their way into the winner's circle. Because the specs for all Shelby CAN AMS will remain the same for the life of the series, the resale value should stay up. Or, when the Pro series is introduced only a few changes will be required to put you in the even faster competition.

I'm proud to have my name on this Sports Racer because I think motorsports needs this series where a driver can afford to find out if he has the skills as well as the desire to move up to GTP, Indy or even Formula I competition. For a lot of drivers it's going to be all the fun they want. For others, it's going to be a stepping stone to faster, tougher competition. Either way I think you are going to enjoy every minute you're behind the wheel of your Shelby CAN AM. I know I'd like to be out there on the track with you, running maybe a tenth out front.

SHELBY CAN AM

GENERAL

Open cockpit, single-seat, mid-engine sports racer. Driver on vehicle centerline. Longitudinally mounted engine with transaxle, changeable gear ratios, multiple suspension setups and rear adjustable wing.

OVERALL DIMENSION

Width	77.5"
Height	41.0"
Weight	1820 lbs. (wet)
Weight Dist. front/rear	40/60
Length	168.5" (incl. wing)

ENGINE

Dodge Shelby—Developed from the Dodge 3.3 Liter 60 degree V6 to deliver a high level of tractability, response and durability with a minimum of 30 hours track time between rebuilds.

Bore	93.0mm (3.99")
Stroke	81.0mm (3.19")
Comp. Ratio	11.0:1
Int. Valve Size	45.0mm
Exhaust Valve Size	37.5mm

Intake Manifold: Cast aluminum, two-piece "tuned" design.

Throttle Body Size	Twin 50mm

Camshaft: 284 degrees duration, 12.3mm (.485") lift, 104 degrees intake-to-exhaust lobe split.

Valve Actuation: Hydraulic flat tappets, pushrods, stamped steel rocker arms, titanium valve retainers, single coil valve springs with dampers.

Pistons: Mahle forged aluminum with floating pins.

Piston Rings: Gray iron first and second rings, two piece oil control rings, floating pins.

Crankshaft	Cast nodular iron, rolled fillets
Block	Cast iron, 60 degree V6
Bearings	Tin-aluminum
Cylinder Heads	Shelby-tuned cast aluminum

Exhaust Headers: Tubular steel, 1.75" O.D. primary pipe 30" long, 2.5" O.D. secondary pipe 24.75" long.

Ignition System: D.I.S. (distributorless ignition system)

Electronic Fuel Inj. System: M.P.I. (manifold port injection).

Ignition/Injection Ctrl. System: S.B.E.C. (single board electronic controller) with sensors for cam position, crank position, throttle position, manifold and barometric pressure, engine water temperature, and manifold charge temperature.

Lubrication System: Dry sump with two scavenge sections, one pressure section.

Engine Output: 255 horsepower at 6800 rpm, 220 lb-ft at 4800 rpm (stock output—148 horsepower at 4800 rpm, 180 lb-ft at 3200 rpm).

Maximum Engine Speed 7000 rpm (electronic limiter)

Connecting Rods Carrillo steel with brushed pin bores

TRANSMISSION

Shelby 4-speed manual. In-line 356-T6 cast aluminum case with transverse gears. It is a stressed member of the chassis, serving as a rear frame and supporting the rear suspension and wing. This saves weight (as compared to bolting the transmission to a full frame) and the transverse gearing allows the case to be mounted farther forward, between the axles, for better weight distribution and a shorter, more efficient drive train. The gear sets are stacked and rotated forward within the case. This puts the bulk of the transmission's weight below the centerline of the engine, adding to the car's stability. The gears are easily changed by unbolting a side panel and sliding them out. The transmission is equipped with a spool type differential.

Standard Gear Ratios:
Optional Gear Sets will be available
Standard
1st 2.38:1
2nd 1.57:1
3rd 1.22:1
4th 1.00:1
Final Drive 3.22:1

CHASSIS

"Space Frame"—Square, round and rectangular tube ASTM500 structural steel MIG welded (mixed inert gas) to contain heat and prevent warping.

Wheelbase	105"
Track front/rear	62"/58"

BODY

Three-piece molded 0.080 fiberglass, unique semi-open front wheels increase driver's front and side visibility about 20%.

Weight	150 lbs
Height	39"
Width	77.5"
Grd. Clearance	2"

CRUSHBOXES

.060 Aluminum riveted to frame.
Front: Crushbox has access to reach brake master cylinders and brake and clutch fluid reservoirs.
Side: 10" deep both sides of cockpit. 16" high and 34" at longest point.

SUSPENSION

ASTM500 mild steel unequal length upper & lower A arms, fully independent front and rear with upper arms interchangeable side-to-side (lowers are not). Adjustable anti-roll bars. Standard springs 500 lbs. per inch front and 900 lbs. per inch, rear. Optional springs from 400 to 1,000 lbs. per inch. Rebound-only adjustable shocks. Anti-Dive: 25%. Anti-Squat: 0%.

TIRES

Type	Racing slicks (Goodyear)
Size	Front: 23.5 x 10.5 x 16" Rear: 25.0 x 13.0 x 16" (Slick) 25.5 x 12.0 x 16" (Rain)

WHEELS

Three-piece aluminum Duralight wheels

Diameter	16" front/rear
Width	11.5" front/12.5" rear
Offset	0" front/.50" rear

BRAKES

4 Wheel JFZ Disc: 12.8" x 1.25" ventilated rotors
JFZ 4 piston calipers (1¾" dia.) Tilton master cylinder

STEERING

500 ASTM mild steel tie rods; Woodhaven rack & pinion steering. Proprietary, side-to-side interchangeable knuckles accommodate standard Dodge hi-performance hub and bearing assembly
1⅞ turns lock to lock
17:1 ratio
Steering column adjustable to 7 positions over 5¼" horizontally & 3 positions vertically

CLUTCH

230mm Single Disc

GAUGES & CONTROLS

On board diagnostic check for engine management
3 fuses — Ignition Toggle switch
Oil pressure — Starter button
Tachometer — Emergency off switch
Water Temperature — Extinguisher control handle

LIQUID CAPACITIES

Engine Oil	10 qt.
Radiator Coolant	9 qt.
Fuel	15.3 gal. (pump in tank) flush access

SPECIAL FEATURES

10-position, 8" travel, adj. cast alum. pedal assembly.
Shelby fiberglass seat — Adj. rear wing (4 positions)
Adjustable shifter location — Adjustable front splitter
Cockpit adjustable brake bias

SAFETY EQUIPMENT

Six point seat belt
Five lb. Firebottle fire extinguisher mounted forward of driver's left crush box with hoses to automatically spray cockpit and engine.

OTHER

AN hardware throughout

If you have any questions after you've read these specs, contact your nearest Customer Services Representative. (You can get the name from SCCA Enterprises, Inc.) Your CSR can assemble a Shelby CAN AM for you or assist you in setting your car up. If you need service or repair support, the CSR does that, too. And, your CSR will be at your races with the spare parts and assistance so you won't be caught short or burdened by a parts bin bigger than a beer cooler.

SHELBY CAN AM

SCCA ENTERPRISES, INC
7476 South Eagle Street
Englewood, CO 80112
(303) 693-2111, FAX (303) 680-5633

Der Flyer, der die Can-Am-Fahrzeuge und die Serie vorstellt. Laut Robert Johnston, einem Shelby-Can-Am-Historiker, existieren von den ursprünglich gebauten 76 SCA-Autos (zwei Prototypen und 74 Serienfahrzeuge) heute noch ein Prototyp und 72 Serienfahrzeuge. 44 befinden sich in den USA, 27 in Südafrika. *Sammlung Robert D. Johnston*

SHELBY COBRA CSX4000
726
GOODYEAR
EAGLE

IV

Abschnitt IV

Die Shelbys des neuen Jahrtausends

Die Revolution geht weiter. Ein Series 1 mit drei seiner wesentlich älteren Geschwister, deren Design auch das des einzigen Autos inspirierte, dessen Entwicklung komplett in Shelbys Händen liegt.

25

Shelby Series 1 (1999)

Carroll Shelby sehnt sich danach, eine moderne Cobra zu bauen, aber eine, bei der er mit einem weißen Blatt Papier anfängt. Als er schließlich dazu kommt, seinen Traum zu verwirklichen, entsteht der Shelby Series 1. Es ist das erste völlig neue Shelby-Design seit den 1960er Jahren. Die Entwicklung ist 1994 auf dem Weg, das Auto soll 1998 fertig sein. Das Lastenheft ist streng nach Shelby-Rezept geschrieben: Leergewicht 1087 Kilo, 50:50-Gewichtsverteilung, Aluminium-Chassis mit Verbundwerkstoffen, Kohlefaser-Karosserie, Oldsmobile-Viernocken-V8 mit 500 PS (ursprünglich für die Indy-Racing-Liga entwickelt), Transaxle, gewaltige Bremsen. Aber: Produktionszwänge, Bürokratie und Unternehmenspolitik verderben den Brei. Das Ergebnis ist ein fast 1,4 Tonnen schweres Auto mit einen serienmäßigen Vierliter-V8 namens Oldsmobile Aurora und 320 PS. Dazu kommt ein endloses Hin und Her, die Produktion wird immer wieder verzögert – es wird die wohl unerfreulichste Einführung eines neuen Autos aller Zeiten.

Das ist schlimm, denn der Series 1 geht mit reichlich Vorschusslorbeeren an den Start. Die Presse hungert nach Stoff, und das Auto ziert die Titelseiten der Automagazine – Jahre, bevor es überhaupt zu haben ist. Die Käufer stehen Schlange und leisten gepfefferte Anzahlungen für das 85.000-Dollar-Schnäppchen, das bald 98.000 Dollar kosten soll, dann 113.000 und schließlich fast 140.000 Dollar. Mit dem Lieferdatum wird es ohnehin nichts. Die Kundschaft wird über Jahre vertröstet. Viele Vorbesteller klagen schließlich die Rückerstattung ihrer Anzahlungen ein, und der Series 1 hat bereits einen schlechten Ruf, bevor es ihn gibt.

Als die Magazin-Redaktionen endlich ein paar Serienfahrzeuge für Tests ergattern, sind die Ergebnisse verheerend: 12,8 Sekunden auf der Viertelmeile? 4,4 Sekunden von 0 auf 60 Meilen? Von wegen. Ein paar der Autos überstehen nicht einmal die Testfahrten pannenfrei.

Eigentlich sind die silberfarben lackierten Autos (Streifen gibt es als Extra) mit bewährten GM-Teilen wie dem Aurora-V8 (im Grunde eine kleinere Version des Cadillac Northstar) und dem Sechsganggetriebe der C5-Corvette mechanisch robust. Das Fahrwerk ist fantastisch. Das Interieur weniger. Es handelt sich um ein wildes Sammelsurium von Teilen aus der GM-Grabbelkiste: Corvette-Sitze, Camaro-Instrumenteneinheit, Oldsmobile-Klimaanlagenbedienung und Camaro-Radio. Das lässt sich verschmerzen, und an den einzelnen Komponenten lässt sich auch nichts aussetzen. Gegenstand der Kritik sind vor allem die schlechte Verarbeitung und der offensichtliche Mangel an Qualitätskontrolle.

Doch die Mängel werden behoben und irgendwann, man schreibt das Jahr 1999, tröpfelt es einzelne Serienautos aus dem Shelby-Werk. Verkauft werden sie von Oldsmobile-Vertragshändlern – die es damals noch gibt.

Bald kommt eine Version mit Turbolader zu einem Basispreis von rund 180.000 Dollar auf den Markt. Die versprochenen Leistung: 3,3 Sekunden von Null auf 60 Meilen und die Viertelmeile im 11er-Bereich. Wieder misslingt es den Motor-Journalisten, solche Zeiten einzufahren. Bis 2003 werden rund 250 Series 1

Jeder Series 1 trägt am Armaturenbrett eine Plakette mit der Produktionsnummer.

Linke Seite: Der Series 1 erweist sich als so leistungsfähig wie die Cobra.

Oben: Die nagelneuen Oldsmobile-Motoren im Shelby-Werk in Las Vegas werden demnächst in Series 1 eingebaut.

gebaut, von denen einige noch jahrelang bei den Händlern verstauben. Diese originalen „serienmäßigen“ Series 1 erhalten als Neuwagen 17-stellige FIN.

Das Unternehmen, das Shelby American während der Produktion des Series 1 übernimmt, macht 2004 Bankrott. Shelby kauft schließlich den großen Bestand an unvollendeten Autos und Teilen und bietet 2005 eine „Component“-Version des Series 1 an. Die so genannten Rolling Chassis, also fertige Autos ohne Motor und Getriebe, werden als CSX5000-Serie verkauft. So ist eine Abnahme durch die Behörden überflüssig, weil rein rechtlich der Endverbraucher das Auto fertigbaut wie einen Bausatz. Die Fahrzeuge der Serie CSX5000 werden für je rund 100.000 Dollar verkauft.

Mal abgesehen von den ganzen Schwierigkeiten ist der Series 1 eigentlich ein würdiger Nachfolger der Cobra. Wäre es Shelby gelungen, ein Auto zu bauen, das mehr den Daten im Lastenheft entsprochen hätte, dann hätte es alles deklassiert, was es 1998 sonst noch so auf dem Markt gab.

Trotz der vielen Teile aus dem GM-Regal ist das Innere des Series 1 komfortabel und funktionell. Vorbei die Zeiten der Enge und der Sturmböen in der Cobra – die neue Kreation ist in jeder Hinsicht ein wahrhaft modernes Performance-Car.

Oben: Die ultimativen Series 1 sind die mit Turbolader ausgerüsteten Exemplare. Der Einbau ist von Anfang an geplant, und Chassis wie Motorraum werden schon im Entwurfsstadium entsprechend vorbereitet.

Links: Auch die Kühlung wurde nicht erst hinterher eingeplant, wie der dramatische Flow-Through-Kühler beweist. Ein weiterer Vorteil dieses Designs: Die Konstruktion vermindert den Auftrieb bei hohem Tempo.

26

Die „Continuation Shelby Cobras“

CSX7000 und CSX8000: 289er

Die ursprünglichen blattgefederten Smallblock-Cobras der CSX2000-Serie sind extrem erfolgreiche Rennwagen – wesentlich erfolgreicher als ihre schraubengefederten 427er-Nachfolger der CSX3000-Serie. Die Blattfeder-Autos sind auch viel weiter verbreitet: 655 werden gebaut. Dagegen entstehen nur 343 der CSX3000-Serie. Dennoch hat meist die 427er im Sinn, wer sich heute für eine Cobra-Replika interessiert, und nicht die dezenteren Blattfeder-Autos, die im wahren Leben so viel mehr Vergnügen machen. Der Durchschnittskunde will den PS-Vorschlaghammer, der jeden um sein Leben fürchten lässt, den er zu einer Spritztour einlädt. Die ausgewogene Leistung der kleinen Smallblock-Cobras ist nicht mehr gefragt.

Doch die Freunde der puren Cobra haben Glück. Seit 2006 gibt es die 289er wieder bei Shelby zu kaufen. Bei den Exemplaren der CSX7000-Serie handelt es sich um so genannte „Component Cobras“, originalgetreue Nachbildungen der fünf 289er-FIA-Cobras. Sie haben blattgefederte Fahrgestelle, in die sich alle Ford-Smallblocks einbauen lassen. Die Karosserie besteht wahlweise aus glasfaserverstärktem Kunststoff oder aus Aluminium.

Shelby denkt auch an Kunden, die sich einen Nachbau der Straßenversion inklusive feiner Drahtspeichenräder wünschen. Die CSX8000-Serie wird nur mit Glasfaser-Karosserie angeboten. Dennoch sind die Autos perfekte Ebenbilder der originalen 289er-Cobra. Von dieser Version werden wesentlich weniger gebaut.

Oben: Das Kennzeichen von Sal Minnella am CSX4241 sagt ja wohl alles. *Sal Minnella*

Links: CSX7034, ein Small-Block Continuation-Car mit Glasfaserkarosserie, gehörte ursprünglich zu einer Bestellung über acht Stück für Jim Harrells 289er-Spec-Racer-Programm. Es werden aber nur fünf dieser Autos tatsächlich fertiggestellt, 7034 gehört zu den „Unvollendeten“. 7034 geht an Shelby Automobiles in Las Vegas zurück, wird später komplettiert, in Viking Blue lackiert und zum Einbau des Motors an SC Motorsports in Oklahoma geschickt. 2005 gehört das Auto Allan Alarab, der hier auf der Sears-Point-Rennstrecke unterwegs ist. *Ian Stearns*

Linke Seite: CSX4022 ist der erste aus der Serie CSX4000, dessen Karosserie aus Aluminium besteht, und eins von zwölf Autos, deren Karosserien Bill Kemper (Aluminum Restorations, Barrington, Illinois) für Shelby mit der Hand gebaut hat. Kevin Rogers kauft das Auto direkt von Shelby American. Unter der Haube steckt der echte 427er-„Side-Oiler“, den Shelby-Mitarbeiter Mike Lefevers gebaut hat. Für Shelby dient das Auto auch als Fotomodell für die Werbung. *Kevin Rogers*

CSX1000 und CSX4000: 427er

Die 427er-Cobra ist das am meisten nachgebaute und kopierte Fahrzeug aller Zeiten. Es gibt viel mehr Kopien als Originale, und der größte Teil ist nicht einmal besonders gelungen. Zu Beginn der 1990er Jahre hat Shelby die Nase voll. Er kommt zu dem Schluss, dass es höchste Zeit sei, wieder eigene Cobras zu bauen. Er nennt sie „Component Cobras", um klarzumachen, dass diese akkuraten Nachbildungen nichts mit den vielen Fakes zu tun haben.

Die Werkzeuge für den Bau neuer 427er-Chassis hat Shelby ja noch aus den Zeiten der „Completion-Cars". Chassis dieser Art sollen die Basis für die neuen Component-Fahrzeuge werden und Glasfaser- oder Aluminium-Karosserien tragen. Die fertigen Autos sollen unter der Bezeichnung CSX4000 auf den Markt kommen, als logische Fortsetzung der CSX2000-Blattfeder- und der CSX3000-Schraubenfeder-Modelle der 1960er Jahre.

Die Rahmen werden leicht modifiziert. Front- und Heckpartie werden nicht mehr angeschweißt, sondern angeschraubt, was die Montage der Fiberglas-Karosserien erheblich erleichtert. Die Hauptrahmenrohre sind stärker dimensioniert, manche Komponenten müssen moderneren weichen, weil es die Originalteile nicht mehr gibt. So werden Differenziale mit Aluminiumgehäuse verwendet. Alle CSX4000-Fahrzeuge sind offizielle Produkte von Shelby American und werden mit einer Bescheinigung von Shelby und mit der Zusage verkauft, dass die Autos ins Shelby-Register eingetragen werden.

Die ersten werden Ende 1996 montiert, beginnend mit Chassis-Nummer CSX4000. Bei den Component-Cars handelt es sich rechtlich um Bausätze. Die Käufer haben die Wahl unter mehreren Graden der Vervollständigung. Eine teilweise zusammengebaute Version mit Glasfaser-Karosserie wird ohne Motor, Antriebsstrang, Felgen, Reifen, Kühler, Ölkühler, Lack und andere Nebensächlichkeiten für knapp 40.000 Dollar angeboten. Die nächste Stufe ist ein fertig montiertes Auto mit unlackierter Karosserie ohne Motor, Getriebe, Felgen und Reifen für rund 55.000 Dollar. Die meisten Käufer entscheiden sich freilich für die dritte Version: ein komplett zusammengebautes, schlüsselfertiges, lackiertes und fahrbereites Auto, das es ab 75.000 Dollar – der Preis hängt von Motor und Getriebe ab – beim Shelby-Händler gibt.

Es gibt allerhand Zubehör und Optionen, etwa die einer vollständig aus Aluminium gefertigten Karosserie, die rund 25.000 Dollar kostet. Anfangs werden diese Aluminium-Häute von drei unabhängigen

Ganz oben: Alle Shelby CSX Continuation Cars werden mit einer Plakette am Armaturenbrett versehen, das die Seriennummer nennt. Hier ist es CSX4241. *Sal Minnella*

Oben: In krassem Gegensatz zur CSX4000-Straßenversion ist das Interieur von CSX4180 eingerichtet. Die Shelby-Challenge-Rennwagen kommen ausgesprochen professionell daher. *Kevin Rogers*

Oben links: Der Motorraum von CSX4022, der genau den Spezifikationen des 427er S/C entspricht. *Kevin Rogers*

Oben rechts: Innen unterscheidet sich CSX4022 nur durch sein Produktionsdatum von einem originalen CSX3000. Das Interieur ist exakt gleich. *Kevin Rogers*

Subunternehmern an Shelby geliefert, die zusammen nur sechs Karosserien pro Jahr bauen können. Die Nachfrage aber ist größer, also macht sich Shelby auf die Suche nach einem Lieferanten, der die benötigte Menge an Aluminium-Karosserien bereitstellen kann. Er findet ihn in Kirkham Cars, einem Unternehmen, das seine eigene präzise Nachbildung der Cobra in Polen von Mechanikern bauen lässt, die früher MiG-Kampfflugzeuge fertigten. Kirkham liefert in kürzester Zeit 25 Karosserien für das CSX4000-Projekt.

Shelby muss noch ein weiteres Problem lösen. Die Käufer der neuen 427er-Cobras wollen schließlich auch eine 427er-Maschine unter der Haube vorfinden. Er erhält von Ford die Lizenz, eigene 427er-Motorblöcke zu gießen, die er dann mit Medium-Riser-Zylinderköpfen aus Aluminium ausstattet. Die meisten Käufer sind absolut begeistert davon, ihre neue Cobra mit einem echten 427er Shelby-Motor zu bekommen.

Es werden auch einige CSX4000-Sonderpakete angeboten. Finish Line Motorsports, ein autorisierter Shelby-Händer in Las Vegas, bietet ein Renn-Paket an, das elf Kunden findet. Dazu gehören Wilwood-Rennsportbremsen, ein von der SCCA zugelassener Überrollbügel und ein Feuerlösch-System. Dieses Paket unterscheidet sich von Shelbys eigenem „R“-Paket. Autos mit dieser Ausstattung haben eine Fahrgestellnummer mit zusätzlichem „R“, Vollaluminium-Kompressor-427er und 800 PS. Nur zwei dieser Werksrenner werden gebaut.

2001 wird im Rahmenprogramm der Indy-Car-Ausscheidungen der Rennsportorganisation Championship Auto Racing Teams (CART) eine spezielle Rennserie mit der Bezeichnung „Shelby Cobra Challenge Racing Series“ angekündigt. Die Idee ist brillant. Shelby würde identische CSX4000-„Challenge Racer“ bauen, die für 100.000 Dollar an zahlungskräftige Kunden verkauft würden. Profis wie Mario Andretti sollen sie dann fahren. Sponsoren würden für alle Unkosten aufkommen. Für jede Saison würden etwa 20 neue Autos gebaut, die dann am Ende den Besitzer übergeben würden, im vollständigen Renn-Trimm und bereit für die SCCA-Rennen der Pro-Racing-GT1.

CSX4180 ist das zweite von sieben Autos, die für die Shelby-Challenge gebaut werden. Der Wagen kommt dank einiger großer Erfolge zu einer gewissen Popularität und wird unter anderem von Mario Andretti gefahren. *Kevin Rogers*

Dieses Bild zeigt einen Teil der Montagewerkstätten von HST International in Tijuana, wo die Belegschaft CSX4000 für Shelby baut. Hier werden die Karosserien gelagert, bis die Montagearbeiten beginnen, dann werden sie …

… und die Rahmen, die in dieser Werkstatt entstehen, …

… in diesen Bereich gebracht, wo die „Hochzeit“ stattfindet. Nach dem Lackieren geht es …

... zur Endmontage. Schließlich werden die fertigen Autos ans Tageslicht geschoben und einer letzten Inspektion unterzogen, so wie ...

Leider wird es nichts mit der Shelby Cobra Challenge. Es gibt Probleme mit den Sponsoren und vor allem mit der CART, die dann 2003 Bankrott macht. So werden nur acht CSX4000-CR gebaut. Heute sieht man sie häufig bei Clubrennen, und sie werden auch noch immer in SCCA-GT1-Rennen eingesetzt.

Ein weiteres Kapitel in der Geschichte von Shelbys 427er-Component-Cobra sind die 14 Autos, die mit den CSX1000-Seriennummern gebaut werden. Es beginnt 2003, als Carroll Shelby hört, dass AC Cars die Autoproduktion wieder aufgenommen hat, wenn auch unter einem neuen Besitzer. Man trifft die Vereinbarung, dass AC Cars fünf jährliche Chargen von jeweils 50 „Rolling Chassis" mit Aluminium-Karosserie bauen und an Shelby in Las Vegas liefern soll. Die Fahrzeuge sollen CSX1000-Autos heißen, und Pressemeldungen verkünden bereits, dass AC und Shelby wieder Cobras wie in alten Zeiten bauen. AC Cars kommt aber in Schwierigkeiten, und so endet der Traum, nachdem es 2005 und 2006 nur 14 CSX1000 nach Las Vegas geschafft haben. AC Cars und Shelby gehen wieder getrennte Wege.

Manche Cobra-Puristen rümpfen die Nase über jedem Cobra-Replikat, unabhängig davon, wer es gebaut oder wie er es genannt hat. Allerdings sind Kopien und Nachbauten für viele die einzige Möglichkeit, an ihr Traumauto zu kommen. Und wenn sich jemand eine „moderne" Cobra zulegen möchte – geht er dann nicht am besten gleich zu Shelby?

... CSX4856. Die Autos werden dann an Shelby nach Las Vegas geliefert. Entweder dort oder in einem der autorisierten Betriebe kommen dann noch Motoren und Getriebe dazu. *Alle Fotos von Bill Malone*

Super Snake
GT 500

V

Abschnitt V

Alles noch einmal von vorn

Eine 2007er Super Snake im Profil. Man beachte die speziellen Alcoa-Schmiedefelgen, die massiven Brembo-Bremsen, die Seitenstreifen, die Tieferlegung und die bedrohlich wirkende Hutze auf der Motorhaube.
David Newhardt

27

Studien: Ford Shelby Cobra (2004) und Shelby GR-1 (2005)

Shelby und Ford sind wieder zusammen. Das ist die Botschaft, als 2004 bei der Detroit Auto Show die Studie Ford Shelby Cobra vorgestellt wird. Es bedeutet, dass die Rechtstreitigkeiten um den Namen Cobra zur großen Freude vieler Ford- und Shelby-Enthusiasten beendet sind, und es bedeutet den Beginn einer neuen Ära: Ford baut wieder Performance-Cars.

Das Cobra-Concept-Car ist eine moderne Interpretation des 427er-Cobra-Roadsters. Dahinter steckt die Idee von einem reinen Performance-Car alter Schule ohne irgendwelchen Schnickschnack wie Klimaanlage, elektrische Fensterheber oder gar Radio. Carroll Shelby fasst das in einer Pressemitteilung von Ford zusammen: „Ein großer Motor in einem kleinen, leichten Auto." Oh ja, mit diesem Konzept kennt sich Ol' Shel' nun wirklich aus.

Gezeigt wird nicht bloß ein lackiertes und mit Stanniol beklebtes Tonmodell. Nein, in Detroit tritt ein voll funktionsfähiges, reibungslos laufendes Konzeptauto auf, das das Zeug zum Serienfahrzeug hat. Carroll Shelby führt es selbst vor, indem er vor dem offiziellen Debüt in Detroit mit Journalisten ein paar Runden auf einer Rennstrecke dreht.

Der V10-Frontmotor ist ein 4,6-Liter-Ford-V8-Modulmotor plus zwei Zylinder, was zusammen 6,4 Liter ergibt. Es ist ein kleines Kunstwerk mit zehn herrlichen Ansaugtrichtern, die an eine klassische Vergaserbatterie erinnern. Der Motor bringt es auf 605 PS, die er an ein modifiziertes Ford GT Ricardo-Sechsganggetriebe an der Hinterachse überträgt. Das Ford-GT-Aluminium-Chassis ist erheblich verkürzt

Links: Es bleibt bei der Studie, die Zukunfts-Cobra von 2004 wird nie in Serie gebaut. *David Newhardt*

Linke Seite: Die Cobra-Studie in voller Fahrt. Wer nicht so genau hinsieht, mag die Ähnlichkeit mit der Original-Cobra entdecken – oder die mit einem echt schnellen Tennisschuh. *David Newhardt*

Shelby mit der Cobra-Studie. Als sie in einer Nacht des Jahres 1962 in Dean Moons Werkstatt die kleine Cobra zusammenzimmerten, wird er wohl kaum geahnt haben, dass er 42 Jahre später neben einer Hommage an just dieses Auto stehen wird. *Ford Motor Company*

und modifiziert, um den Einbau des Frontmotors zu ermöglichen. Die von Ford angekündigte Leistung ist atemberaubend. An der prognostizierten Spitzengeschwindigkeit von fast 420 Stundenkilometern aber darf man wohl zweifeln.

Das Interieur präsentiert sich im besten 427er-Cobra-Stil – also minimalistisch: zwei Sitze, ein paar Instrumente und nicht viel mehr. Das Exterieur ist viel kontroverser. Es gibt allerlei Cobra-Stilelemente wie die große Kühleröffnung, Hutzen, Nerf-Bars und kleine Rückleuchten, aber der Designer hat etwas Wesentliches vergessen: Kurven. Das Design polarisiert. Die einen finden es fantastisch, andere furchtbar. Ich finde, es sieht aus wie ein grauer Laufschuh mit silberfarbenen Le-Mans-Streifen.

Die Cobra-Studie ist aber ohnehin ganz schnell wieder von gestern, weil 2005 die GR-1-Studie vorgestellt wird. Lesen Sie weiter.

Shelby GR-1

Der Shelby GR-1 folgt der Cobra-Studie auf dem Fuße. Der große Unterschied zwischen den beiden besteht darin, dass der GR-1 eine Hommage an einen anderen alten Shelby ist: das Daytona-Coupé von 1965. Während das Styling der 2004er-Studie nur laue Kritiken erhält, wird die vollständig in Aluminium ausgeführte Karosserie des GR-1 allgemein als erstaunlich schönes Design gelobt. Die Technik darunter ist praktisch die gleiche wie die der Cobra-Studie.

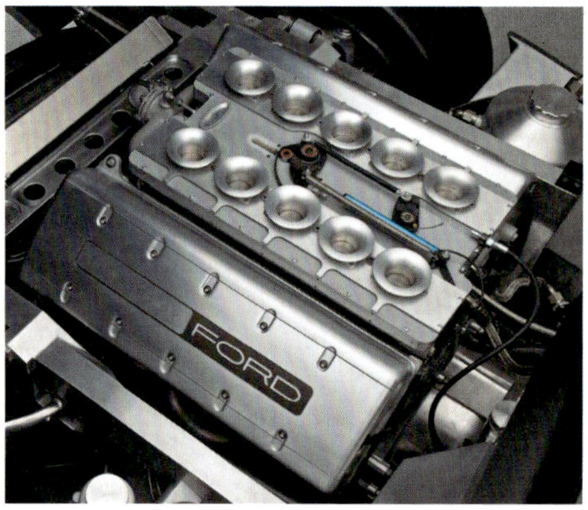

Das V10-Triebwerk des Cobra-Konzeptautos. Beachten Sie die zehn einzelnen Drosselklappen, eine für jeden Zylinder. *Ford Motor Company*

Das Interieur der Studie ist minimalistisch und funktionell, genau wie das der originalen Shelby-Cobra. *Ford Motor Company*

Das Cobra-Konzeptauto wird 2004 bei der SEMA-Show in Las Vegas ausgestellt. Ford zeigt hier eine Möglichkeit, die Besucher vom etwas einfallslosen Design der Studie abzulenken.
Ford Motor Company

Die neue Studie, das GR steht laut Ford für „Group Racing“, wird beim Pebble Beach Concours d'Elegance im August 2004 vorgestellt und im Jahr darauf auf den Messen gezeigt. Die Menschen stehen fasziniert vor der unlackierten und hochglanzpolierten Aluminium-Karosserie. Da sind endlich wieder die fließenden Linien und die sinnlichen Kurven, die sie bei der Cobra-Studie vermisst haben. Der GR-1 hat wirklich den Charakter des Daytona-Coupés, dem er nachempfunden ist. Anders als die puristisch-nackte Cobra-Studie strotzt der GR-1 vor High-Tech-Gimmicks. Dazu gehört etwa „Tire IQ“, das die Temperatur jedes der vier Reifen sowie den Druck anzeigt und die Querbeschleunigung gleich dazu. Ein abnehmbares Lenkrad erleichtert das Ein- und Aussteigen.

Es gibt genug Menschen, die nur darauf warten, zu ihrem Fordhändler zu rennen und sich einen GR-1 zu kaufen. Sie dürfen zuhause bleiben: Die Studie bleibt ein Einzelstück oder, wie Ford das nennt: „A salute to performance art“ – ein Wortspiel: „performance art“ heißt eigentlich Aktionskunst, „performance“ bedeutet aber auch Leistung.

Links: Carroll Shelby und die 2005er-Studie GR-1. *Ford Motor Company*

Unten: Der GR-1 hat große Ähnlichkeit mit dem Cobra-Daytona-Coupé. Dessen Design ist noch 40 Jahre, nachdem Peter Brock es auf dem Boden des LAX-Werkes von Shelby American skizziert hat, atemberaubend. *Ford Motor Company*

Oben: Die hochglanzpolierte Alu-Karosserie des GR-1 spiegelt die makellose Arbeit wieder, die man in der Prototypen-Werkstatt von Ford geleistet hat – und natürlich den Wüstenboden. *Ford Motor Company*

Rechts: Das Interieur ist ein funktionelles Dienstzimmer für High-Performance-Projekte und kein Spielzimmer voller Schnickschnack wie DVD-Spieler und „Boom-boom"-Stereoanlagen. *Ford Motor Company*

28

Ford GT (2005/2006)

Bei Ford sind sie ziemlich stolz auf die sportliche Vergangenheit. Zum 100. Geburtstag des Unternehmens gibt es daher eine moderne Version des ultimativen „Total Performance"-Ford. Der GT40 war der Ford, der Ferrari bezwungen hat.

Oben: Sir Jackie Stewart testet den Ford GT und ist beeindruckt. Instrumente und Schalter sind genauso arrangiert wie im GT40 – abgesehen natürlich von der Linkslenker-Konfiguration.

Carroll Shelby wurde bekanntlich seinerzeit damit betraut, das GT40-Programm zu übernehmen und es nach Europa zu tragen, um – sagen wir es, wie es ist – Ferrari in den Hintern zu treten. Als Ford also eine Art Wiedergeburt des Autos plant, liegt es nahe, den Texaner wieder ins Boot zu holen. Der neue GT soll laut Ford „das Pace-Car für das ganze Unternehmen" werden.

Die GT40-Studie wird 2002 bei der Detroit Auto Show präsentiert und ist dort eindeutig der Star. Es gibt da nur so ein klitzekleines Problem. Ford darf den GT40 gar nicht mehr GT40 nennen, weil das Unternehmen nicht mehr die Namensrechte besitzt. Die Verhandlungen mit dem Rechteinhaber enden mit einem Patt. Offenbar ist der Name Ford am Ende aber doch nicht wichtig genug, um den geforderten Preis zu zahlen. Also heißt das neue Auto schließlich schlicht „Ford GT".

Gerade noch rechtzeitig für die Hundertjahrfeier 2003 in Dearborn verfügt Ford über produktionsreife, voll funktionstüchtige Prototypen für die Präsentation, und der Ford GT geht Ende 2004 als 2005er Modell in den Verkauf.

Dass der neue GT seinem Ahn GT40 so sehr ähnelt, liegt sicher auch daran, dass die Designer in ihrem Studio ständig einen waschechten vor Augen haben: Er steht mitten unter ihnen. Gut, der Nachfolger wächst in alle Richtungen, aber das geht gar nicht anders, will man aus dem relativ zierlichen Original einen Straßensportwagen machen. So wird es auch nichts mit den einst namensgebenden 40 Zoll Höhe, der GT ist um vier Zoll (zehn Zentimeter) höher. Und um drei Zoll (7,6 Zentimeter) breiter, der Radstand wächst um einen Fuß (etwa 30 Zentimeter). Die Designer leisten aber ganze Arbeit: Auch im direkten Vergleich muss man zweimal hinschauen, um die Unterschiede zu erkennen. Der Neue gelingt perfekt. Und es erweist sich, dass der 40 Jahre alte Entwurf nichts an Attraktivität eingebüßt hat. Er ist zeitlos; mehr noch: Der neue Wagen trägt die Geschichte und die Bedeutung der originalen Fahrzeuge ins Heute hinüber. Kaum ein anderes modernes Auto weckt derart starke Emotionen.

Aussehen ist aber nicht alles. Soll er ein Sieger sein, muss der neue Ford GT Weltklasse-Leistungen bringen wie einst der GT40. Mit anderen Worten: Er muss ein Ferrari-Killer sein. Struktur und Fahrwerk sind vom Feinsten und vor allem aus Aluminium, dazu gibt es gewaltige Brembo-Bremsen und, was am wichtigsten ist, jede Menge PS. Der neue GT hat 550 davon, zusammen mit einem Drehmoment von 687 Nm aus einem 5,4-Liter-V8 mit 32 Ventilen, vier Nockenwellen und Kompressor. Die Kraftübertragung übernimmt ein Ricardo-Sechsganggetriebe.

Die Leistungsdaten lassen aufhorchen und fehlen in keinem Testbericht: Der GT bringt es in 3,6 Sekunden von 0 auf 60 Meilen, die Viertelmeile schafft er in zwölf Sekunden und ist im Ziel 210 Stundenkilometer schnell. Die Spitzengeschwindigkeit beträgt 340 Stundenkilometer. All das gibt es 2005 zu einem Basispreis von weniger als 150.000 Dollar. Wie einst der GT40 dringt 40 Jahre später der neue GT erneut ins Ferrari-Revier ein und vertreibt auch diesmal den Platzhirsch.

Linke Seite: So etwas ähnliches haben die Ferrari-Piloten einst in Le Mans vor sich gehabt. Das Kennzeichen weist darauf hin, dass der Ford GT im Laufe von 40 Jahren um vier Zoll in die Höhe gewachsen ist. *David Newhardt*

Der moderne Ford GT ist unter den Retro-Autos zweifellos das mit der größte Ähnlichkeit zum Original. Das Design-Team stellt sich einen echten GT40 ins Studio, um jede Linie und jedes Detail originalgetreu nachbilden zu können. Das Ergebnis ist den Aufwand auf jeden Fall wert. *David Newhardt*

Diese Worte versetzen Ferrari-Besitzer seit 40 Jahren in Angst und Schrecken: „Powered by Ford". *David Newhardt*

In der Größe ist der GT eine 11/10-Version des GT40. Mit 550 PS und dem entsprechenden Fahrwerk gehört er in die Top-Liga – genau wie einst der GT40.

Abgesehen von der Leistung bringen vor allem das Styling und die originalgetreue Wiedergabe der Linien des GT40 die Leute dazu, sich um den Ford GT zu schlagen und doppelt so viel dafür hinzulegen wie auf dem Preisschild zu lesen ist. Zum atemberaubenden Äußeren kommt ja auch noch das Interieur. Es ist ein veritables Kunstwerk.

Auch das Armaturenbrett ist streng nach dem Original ausgerichtet: Eine Reihe herrlicher schlichter Kippschalter unterstreicht eine ebenso schlichte Reihe analoger Instrumente, die genau so angeordnet sind wie im originalen GT40. Die Sitze haben natürlich die gleichen „Kühlungslöcher" wie die des berühmten Originals. Hinter all der

Retro-Aufmachung verbergen sich freilich ein modernes Soundsystem, eine leistungsfähige Klimaanlage, elektrische Fensterheber und all die anderen Annehmlichkeiten, die ein neuer Supersportwagen eben so braucht.

Der Ford GT ist von vornherein als Vorzeige-Auto gedacht, soll nie in großen Stückzahlen gebaut werden und wird deshalb nur in zwei Modelljahren verkauft: 2005 und 2006. Es gibt nur kleinere Änderungen in der Ausstattung und bei der Produktion. Ford hat ursprünglich vor, 4500 Autos zu bauen, aber letztendlich werden 2005 nur 2027 GT und 2006 weitere 2011 hergestellt. Die Liste der Extras ist ziemlich kurz. Sie beschränkt sich auf vier Positionen: auflackierte „Le-Mans"-Streifen, eine bessere McIntosh-Stereoanalage, rot oder grau lackierte Bremssättel und geschmiedete BBS- anstelle der serienmäßigen Gussfelgen.

2006 wird eine auf 343 Exemplare limitierte Auflage in der berühmten blau-orangefarbenen Gulf-Lackierung verkauft. Die Wagen sind kaum gebaut, da genießen sie bereits Sammlerstatus – im Gegensatz zu so manchem anderen Supersportwagen. Heute sind sie praktisch unbezahlbar.

Der Ford GT wurde nicht bei Shelby entwickelt oder gebaut. Dennoch scheint es mir passend, dieses Auto mit aufzunehmen. Carroll Shelby war immerhin einer der leitenden Berater bei diesem Projekt. Außerdem hätte der GT40 ohne das Engagement von Shelby American niemals die Welt erobert, und ohne diese Vorgeschichte wäre der Ford GT nicht mehr als eine interessante Fußnote in der Firmengeschichte – und kaum der Wagen, den Ford unbedingt zur Hundertjahrfeier hätte haben wollen. Deshalb danken wir Ihnen, Mr. Shelby, dafür, dass Sie Ford dazu inspiriert haben, einen der aufregendsten modernen Supersportwagen aller Zeiten zu bauen.

Oben: Wie beim Original reichen die Türen bis weit in die Dachmitte hinein. Das sollte bedenken, wer einsteigt. Mancher hat sich beim Schließen der Tür schon eine Beule geholt. *David Newhardt*

29

Für 2008 baut Shelby 100 Shelby GT in einer Barrett-Jackson Edition. Sie werden über Ford-Händler in Arizona verkauft. Diese Fahrzeuge sind als Coupé und als Cabriolet erhältlich und alle in den Unternehmensfarben des Auktionshauses lackiert: schwarz mit roten Streifen. Darüber hinaus sind sie mit speziellen B-J-Editions-Schwellerleisten und -Tankdeckeln ausstaffiert. Von links: Steve Davis, Präsident von B-J, Carroll Shelby und der CEO von B-J, Craig Jackson. *©2009 Barrett-Jackson*

GT Hertz (2006/2007) und Shelby GT (2007 bis 2009)

Wir schreiben das Jahr 2006. Genau 40 Jahre nach den ersten GT350 Hertz ist Shelby wieder mit Ford zusammen. Und wieder gibt es ein Geschäft mit dem Autovermieter. Diesmal kommt dabei der Shelby-Mustang GT-H heraus. Es ist eine echte Hommage an den ursprünglichen „Rent-a-Racer".

Shelby Automobiles in Las Vegas baut auf der Basis des serienmäßigen GT-Fastback 500 speziell überarbeitete GT-H. Alle Autos sind schwarz lackiert und tragen goldfarbene „Shelby GT-H"-Streifen. Außerdem erhalten sie eine aggressiver gestaltete Frontschürze und seitliche Lufthutzen (die ein Jahr später beim Mustang GT/CS wieder auftauchen), eine spezielle Motorhaube mit Schnellverschlüssen und den Heckspoiler des Mustang GT. Die Fünfspeichenfelgen stammen vom Mustang-Sondermodell „Bullitt". Das Interieur ist in einem dunklen Anthrazit gehalten. Der Hinweis auf den Shelby-Einfluss beschränkt sich auf die Schwellerleisten mit dem Schriftzug „Hertz Shelby GT-H" und eine Plakette zwischen den mittleren Lüftungsöffnungen am Armaturenbrett.

Ford liefert an Shelby Autos mit dem serienmäßigen 300 PS starken 4,6-Liter aus dem Mustang-GT und einer Fünfgang-Automatik. Bei Shelby erhalten sie allerlei Teile aus dem Angebot von Ford Racing Performance Parts (FRPP): Eine Frischluftansaugung und einen Auspuff sowie ein Chip-Tuning, damit der Motor sein neues Potenzial auch voll auszunutzen vermag. All das erhöht die Leistung um 25 PS und sorgt für ein Drehmomentplus von 13,5 Nm. Als willkommener Nebeneffekt klingt der Motor jetzt nochmal so kernig. Anstelle der bei Autos mit Automatik üblichen 3,25:1-Hinterachse baut Shelby jene 3,55:1 übersetzte ein, die normalerweise in Wagen mit Fünfgang-Getriebe eingesetzt wird.

Damit sich der Wagen jetzt auch so knackig fährt wie ein echter Shelby, kommt noch das FRPP-„Handling-Package" dazu. Es umfasst spezielle Dämpfer, härtere Federn, dank denen der Wagen erheblich tiefer liegt, stärkere Stabilisatoren und eine Domstrebe.

2007 kommt ein weiterer spezieller Hertz-Shelby, aber diesmal „oben ohne". Im neuen Jahrgang sind alle GT-H Cabriolets. Die Ausstattung ist identisch mit der des 2006er GT-H, allerdings wird diesmal ein vor allem dekorativer „Überrollbügel" installiert. Auch von diesen Autos werden nur 500 Stück gebaut.

Andere Unternehmen hätten vielleicht den leichteren Weg gewählt und einfach ein paar Aufkleber auf das „Hommage"-Auto geklebt. Aber der GT-H ist keine Mogelpackung. Er verfügt über ein echtes Shelby-Performance-Paket, das auch bei Shelby installiert wird. So kommen die Hertz-Kunden tatsächlich in den Genuss, „eine Legende zu mieten", wie es in der Werbung heißt. Sobald die GT-H aus ihrem Mietwagenjob entlassen werden, gehen sie an Großhändler und kommen auf den Gebrauchtwagenmarkt – genau wie 1966. Da nur 1000 Stück gebaut werden, sind sie praktisch vom Start weg potenzielle Sammlerautos, auf alle Fälle aber wohl weit begehrter als alles andere, was seit den letzten Hertz-Shelby von 1969 je weiterverkauft wurde.

Oben: Im Profil zeigt der 2007er Shelby GT die klassische geduckte Haltung. Die kleinen Seitenfenster und die seitlichen Hutzen erinnern an den 1966er GT350. *David Newhardt*

Unten: Ohne die Schwellerstreifen wäre es kein Shelby. *David Newhardt*

Alle Shelby GT- und GT-H haben auf dem Armaturenbrett Plaketten mit der Seriennummer. 07SGT1833 lässt sich leicht als der 1833. (20)07er-Shelby-GT identifizieren. *David Newhardt*

Die Aufnahme des Motorraums zeigt das Ford-Racing-Ansaugsystem, die Domstrebe und die Plakette mit der Shelby-FIN an der linken Seite des Kühlerhalterung. *David Newhardt*

Spezielle Shelby-GT-Schwellerleisten empfangen die Fahrgäste, und der serienmäßige Short-Throw-Shifter von Hurst wird sich jeden alten Hot Rodder gleich wie zuhause fühlen lassen. *David Newhardt*

Le-Mans-Streifen und das von Spoilern ungestörte Heck passen gut zum Ford-Racing-Auspuff mit den polierten Endrohren. *David Newhardt*

Links: Ein weiteres Styling-Element, das vom 1966er GT350 übernommen wurde, ist der Kühlergrill mit den polierten Rippen. *David Newhardt*

Linke Seite: Ganz Shelby, sogar von oben: Die Le-Mans-Streifen, die Schnellverschlüsse und die aufgenietete Hutze sind unverkennbar. *David Newhardt*

Links: Der 2006er Shelby GT-H wird auf der New Yorker Auto Show ausgestellt. Die Hertz-Mietwagenagenturen werden von Shelby-Fans überrannt, die diesen modernen „Rent-a-Racer"-Wagen mieten wollen. *Ford Motor Company*

Unten: Hertz-Kunden, die einen GT-H mieten wollen, müssen ein spezielles Checkout-Formular unterschreiben, in dem sie sich verpflichten, den Wagen vollkommen intakt wieder abzuliefern. Bei Hertz hat man so große Angst, dass Shelby-Komponenten geklaut werden könnten, dass man sogar den Motor sichert, um die Leute davon abzuhalten, Hertz um die Maschinen zu erleichtern. Das Checkout-Formular enthält auch Angaben zur Tiefe des Reifenprofils, nur damit niemand auf schräge Gedanken kommt. Außerdem legt man den Schalter der serienmäßigen Traction-Control außer Betrieb, Burnouts und Drifts sind nicht erwünscht. *Ford Motor Company*

„Okay, es sind ein paar Jährchen vergangen, ich hab ein bisschen zugelegt und ich bin nicht mehr ganz so wendig wie früher. Aber ich bin noch immer für jeden Spaß zu haben!" *Ford Motor Company*

Mustang Shelby GT (2007 – 2009)

Nach der Einführung des exklusiv für Hertz gebauten GT-H-Modells werden Shelby und Ford mit Anfragen nach einer „zivilen" Version des Autos überschwemmt. So entsteht der Shelby GT. Er basiert auf dem GT-H und unterscheidet sich von seinem Mietwagenbruder nur in ein paar Kleinigkeiten. So gibt es den GT auch mit einem Fünfganggetriebe, dazu gehört ein Short-Throw-Shifter von Hurst. Die GT-H-Motorhaube weicht einer Mustang-Standardhaube mit einer stilecht aufgenieteten Hutze im 1966er-GT350-Stil. Der Shelby GT ist 2007 nur als Coupé und nur in weiß oder schwarz erhältlich; der Basispreis beläuft sich auf 36.970 Dollar. Obwohl ein GT500 mit 500 PS fast das gleiche kostet, werden 2007 bemerkenswerte 5632 Shelby GT verkauft.

2008 gibt es wieder einen Shelby GT, jetzt auch als Cabriolet. Dazu kommen zwei neue Farben: Vista Blue und Grabber Orange. Der Basispreis für das Coupé beträgt 38.970 Dollar, wer 43.970 auf den Tisch legt, kann mit einem Shelby-GT-Cabrio nach Hause fahren.

30

GT 350, GT500, GT500 KR, GT500 Super Snake und Shelby 1000 (ab 2007)

Unmittelbar nach dem GT-H bringt Ford einen neuen Performance-Mustang mit einem weiteren berühmten Shelby-Namen heraus: den GT500. Diesmal ist Carroll Shelby allerdings nur als Berater mit dabei. Fords SVT-Abteilung (Special Vehicle Team) soll ein echtes Performance-Car bauen, mit Spitzenleistungen in allen Bereichen: Power, Handling und Komfort.

Das am meisten beeindruckende Merkmal des neuen GT500 ist sein 5,4-Liter-Kompressormotor mit 32 Ventilen, der es auf 500 PS bringt, die höchste PS-Leistung, die je ein serienmäßiger Mustang unter der Haube hatte. Das einzige erhältliche Getriebe ist ein spezielles hochbelastbares manuelles Tremec-TR6060-Sechsganggetriebe mit einer GT500-spezifischen Kupplung. Die SVT-Leute verfeinern das Fahrwerk, bis der Mustang extrem handlich ist. Rundum werden große Brembo-Bremsen sowie GT500-spezifische Felgen und Goodyear-F1-Reifen verbaut.

Der GT500 wird als Coupé und als Cabriolet angeboten. Die Karosserie wird so modifiziert, dass sie das Erscheinungsbild des originalen 1968er GT500 wiedergibt, einschließlich des aggressiv gestylten Maschendraht-Grills, den die Stoßstange in zwei Hälften teilt, der Shelby-Snake und einer riesigen Hutze auf der Motorhaube. Schwellerstreifen mit dem Schriftzug „GT500“ sind Standard, die „Le-Mans“-Streifen gibt es fürs Coupé als Extra. Das Heck wird ebenfalls umgestaltet und erhält einen Diffusor. Unter dem Heckspoiler ziert der „Shelby“-Schriftzug den Kofferraumdeckel. Das Auto ist in sieben verschiedenen Farben erhältlich, außerdem gibt es diverse Streifenfarben.

Der Innenraum ist mit speziellen GT500-Sitzen möbliert, und sicherheitshalber werden noch ein paar Eimer Snake-Embleme mit hineingekippt. Dazu gibt es ein anderes Instrumentarium, Drehzahlmesser

Linke Seite: Die neue Super Snake zitiert den einzigen weiteren GT500, der mit diesem Streifenmuster das Werk verlassen hat: die 1967er GT500 Super Snake. Dazu gibt es getönten Lampengläser, Bremskühlkanäle, einen Karbonfaser-Kinnspoiler, die massive Lufthutzen, Hauben-Schnellverschlüsse und gestickte „Super Snakes“ auf den Kopfstützen. *David Newhardt*

Unten links: Der 2007er GT500 Super Snake im Profil. Sprungbereit und kraftstrotzend. *David Newhardt*

Unten rechts: Ein 2007er Shelby GT500 in der berühmtesten Shelby-Tracht aller Zeiten: weiß mit blauen Le-Mans-Streifen. *David Newhardt*

Aus dieser Perspektive wird man die Super Snake mit ihren mächtigen 725 PS wohl am ehesten zu sehen bekommen. Es sei denn, sie ist vom Qualm ihrer Reifen verhüllt. *David Newhardt*

Über der Mittelkonsole thront ein zusätzlicher Instrumententräger auf dem Armaturenbrett. Dazu gibt es eine spezielle Plakette, einen bestickten Mittelkonsolendeckel und „Super-Snake"-Schwellerleisten. Die roten Sitzeinsätze gibt es als Option auch für die Standardausführung des GT500. *David Newhardt*

„Sprich leise und höflich, aber trage stets einen großen Knüppel bei Dir", hat Theodore Roosevelt einst gesagt. Vergessen Sie's: „Sprich laut und vernehmlich und trage …" Die Super Snake ist der Rabauke auf dem Spielplatz. *David Newhardt*

Die originale Super Snake blickt etwas neidisch auf das 725 PS starke, von einem Kenne-Bell-Kompressor aufgeblasene 5,4-Liter-Triebwerk der neuen. *David Newhardt*

und Tachometer tauschen die vom normalen Mustang her gewohnten Plätze. Das Interieur ist in dunklem Anthrazit oder in einer Kombination aus Anthrazit und Rot erhältlich.

Für Retro-Styling, 500 PS und 4,5 Sekunden von Null auf 60 Meilen bezahlt der Kunde gut 40.000 Dollar. 2007 wird der neue GT500 als Performance-Car des Jahres angekündigt. Na, das ist ja ganz was Neues: tolles Styling, jede Menge PS und ein angemessener, erschwinglicher Preis. Also, für mich klingt das ganz nach einem echten Muscle-Car – wie die guten, alten Bigblock-Shelby-GT500 der Jahre 1967 bis 1970.

Seit 2012 gibt es außerdem wieder ein Modell namens GT350, erhältlich als Fastback wie als Cabriolet. In der schier endlosen Liste der Extras finden sich ebenfalls allerlei Tuning-Pakete, die den Mustang bis zu 624 PS stark machen. Der Aufpreis beträgt ab 26.995 ohne und 33.995 Dollar mit Kompressor. Im gleichen Jahr erscheint das GTS-Paket, das es auch für den V6-Mustang gibt. Leistungssteigerungen bis 475 PS (V6) und 624 PS (V8) sind drin, die Preise beginnen bei 10.500 (V6) respektive 12.500 Dollar (V8). Außerdem im 2013er-Angebot: der Raptor, ein aufgeladener Ford F-150 mit 575 PS, und der Shelby Focus ST.

GT500 KR (2007 – 2009)

2008 wird ein weiterer Shelby-Ford-Geburtstag gefeiert: Es ist der 40. des GT500 KR. Wie ließe sich das besser feiern als mit einer modernen Variante? Auf der Basis von Serien-GT500 des Jahrgangs

„Papa, bist Du das?" *David Newhardt*

2008 legen die Shelby-Techniker in Las Vegas los. Mit einem Ford Racing Performance Package erhöhen sie den Ladedruck. Es kommt eine Frischluftansaugung hinzu, die durch die Hutze der speziell für den KR gefertigten Haube aus Kohlefaser-Verbundmaterial atmet. Chip-Tuning tut ein Übriges. Am Ende stehen der Einbau einer von Shelby entwickelten Auspuffanlage – und 540 PS. Diese geballte Power geht über das Tremec-6060-Sechsganggetriebe zu einer KR-Hinterachse mit einer Übersetzung von 3,73:1. Geschaltet wird mit einem Racing-Short-Throw-Shifter von Ford. Weitere KR-Spezialitäten sind geschmiedete Alcoa-Felgen mit eigens für den KR entwickelten Goodyear-Reifen, Tieferlegung, KR-Abzeichen und Streifen und eine Menge optischer Verbesserungen.

Der KR ist ein echtes Shelby-Projekt, in das die Shelby- und die SVT-Leute viel Arbeit stecken. 2008 werden nur 1000 dieser Fahrzeuge produziert, für 2009 sind weitere 746 geplant. Nur 571 der KR des Modelljahres 2009 bleiben in den USA, die übrigen werden exportiert. Das sind dann insgesamt 1571 KR, und wenn Ihnen diese Zahl vertraut vorkommt, liegen Sie genau richtig: Es ist auch die Gesamtanzahl der von Shelby 1968 produzierten originalen KR. Nun, das aktuelle Paket ist nicht billig, der Basispreis für einen KR liegt rund 40.000 Dollar über dem für einen Standard-GT500. Wer mitschreiben will: Das sind etwa 1000 Dollar pro PS.

GT500 Super Snake (seit 2007)

Eine weitere Alternative zu den lahmen 500 PS eines schmucklosen GT500 ist das Super-Snake-Paket. Na, fällt Ihnen etwas auf? Die neue Super Snake trägt den Namen des 1967er GT500 mit seinem 427er-GT40-Motor. Das kommt nicht so ganz von ungefähr.

Dieses moderne Shelby-Upgrade ist für alle Besitzer eines GT500 der Baujahre 2007 bis 2009 bei Shelby in Las Vegas erhältlich und nicht bei Ford. Angeboten werden zunächst zwei Versionen: Ein Modell mit 605 PS mit eingeschränkter Garantie und eine 725-PS-Version, auf die es überhaupt keine Garantie gibt. Wenn Sie genügend Kohle auf den Tisch legen, wird Shelby Ihnen von Herzen gerne eine Super Snake mit mehr als 725 PS bauen.

Die 605-PS-Super-Snakes kommen mittels eines Motor-Upgrade-Kits von Ford Racing auf ihre Leistung. Bei den 725-PS-Versionen übernehmen Kenne-Bell-Kompressoren die Aufgabe. Das Paket beinhaltet noch viele weitere Upgrades, etwa geschmiedete 20-Zoll-Felgen und Baer-Sechskolbenbremsen. Für den Modelljahrgang 2013 ist die Leistung weiter gestiegen. Wer seinen GT500 bei Ford bezahlt und bei Shelby abgegeben hat, kann ihn auf 662 PS aufrüsten lassen, wofür er dann mindestens weitere 28.995 Dollar auf den Tisch legen muss. Oder er kauft die ganz große Leistungsspritze mit 850 PS, deren Preise bei 39.995 Dollar beginnen.

Ein serienmäßiger GT500-Motor mit 5,4 Litern, 500 PS und Kompressor. Bei seiner Einführung ist das der stärkste Serien-Mustang, der bis dahin gebaut wurde. *David Newhardt*

Ein 2008er Shelby GT500 KR. So etwas bekommt, wer 80.000 Dollar zuviel und Lust auf einen Shelby mit 540 PS hat. Dieses Foto zeigt die ausschließlich beim KR verbauten 18 Zoll großen Alcoa-Felgen mit Spezialreifen, die Motorhaube aus Verbundmaterial mit Ram-Air-Hutze und Drehverschlüssen, wie sie auch der 1968er-KR hatte. *Ford Motor Company*

Abgesehen von ein paar geringfügigen Upgrades entspricht das Interieur des GT500 KR der Standardausstattung des GT500. Der Performance-Schalthebel von Hurst mit einem weißen Knauf im Billardkugel-Look, spezielle KR-Embleme und bestickte Kopfstützen sowie eine shelbysierte Armaturenbrettplakette sorgen dafür, dass Sie nie vergessen, in welchem Auto Sie sitzen. *Ford Motor Company*

Es ist nicht schwierig, aus dem serienmäßigen Triebwerk des GT500 noch 40 PS mehr herauszuholen, aber es macht einen unglaublichen Unterschied! Ein Ford-Racing-Performance-Paket einschließlich einer kleineren Kompressor-Riemenscheibe für höheren Ladedruck, ein Open-Element Luftfilter, der von einer Ram-Air-Hutze gespeist wird, spezielle Modifizierungen an der Auspuffanlage und individuelle Programmierung des Motormanagements schaffen jede Menge PS und viel Spaß. *Ford Motor Company*

Schick: die mattschwarzen Le-Mans-Streifen, die exklusiv beim KR verbauten Free-Flow-Auspuffresonatoren, die Shelby installiert hat, um einen stärkeren Sound und etwas mehr Power rauszuholen. *Ford Motor Company*

CS 6 (2006)

Wenn es um Leistung geht, ist Carroll Shelby immer auf dem neuesten Stand. Allerdings ist er sich natürlich bewusst, dass für den heutigen Autokäufer mehr noch als früher Kraftstoffverbrauch und Unterhaltskosten äußerst wichtig sind. Import-Autos, die sich leicht tunen lassen, werden immer beliebter. Der Zubehör-Markt für diese Sparte ist der am schnellsten wachsende. Diese Autos sind das moderne Äquivalent zu den Muscle Cars vergangener Zeiten.

Vor diesem Hintergrund setzt sich Shelby intensiv mit der Idee auseinander, starke PS-Leistungen aus anderen als den großen V8-Maschinen herauszuholen. Zu den Ergebnissen seiner Überlegungen gehört der Shelby CS 6 Mustang von 2006. Auf der Basis eines Mustang-V6-Coupés entwickelt Shelby ein ausgewogenes Performance-Paket mit einem Paxton-Kompressor, der den V6 auf 350 PS beflügelt. Das CS-6-Paket ist als Bausatz für Käufer erhältlich, die selbst Hand anlegen wollen. Alle anderen können es sich bei Shelby Automotive in Las Vegas oder bei einem der autorisierten Betriebe einbauen lassen.

Die drei lassen es bei einer Presseveranstaltung im Miller Motorsports Park in Utah richtig qualmen. Carroll Shelby hat einst Ferrari mit dem GT40 das Fürchten gelehrt. Heute darf es auch mal ein Bugatti Veyron als Gegner sein. Um im vierstelligen PS-Bereich unterwegs zu sein, reicht aber schon ein relativ schmales Budget wie für den 1100PS starken Shelby 1000 (nächste Seite), der ebenfalls auf dem GT500 aufbaut. Mal sehen, was sich die Shelby-Leute als nächstes einfallen lassen. *Ford Motor Company*

Die „Friends of Carroll Shelby“ erinnerten im August 2012 mit dem GT500 Cobra an den 50. der legendären Cobra. Das 850 PS starke Einzelstück ist die gelungene Würdigung der Verdienste des drei Monate zuvor verstorbenen Firmengründers. Auch bei Ford ehrte man den texanischen PS-Züchter, indem man unlängst eine wichtige Straße im Entwicklungszentrum in Dearborn (Michigan) in „Carroll Shelby Way“ umbenannte. Die Straße führt übrigens zur Einfahrt der Teststrecke ...

Eigentlich nur für die Rennstrecke konzipiert, präsentierte Shelby American auf der New York Auto Show im März 2013 den ultimativen Shelby 1000 S/C. Von der 1200 PS starken Fahrmaschine sollen aber lediglich 100 Exemplare gebaut werden. Um eines der handgefertigten Liebhaberstücke zu bekommen, muss der Interessent zunächst einen rund 55.000 Dollar teuren GT500 erstehen oder im besten Fall bereits in der Garage stehen haben, der dann mit einem Tuningpaket für etwa 150.000 Dollar veredelt wird.

Neben der kompromisslosen Optimierung aller Fahrzeugbereiche erhielt der 662 PS starke 5,8-Liter-V8 aus dem Shelby GT500 einen vier Liter großen Kompressor und eine großflutige Auspuffanlage. Für die Übertragung der 1020 letztendlich die Hinterachse erreichenden Pferdestärken sorgen extra breite Reifen.